高等学校应用型本科计算机类系列教材

MATLAB 实践教程

王玉顺　编著

西安电子科技大学出版社

内 容 简 介

　　本书是学习 MATLAB 程序设计语言的实践操作类教程。全书共分 10 个单元。前 6 个单元为 MATLAB 基础性练习，包括基本操作、矩阵运算、基本绘图、典型应用、程序设计、Simulink 系统仿真 6 个专题，可作为 10 学时上机的实验内容，主要训练学生用 MATLAB 解决问题的基本能力。后 4 个单元为 MATLAB 扩展性练习，包括统计分析、优化设计、信号处理、图像处理 4 个专题，主要训练高年级本科生和研究生借助 MATLAB 解决专业问题的能力。

　　本书主要面向工科院校和需要提高技术计算能力的本科生，也可为硕士生和博士生在提高课题研究能力方面提供帮助。

图书在版编目（CIP）数据

MATLAB 实践教程/王玉顺编著. 　—西安：西安电子科技大学出版社，2012.8(2023.12 重印)
ISBN 978-7-5606-2821-9

Ⅰ.①M… 　Ⅱ.①王… 　Ⅲ.①MATLAB 软件—高等学校—教材 　Ⅳ.①TP317

中国版本图书馆 CIP 数据核字(2012)第 117715 号

策　　划　张　绚　李惠萍
责任编辑　李惠萍
出版发行　西安电子科技大学出版社(西安市太白南路 2 号)
电　　话　(029)88202421　88201467　　　邮　　编　710071
网　　址　www.xduph.com　　　　　　电子邮箱　xdupfxb001@163.com
经　　销　新华书店
印刷单位　广东虎彩云印刷有限公司
版　　次　2012 年 8 月第 1 版　　2023 年 12 月第 7 次印刷
开　　本　787 毫米×1092 毫米　1/16　印　张　14
字　　数　327 千字
定　　价　32.00 元

ISBN 978-7-5606-2821-9/TP
XDUP　3113001-7
如有印装问题可调换

前　言

MATLAB 是美国 Mathworks 公司提供的一种用于算法开发、数据可视化、数据分析以及数值计算的高级编程语言和交互式环境。随着计算机技术的应用普及，大学中凡是需要提高技术计算以及定量分析技能的专业均开设了 MATLAB 的相关课程，因使用 MATLAB 较使用传统编程语言(如 C、C++和 FORTRAN)能更快地解决技术计算问题，还能实现样式丰富的数据绘图和领域众多的图形化建模仿真，它愈来愈受到大学生、研究生乃至工程技术人员的普遍欢迎，也成为从事课程学习、科学研究乃至产品研发的一款首选工具软件。

MATLAB 采用多窗口集成操作环境，每个窗口均配置标题栏、菜单栏、工具条和注释栏，根据需要还配置了列表框、滚动条、选项框等控件，布局美观易用。MATLAB 操作主要有任务编程和图形化建模两种模式：采用编程模式解决问题具有较大的灵活性和较强的适应性；采用图形化建模可节约大量的时间，使人们把更多地精力投入到构思如何解决问题中。

本书是为《MATLAB 程序设计语言》教材配套的上机练习指导书。全书共分 10 个单元，每个单元又划分为若干小节，各个单元的练习对象均以实例展开，以问题、程序和结果的基本架构由浅入深陈述，较难的问题还介绍了基本知识点或原理，试图让学生在"模仿+思考+实践"的学习模式中快速掌握 MATLAB。

前 6 个单元为使用 MATLAB 的基础训练，可用于 10 学时或 12 学时的上机实践。第 1 单元为 MATLAB 基本操作，主要是想让读者首先熟悉 MATLAB 的基本操作，使读者具备进入 MATLAB 各个产品并实施操作的基本技能和为后续练习做好准备，其主要内容包括 MATLAB 启动和退出、窗口布局和切换、菜单操作、按钮操作、编程操作、目录操作、Help 使用、Start 菜单操作、Excel 数据导入等。第 2 单元为 MATLAB 矩阵运算，训练读者使用 MATLAB 的起步技能，并使读者掌握 Editor 窗口编程、程序存盘为 M 文件、Command Window 中键入存盘文件名执行程序和 Command Window 中观察程序执行结果的 4 步操作流程，主要内容包括矩阵或阵列的创建、变换、算术运算、关系运算和逻辑运算等。第 3 单元为 MATLAB 基本绘图，介绍绘制二维的散点图、折线图、点线图、柱形图、直方图、饼图、双轴图、对数比例图、等高线图等的方法，以及绘制三维的网格图、表面图、网格附等高线图、网格附高度线图等的方法，使读者掌握编程绘图和图形编辑修改的基本技能。第 4 单元为 MATLAB 典型应用，训练读者使用 MATLAB 编程解决技术计算问题的能力，主要内容包括线性代数、矩阵分解、矩阵特征值和特征向量、多项式运算、数据插值、数据拟合、数据分析和排序、数值微积分、解常微分方程或方程组等。第 5 单元为 MATLAB 程序设计，训练读者设计 MATLAB 函数和结构化程序的基本技能，主要内容包括程序结构、运行机制、流程控制设计、M-file 函数设计、"主程序+M-file 函数"设计、程序设计案例等。第 6 单元为 Simulink 系统仿真，训练读者采用图形化建模方式进行技术计算、系统仿真或模拟试验的基本技能，使读者具备采用仿真方式对产品的结构、参数、行为或特性进行试验观测和优化设计的能力。该单元通过 PID 控制器的参数整定和机构运动学仿真两个实例使读者掌握 Model 窗口建模、Model 窗口仿真设置、Model 窗口仿真运行、Editor 窗口 M 编程、Command Window 数据结果观察和 Figure 窗口图形结果观察等 6 类基本操作，并系统介绍了 Simulink 仿真步骤，主要内容包括仿真运行机制、问题和数学模型、试验设计、系统建模、模块设置、仿真设置、模块 M-file 函数编程和仿真结果 M 编程分析等。

后 4 个单元为使用 MATLAB 的强化训练，可辅助学习其他课程。第 7 单元为 MATLAB 统计分析，训练读者使用 MATLAB 编程进行概率计算和统计分析的基本技能，可用于辅助学习概率论和数理统计等课程，主要内容包括 MATLAB/Statistcs Toolbox 工具箱函数、概率分布计算、描述统计、参数估计、假设检验、方差分析、线性回归和非线性回归等。第 8 单元为 MATLAB 优化设计，培养读者应用 MATLAB 优化工具箱解决优化问题的能力，可用于辅助学习优化设计、运筹学等课程，主要内容包括 MATLAB/Optimization Toolbox 工具箱函数、函数使用格式、程序结构和运行机制、目标函数设计、Gradient 矩阵函数设计、Jacobian 矩阵函数设计、Hessian 矩阵函数设计、约束条件函数设计、主程序设计、线性规划、二次规划、无约束非线性规划、约束非线性规划、最小二乘规划和解非线性方程组等。第 9 单元为 MATLAB 信号处理，训练读者使用 MATLAB 编程进行模拟信号及数字信号处理的基本技能，可用于辅助学习信号与系统、数字信号处理、自动控制等课程，主要内容包括 MATLAB/Signal Processing Toolbox 工具箱函数、函数使用格式、信号与系统概念、傅立叶变换、拉普拉斯变换、Z-变换、信号时域分析、信号频域分析和信号频响特性分析等。第 10 单元为 MATLAB 图像处理，训练读者使用 MATLAB 编程进行图像处理的基本技能，可用于辅助学习数字图像处理、计算机视觉等课程，主要内容包括 MATLAB/Image Processing Toolbox 工具箱函数、函数使用格式、图像表达、图像变换（彩色变灰度、灰度变二值、几何变换、代数运算、灰度变换、FFT 变换和 DCT 变换等）、图像滤波、图像增强、图像平滑、图像锐化、边缘检测和对象提取等。

本书历经 10 余届的教学应用和 4 次大的修改、增删和调整，凝聚了农业机械化及其自动化、机械设计制造及其自动化、电气工程及其自动化、生物环境工程等专业学生的学习经验和编著者的教学体会，具有系统性强、层次分明、实例丰富、内容广泛、易学易懂、适合自学等特点，能使读者较快地掌握 MATLAB 的主要功能、产品体系和解决问题的思路。该书自成体系、由浅入深，不需要读者具有较强的计算机基础，内容安排上亦考虑到学习其他课程的需要。

限于编著者水平，教材中一定存在不妥之处，恳切希望广大读者批评指正。

编著者

2012 年 5 月

目　　录

第1单元　MATLAB 基本操作

上机目的: 熟悉 MATLAB 操作界面和 4 个通用窗口,并了解各窗口的菜单命令和按钮命令,学会使用 Help 查询。打开和了解其余窗口的功能,体会程序的编写、执行并观察结果,学会数据文件 I/O 操作。

上机内容: 了解 MATLAB 操作界面和通用窗口,打开各种窗口,并进行 Help 查询、读写 Excel 文件、Editor 窗口编程等操作。

术语约定: 命令,泛指 MATLAB 的菜单命令、单词命令、函数名、程序名及算式等。

1.1　启动 MATLAB

启动 MATLAB 有以下两种方式:

(1) 双击操作系统桌面上的 MATLAB 快捷方式图标启动,如图 1-1 所示。

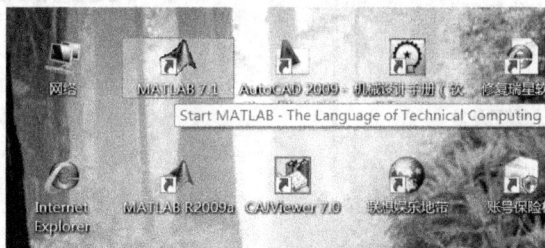

图 1-1　MATLAB 7.1 快捷方式启动

(2) 点击操作系统开始菜单上的 MATLAB 命令组启动,如图 1-2 所示。

图 1-2　MATLAB 7.1 菜单命令启动

1.2　MATLAB 操作界面

操作界面指用户操作 MATLAB 的计算机桌面(Desktop)，又称集成环境，参见图 1-3 和图 1-4。

操作界面由窗口、标题栏、菜单栏、工具栏、用户工具栏、目录搜索器、Start 菜单、注释栏等功能部件组成。用户的大多数操作就是使用上述部件中的各种命令(无论菜单命令还是按钮命令)实现的，界面中所有可用命令以高亮状态显示，不可用命令以灰暗状态显示。

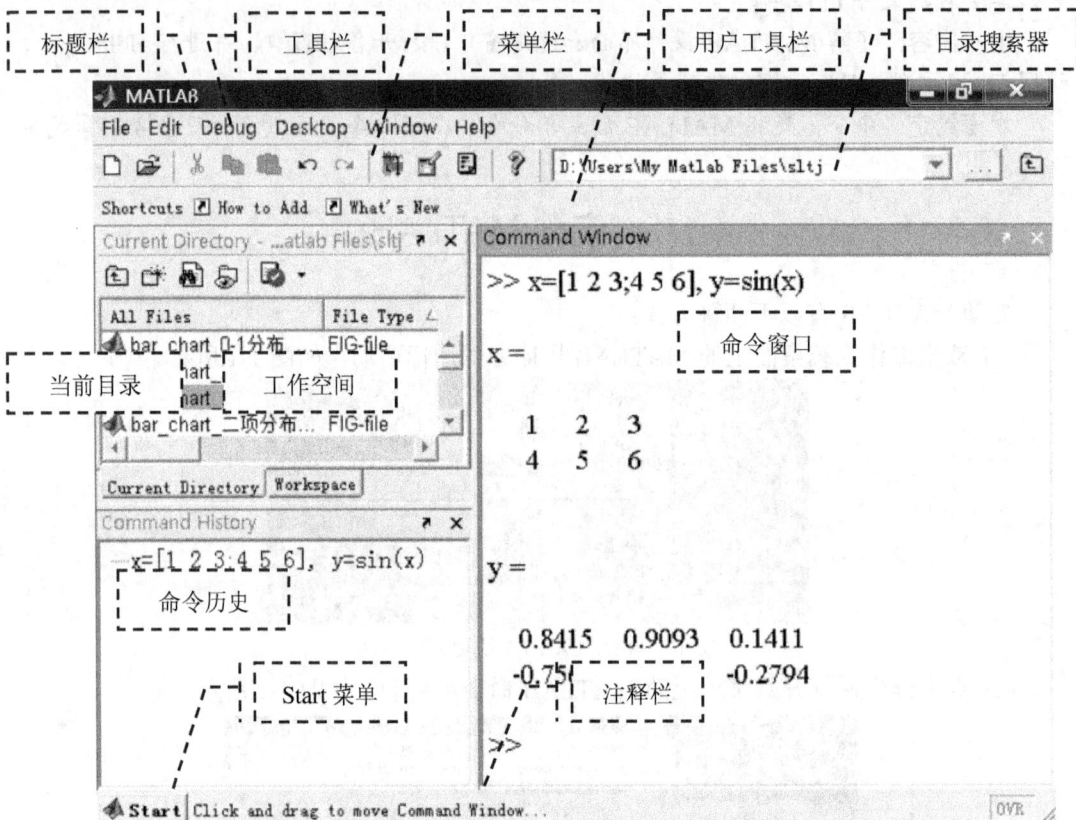

图 1-3　MATLAB 7.1 (R14)的操作界面

操作界面采用多窗口方式。缺省配置 4 个通用窗口：Command Window(命令窗口)，用于键入命令，显示执行命令和运行程序的结果，显示报错信息；Current Directory(当前目录)，用于显示和操作当前目录的存储文件列表；Workspace(工作空间)，用于显示和操作当前内存中的变量列表；Command History (命令历史)，用于记录和操作在 Command Window 中键入过的内容。

为陈述方便，除通用窗口外，其余窗口均称做专用窗口，只在用户需要时才启动。专用窗口有 Editor(编程窗口)、Figure(图形窗口)、Simulink Library Browser(仿真库浏览器)、Model(建模窗口)、GUI Quick Start(用户界面平台)、Help(帮助窗口)等，它们有自己的标题栏、菜单栏和工具栏。

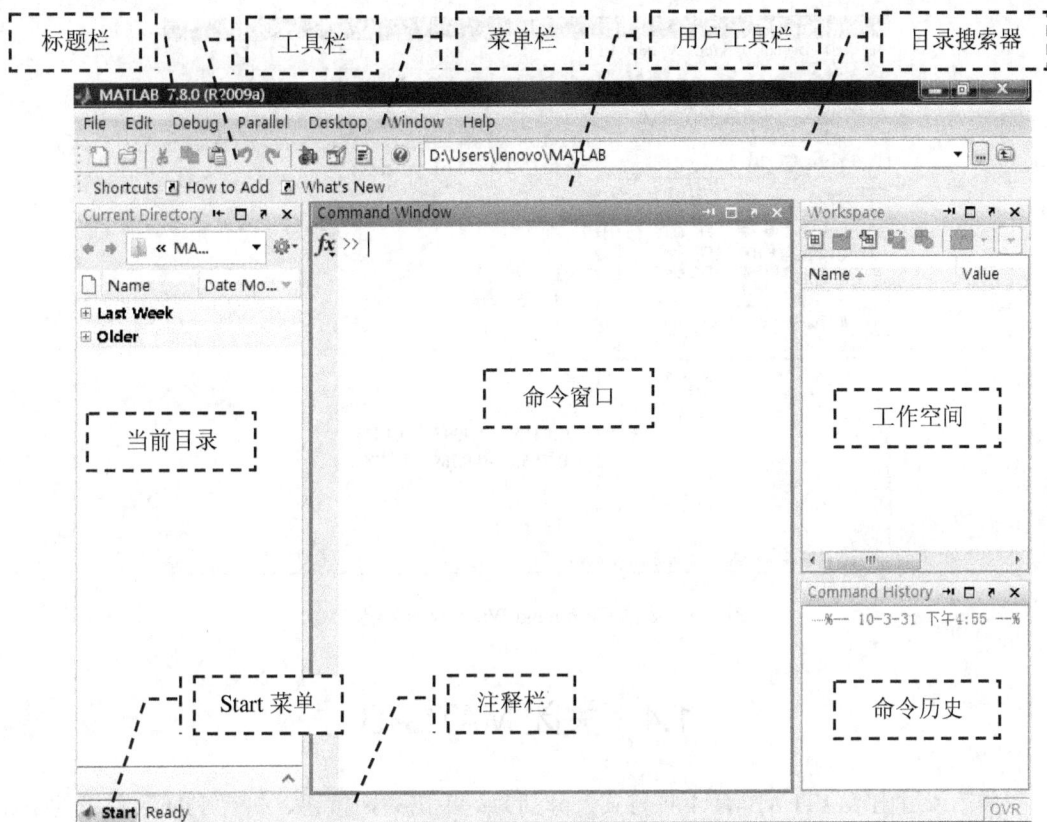

图 1-4　MATLAB 7.8 (R2009a)的操作界面

Toolbar(工具栏)以图形按钮的方式排列出菜单中的常用命令，点击按钮就会启动相应的命令。

1.3　操作界面窗口的切换

MATLAB 是多窗口操作界面，但用户任务只能选定一个窗口执行。欲在某窗口实施操作，只需点击该窗口的标签(标题栏)或所在屏幕区域，将其切换为当前窗口，即需遵循先激活后操作的规则。

点击 Command Window 的标签、所在屏幕区域或 Window 菜单相关命令激活 Command Window，如图 1-5 所示，键入下述命令并按 Enter 键：

x=[1 2 3;4 5 6], y=sin(x)

观察 Command History 窗口的显示，点击该窗口的标签(标题栏)、所在屏幕区域或 Window 菜单相关命令激活该窗口后，使用鼠标执行选定、双击、删除等操作。

点击 Current Directory 窗口的标签(标题栏)、所在屏幕区域或 Window 菜单相关命令激活该窗口，观察该窗口的显示内容，使用鼠标执行选定、双击、复制、粘贴、删除等操作。

点击 Workspace 窗口的标签(标题栏)、所在屏幕区域或 Window 菜单相关命令激活该窗口，观察该窗口的显示内容，鼠标执行选定、双击、复制、粘贴、删除等操作。

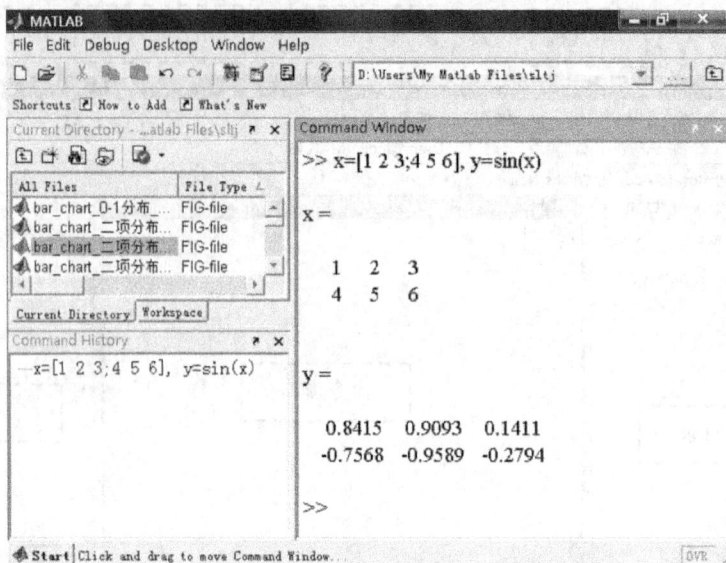

图 1-5　激活 Command Window 并键入命令

1.4　关闭 MATLAB

关闭或退出 MATLAB 有 4 种方式，分别为：单击关闭按钮、执行 File 菜单上的 Exit MATLAB 命令、使用 Ctrl+Q 快捷方式、在 Command Window 中键入 exit 或 quit 命令，如图 1-6 所示。注意输入的命令字符串应小写。

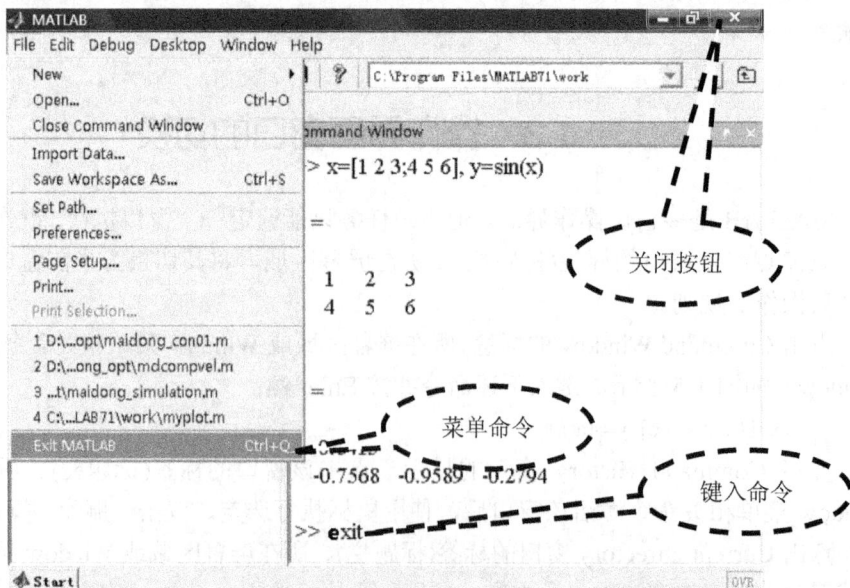

图 1-6　MATLAB 的关闭方式

1.5　设置当前目录

Current Directory(当前目录)是用户搜索、打开、存储各类文件的缺省(默认)文件夹，可使用目录搜索器选定或设置。如图 1-7、图 1-8 所示，目录搜索器由目录文本框、目录下拉列表框及目录浏览按钮三个控件组成。用户设置欲使用的当前目录，可采用三种方式：文本框直接键入、下拉列表框选定、点击浏览按钮打开搜索树选择。

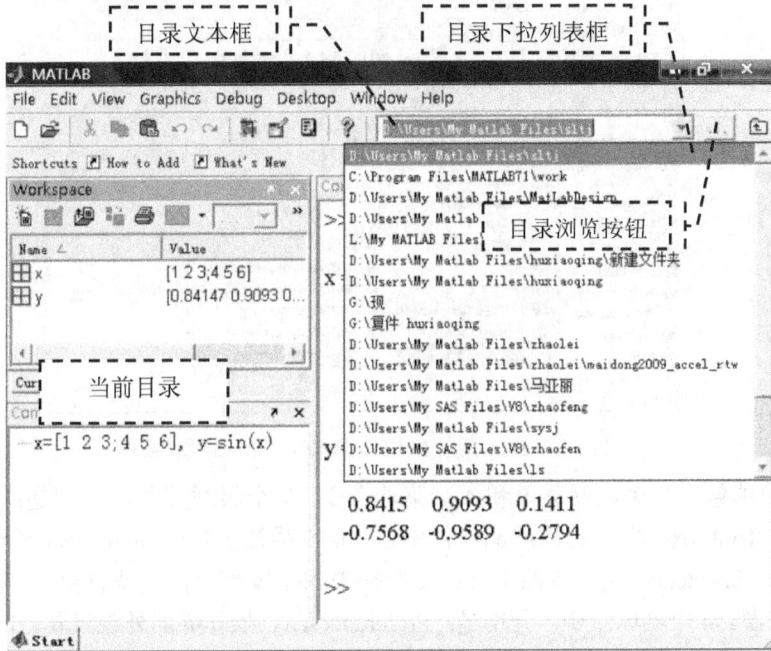

图 1-7　目录搜索器的文本框、下拉列表框和浏览按钮

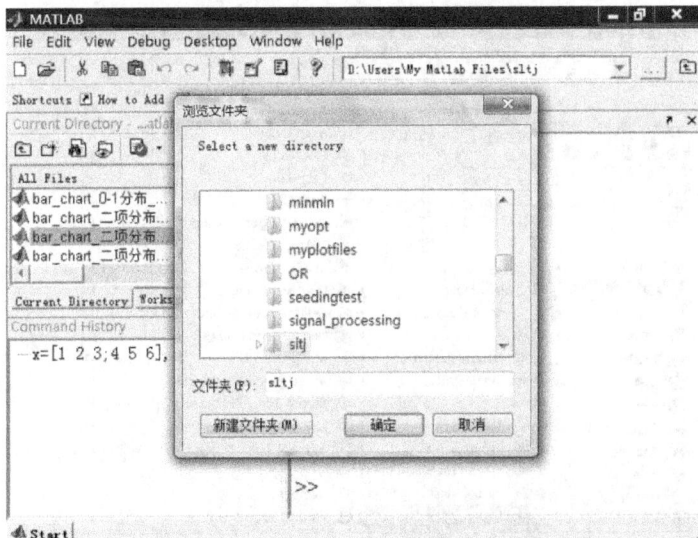

图 1-8　点击目录浏览按钮打开的目录搜索树

1.6　操作 Start 菜单

Start 菜单(MATLAB 的开始菜单)位于操作界面左下角，是一种级联菜单，如图 1-9 所示。它以搜索树结构分类组织了 MATLAB 全部产品的入口命令，如启动产品的工作窗口、搜索器、帮助、演示等。

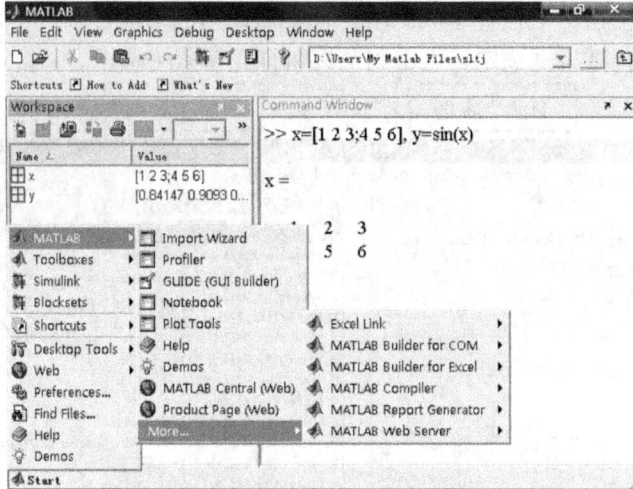

图 1-9　Start 菜单 MATLAB 核心产品组级联菜单

Start 菜单包括 7 个级联菜单和 4 个菜单命令。7 个级联菜单，分别是：MATLAB，核心产品组；Toolboxes，工具箱产品组；Simulink，系统仿真产品组；Blocksets，系统仿真扩展产品组；Shortcuts，用户界面平台；Desktop Tools，操作界面的缺省窗口；Web，MATLAB 官方网络资源。4 个菜单命令，分别是：Preferences…，操作界面外观设置；Find Files…，文件搜索器；Help，MATLAB 全部产品的帮助文本；Demos，MATLAB 全部产品的帮助演示。

Toolboxes 产品组级联菜单如图 1-10 所示。

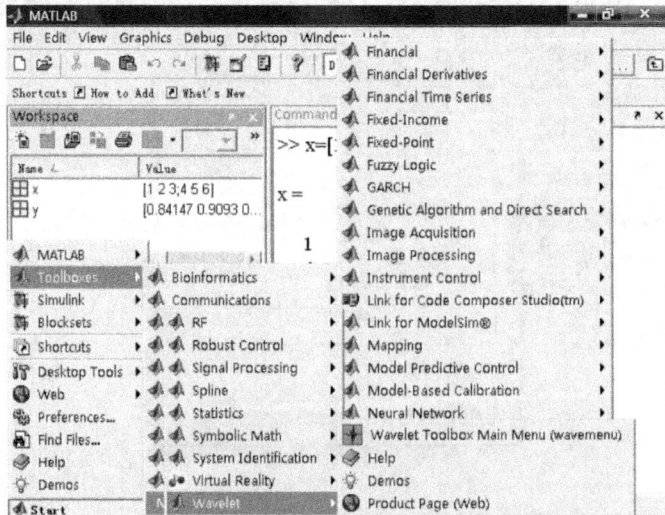

图 1-10　Start 菜单 Toolboxes 产品组级联菜单

Simulink 产品组级联菜单如图 1-11 所示。

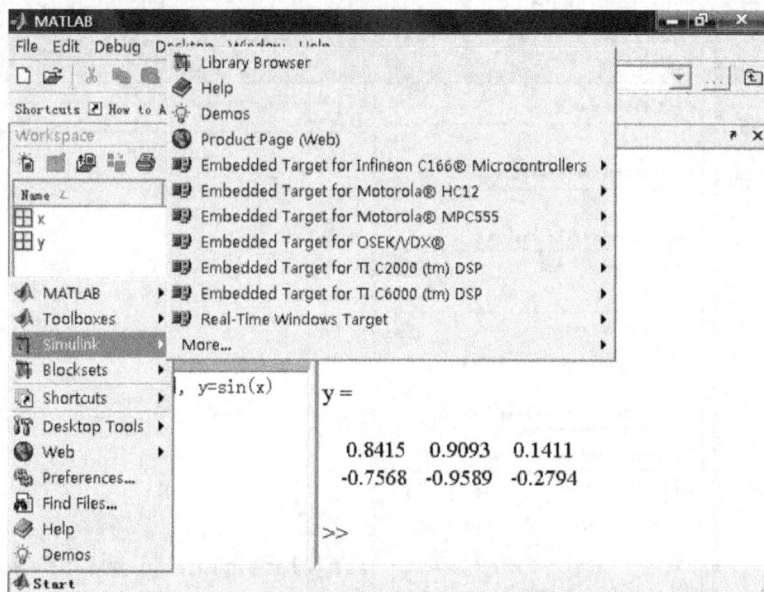

图 1-11　Start 菜单 Simulink 产品组级联菜单

Blocksets 产品组级联菜单如图 1-12 所示。

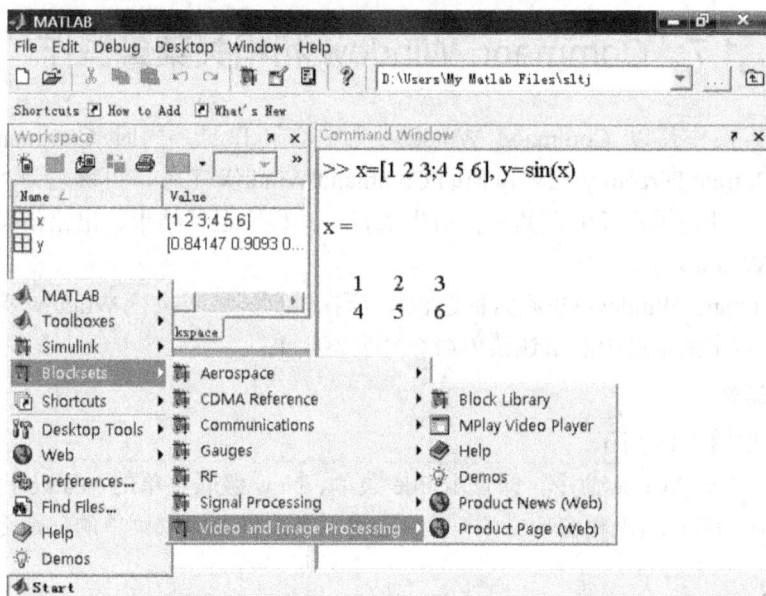

图 1-12　Start 菜单 Blocksets 产品组级联菜单

执行 Start 菜单的 Find Files…命令所启动的文件搜索器如图 1-13 所示。

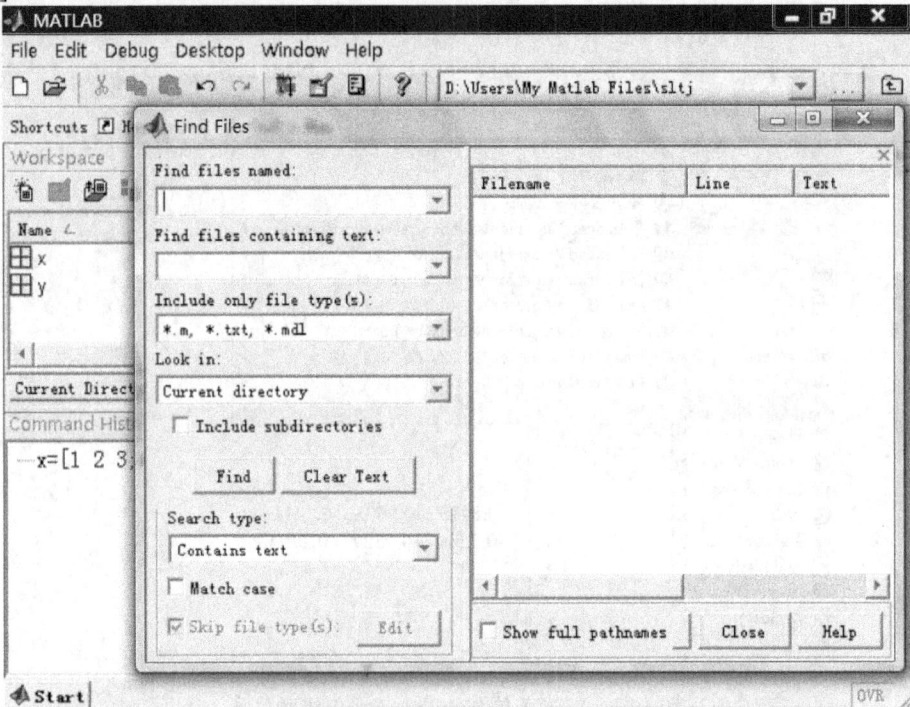

图 1-13 执行 Find Files…命令所启动的文件搜索器界面

1.7 Command Window 和相关菜单操作

MATLAB 操作是以 Command Window 为中心展开的，同时 Command History、Workspace、Current Directory 三窗口辅助 Command Window 工作，可称之为"一中心三辅助"操作方式。即使用户任务在其它窗口里执行，其程序运行结果、出错信息等也是显示在 Command Window 中。

点击 Command Window 的标签(标题栏)、所在屏幕区域或执行 Window 菜单相关命令激活该窗口。点击菜单栏中的下述菜单命令并观察结果。

1. File 菜单

File 菜单如图 1-14 所示。

执行 File_New_M-File 命令，即点击 File 菜单、New 级联菜单的 M-File 命令，启动 M 文件编辑器，即 Editor (编程窗口)。(本书约定用下划线隔离级联菜单的父命令和子命令，下同)

执行 File_New_Figure 命令，可启动 Figure 图形窗口。

执行 File_New_Model 命令，可启动 Simulink 的仿真建模窗口。

执行 File_New_GUI 命令，可启动 GUI Quick Start 窗口。

执行 File_Open…命令，打开 Open 窗口，其中包含查找范围、文件类型、文件名等下拉列表框，还包含文件显示子窗口及若干按钮。通过该窗口可打开 m、mat、fig、mdl 等格式的 MATLAB 数据文件。

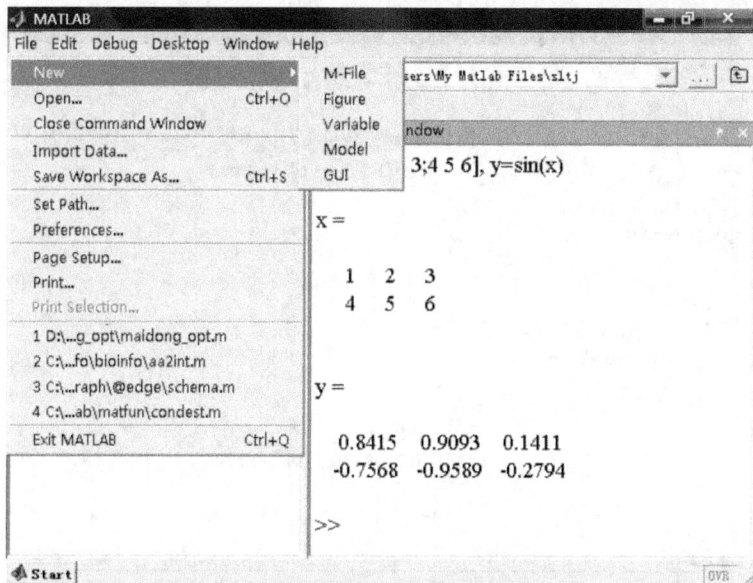

图 1-14　Command Window 的 File 菜单

执行 File_Close Command Window 命令，关闭命令窗口。

执行 File_Import Data...命令，打开 Import Data 窗口，其中包含查找范围、文件类型、文件名等下拉列表框，还包含文件显示子窗口及若干按钮。通过该窗口可导入 xls、Jpg、avi 等格式的外部数据文件。

执行 File_Save Workspace As...命令，可将工作空间的所有变量以一个自行命名的 mat 文件存盘。任何时候若加载该 mat 文件，可恢复所保存工作空间的所有变量。

执行 File_Set Path...命令，打开 Set Path 窗口，其中包含显示搜索路径的子窗口和若干按钮，可添加、删除、排序 MATLAB 搜索路径，执行 MATLAB 命令或使程序的优先级与搜索路径排序相同。

所谓搜索路径(Search Path)，是运行命令或程序时自动搜索的文件夹及其路径的集合，包括系统路径和用户自定义路径两大类。自定义路径是用户创建和管理个人工具箱的有效工具。

执行 File_Preferences...命令，打开 Preferences 窗口，可设置 MATLAB 操作界面的外观参数等。

执行 File_Page Setup...命令，打开 Page Setup 窗口，可设置版面、字体、颜色、页眉等参数。

执行 File_Print...命令，可设置打印机、页面、打印外观等参数。

执行 File_Exit MATLAB，退出 MATLAB 系统。

2. Edit 菜单

Edit 菜单如图 1-15 所示。

执行 Edit_Undo 命令，取消刚刚完成的操作。

执行 Edit_Redo 命令，恢复刚刚取消的操作。

执行 Edit_Cut 命令，剪切窗口内选定的文本。

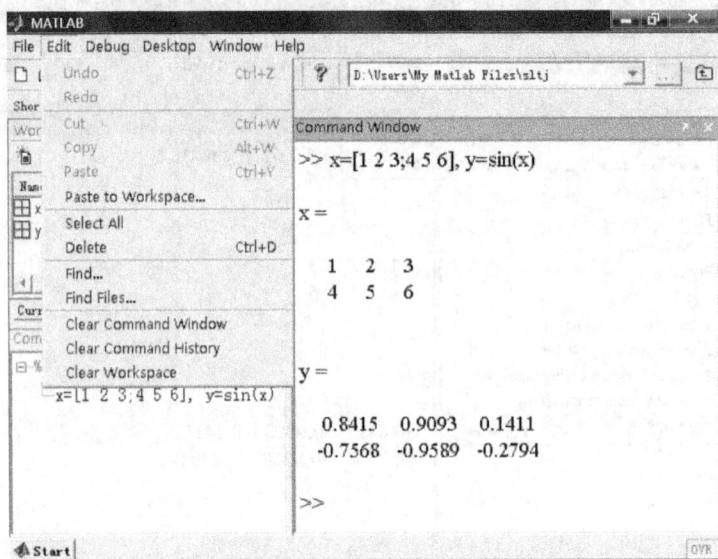

图 1-15　Command Window 的 Edit 菜单

执行 Edit_Copy 命令，将窗口内选定的文本放入剪贴板。

执行 Edit_Paste 命令，将剪贴板里的文本粘贴到光标指定位置。

执行 Edit_Select All 命令，选定窗口内的全部文本。

执行 Edit_Delete 命令，删除选定的文本。

执行 Edit_Find…命令，查找窗口内的指定文本。

执行 Edit_Find Files…命令，打开 Find Files 窗口，根据用户指定的文件名、包含文本、文件类型、存放路径等搜寻计算机存盘文件。

执行 Edit_Clear Command Window 命令，清空 Command Window 窗口。

执行 Edit_Clear Command History 命令，清空 Command History 窗口。

执行 Edit_Clear Workspace 命令，清空 Workspace，即清除内存中的所有变量。

3. Desktop 菜单

Desktop 菜单如图 1-16 所示。

执行 Desktop_Undock Command Window 命令，解锁 Command Window，使其变为浮动窗口。

执行 Desktop_dock Command Window 命令，锁定 Command Window，使其变为固定窗口。

其余窗口也有类似命令均可解释为：Undock ×××是解锁窗口命令，使指定窗口×××变为浮动窗口；Dock ×××是锁定窗口命令，使指定窗口×××变为固定窗口。

执行 Desktop_Move Command Window 命令，移动鼠标调整 Command Window 的位置。

执行 Desktop_Resize Command Window 命令，移动鼠标调节 Command Window 的窗口尺寸。

执行 Desktop_Desktop Layout 命令，可调整 4 个通用窗口的桌面布局。通常由下述菜单命令实现：

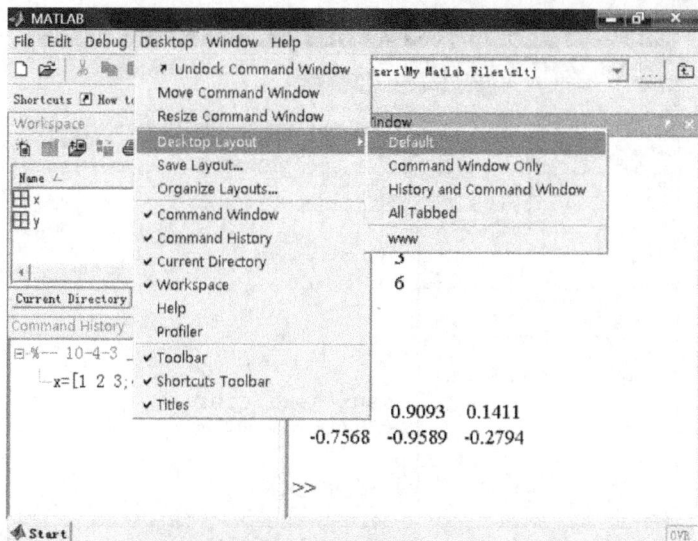

图 1-16　Command Window 的 Desktop 菜单

执行 Default 命令，可使通用窗口布局恢复缺省设置。

执行 Command Window Only 命令，可使操作界面仅有 Command Window。

执行 History and Command Window 命令，操作界面可分为 Command History 和 Command Window 两个窗口区域。

执行 All Tabbed 命令，操作界面可采用层叠方式，即只有一个窗口可见(当前窗口)，其余窗口隐藏。各个窗口的标签(标题栏)排列在操作界面底部的任务栏中，点击标签可将相应窗口切换为当前窗口。当前窗口缺省为 Command Window。

执行 Desktop_Save Layout…命令，命名当前使用的窗口布局并存盘，存盘名将作为一个菜单命令出现在 Desktop Layout 的级联菜单里，以后点击这个命令可调用所存储的操作界面窗口布局。

执行 Desktop_Organize Layouts…命令，打开 Organize Layouts 窗口，改名或删除自定义的操作界面窗口布局。

执行 Desktop_Command Window 命令，打开/关闭 Command Window。

执行 Desktop_Command History 命令，打开/关闭 Command History 窗口。

执行 Desktop_Current Directory 命令，打开/关闭 Current Directory 窗口。

执行 Desktop_Workspace 命令，打开/关闭 Workspace 窗口。

执行 Desktop_Help 命令，打开/关闭 Help 窗口。

执行 Desktop_Profiler 命令，打开/关闭 Profiler 窗口。

执行 Desktop_Toolbar 命令，打开/关闭工具栏。

执行 Desktop_Shortcuts Toolbar 命令，打开/关闭 Shortcuts 用户工具栏。

执行 Desktop_Titles 命令，打开/关闭所有窗口的标题栏。

4. Window 菜单

Window 菜单列表显示所有已打开窗口的名称(标签)，点击某个标签可将相应窗口切换为当前窗口，如图 1-17 所示。

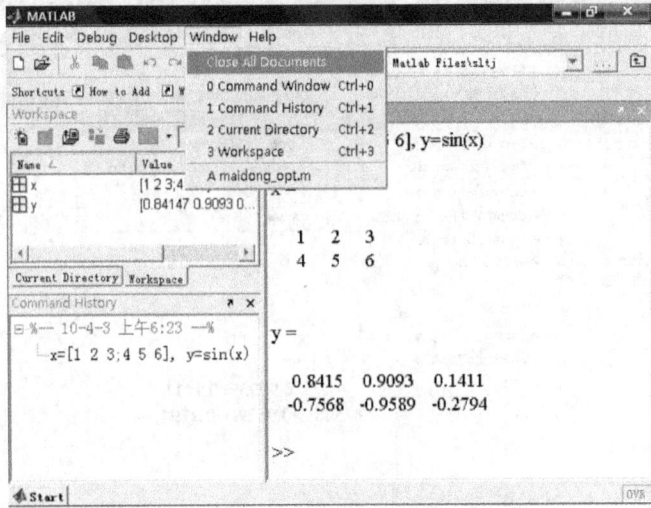

图 1-17 Command Window 的 Window 菜单

5. Help 菜单

Help 菜单如图 1-18 所示。

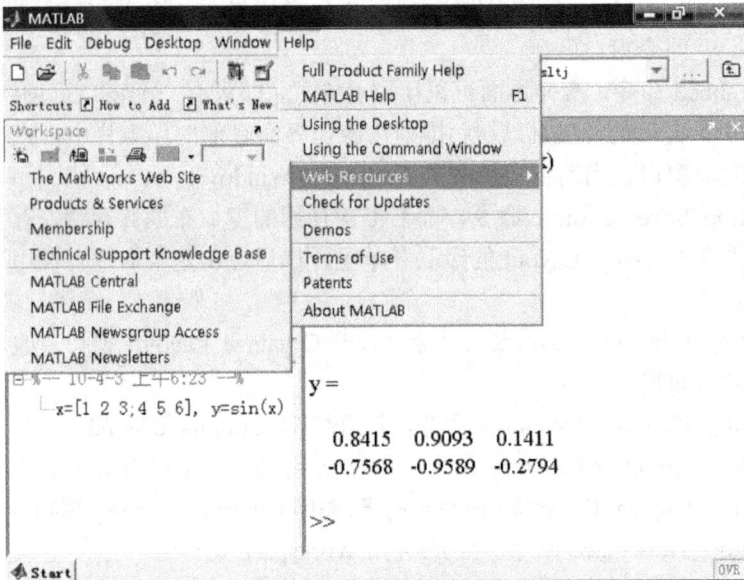

图 1-18 Command Window 的 Help 菜单

执行 Help_Full Product Family Help 命令，打开 Help 窗口，该窗口分为 Help Navigator 和 Title 左右两个子窗口，左窗口显示搜索树和选定枝，右窗口显示搜索树选定枝所含的内容，如图 1-19 所示。

执行 Help_MATLAB Help 命令，该命令与 Full Product Family Help 命令的功能相同，但所显示的搜索树选定枝为 MATLAB 及有关该主题的帮助文档。

执行 Help_Using the Desktop 命令，该命令与 Full Product Family Help 命令的功能相同，但所显示的搜索树选定枝为 Desktop(操作界面)及有关该主题的帮助文档。

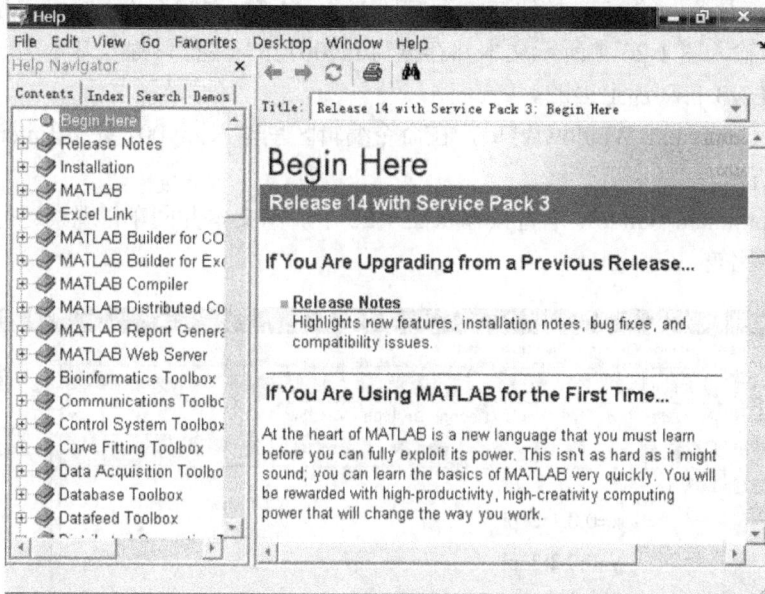

图 1-19　Help 窗口的 Navigator 子窗口和 Title 子窗口

执行 Help_Using the Command Window 命令，该命令与 Full Product Family Help 命令的功能相同，但所显示的搜索树选定枝为 Command Window and History 及有关该主题的帮助文档。

执行 Help_Web Resources 及级联菜单的子命令，可链接主要的 MATLAB 网络资源。

执行 Help_Check for Updates 命令，可打开 Check for Updates 窗口。该窗口显示用户安装的 MATLAB 产品，用户可链接至 MathWorks 官方网站查询所安装产品的更新信息。

执行 Help_Demos 命令，打开 Help 窗口，显示 Demos 页。该页面左窗口显示 Demos 搜索树和所选定的枝，右窗口显示搜索树选定枝的内容。

执行 Help_Terms of Use 命令，可展示 MathWorks 公司的软件执照和 MATLAB 的注册许可条款。

执行 Help_Patents 命令，可展示 MathWorks 公司产品的专利信息。

执行 Help_About MATLAB 命令，可显示 MATLAB 的版本、发布日期、版权、注册信息等。

1.8　Editor 编程窗口和操作

对于稍复杂或大规模的运算问题，采用 Command Window 中输入命令的方式解决，既繁琐效率又低，有时甚至无法解决问题。因此，MATLAB 提供了 Editor 编程窗口，允许用户书写一系列命令或语句(程序)，并以 m 为扩展名将其存盘为一个文本文件，称其为 M 文件。MATLAB 的 M 文件有函数文件和程序文件两大类，在 Command Window 中键入程序文件名或带有输入参数的函数文件名，就如同在该窗口键入了一个命令，可运行并显示结果。

(1) 点击工具条上的 New 按钮或执行 File_New_M-file 菜单命令，打开 Editor 窗口，在程序编辑区里输入图 1-20 中所示文本并存盘为 my001.m。注意只键入基本名 my001，扩展名.m 是 MATLAB 自动加上去的。

(2) 激活 Command Window 窗口，在命令编辑区里输入 my001 并按 Enter 键，运行结果如图 1-21 所示。

(3) 在 Command Window 中直接输入图 1-20 中所示文本并回车，观察运行结果并与刚才的操作进行比较。

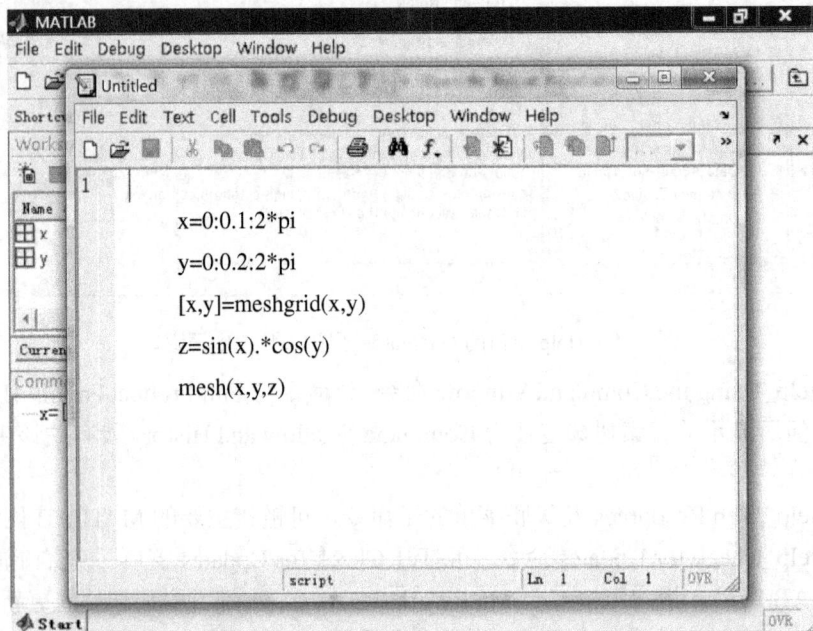

图 1-20　在 Editor 窗口中输入所示程序，程序未存盘前窗口无名

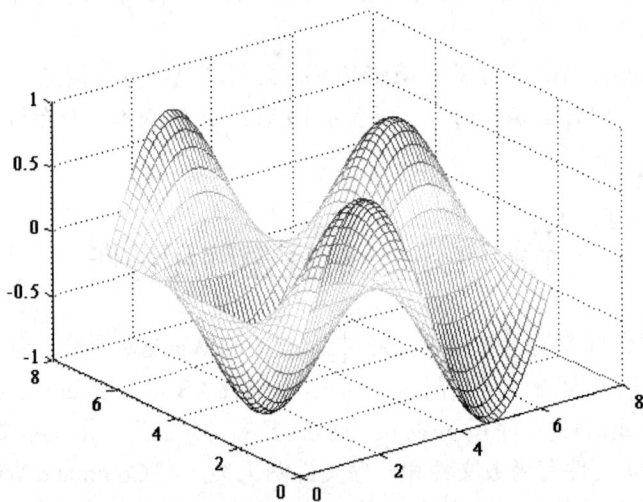

图 1-21　Editor 窗口所编程序 my001.m 的运行结果

1.9　Help 系统的介绍与操作

Help 系统详尽介绍了 MATLAB 产品的使用方法，采用文字说明和图形演示两种方式实施帮助。

点击激活 Command Window，在该窗口键入"help"并回车，点击打开窗口显示的有关主题；当想了解 MATLAB 命令或函数的语法结构时，键入"help syntax"并回车；当想了解某一函数的用法时，可键入"help ××××"并回车，如键入"help sqrt"并回车，在 Command Window 中便显示函数 sqrt 的格式和用法；若需要完成某一具体操作，但不知用何命令或函数，可键入"lookfor ××××"并回车，如键入"lookfor nonline"并回车，在 Command Window 中便显示与非线性主题有关的命令、函数名及功能说明。

执行 Help 菜单命令，打开帮助窗口，查询与上述 Command Window 帮助操作相同的内容，比较这两种使用 Help 方式的异同。

1.10　用 MATLAB 读写 Excel 文件

用户在某些情况下喜欢用 Excel 管理数据，而用 MATLAB 程序调用处理这些数据时，就会用到 MATLAB 访问外部数据的功能。MATLAB 可采用特定函数和菜单命令访问不同背景的外部数据。试完成下面的练习：

(1) 用 Excel 软件输入表 1-1 中的数据并存盘为 wheat_fc.xls。

(2) 在 Editor 窗口编写 M 文件(见下面文本框中的程序)，存盘为 data_treat.m。

(3) 在 Command Window 窗口键入"data_treat"并回车，则程序依次执行读入 Excel 数据文件 wheat_fc.xls、数据创建为矩阵 x、矩阵 x 转置、转置后的矩阵以"转置矩阵.xls"为文件名写入 Excel 并存盘等操作。

(4) 用 Excel 软件打开文件"转置矩阵.xls"，并与 wheat_fc.xls 的数据进行比较。

```
char01='D:\My MATLAB Files\';   %单引号内的字符串是 Excel 数据文件的路径

char02='wheat_fc.xls';          %单引号内的字符串是 Excel 数据文件名

charfull=[char01 char02];       %创建 Excel 数据文件的全路径文件名

[data,text]=xlsread(charfull);  %用 xlsread 函数读取 Excel 数据文件

x=data';   %矩阵 data 转置并赋值给 x

xlswrite([char01 '转置矩阵'],x);   %以 Excel 文件相同路径"转置矩阵.xls"名称存盘 x
```

表 1-1　丰产 3 号小麦的田间调查数据(Excel 数据文件 wheat_fc.xls)

x1	x2	x3	x4	y
10	23	3.6	113	15.7
9	20	3.6	106	14.5
10	22	3.7	111	17.5

续表

x1	x2	x3	x4	y
13	21	3.7	109	22.5
10	22	3.6	110	15.5
10	23	3.5	103	16.9
8	23	3.3	100	8.6
10	24	3.4	114	17
10	20	3.4	104	13.7
10	21	3.4	110	13.4
10	23	3.9	104	20.3
8	21	3.5	109	10.2
6	23	3.2	114	7.4
8	21	3.7	113	11.6
9	22	3.6	105	12.3

注：表中每一列为一个变量，第一行为变量名，其余行为变量值。

上 机 报 告

(1) 熟悉 MATLAB 操作界面和基本操作。

(2) 熟悉 Command Window 及三辅助窗口的基本操作。

(3) 完成 MATLAB 窗口的启动、布局和切换操作。

(4) 执行 Start 菜单启动 MATLAB 的各个产品。

(5) 打开 MATLAB 的 Help 窗口，熟悉 Help 命令。

(6) 熟悉 Editor 窗口编程和基本操作。

(7) 用 MATLAB 读写 Excel 数据文件。

第 2 单元　MATLAB 矩阵运算

上机目的：掌握 MATLAB 创建矩阵的各种方法，掌握矩阵的数学变换、算术运算、关系运算和逻辑运算。本单元是 MATLAB 学习的基础。

上机内容：创建矩阵的冒号法、方括弧法、函数法和下标操作法，矩阵变换函数，矩阵算术运算，矩阵关系运算，矩阵逻辑运算。

术语约定：一般情况下"矩阵"和"阵列(数组)"将统称为矩阵，只有在需要区分算法时才分别使用两个术语。

操作约定：对于用户任务，采用在 Editor 窗口编程、将程序存盘为 M 文件、在 Command Window 中键入存盘文件名并执行程序、在 Command Window 中观察程序执行结果这 4 步操作流程。

2.1　矩阵运算的操作步骤

矩阵运算的操作步骤如下：

(1) 点击目录下拉列表框或直接在目录文本框内键入文件夹全路径，选定工作文件夹，如图 2-1 所示。不选则缺省文件夹是 work。

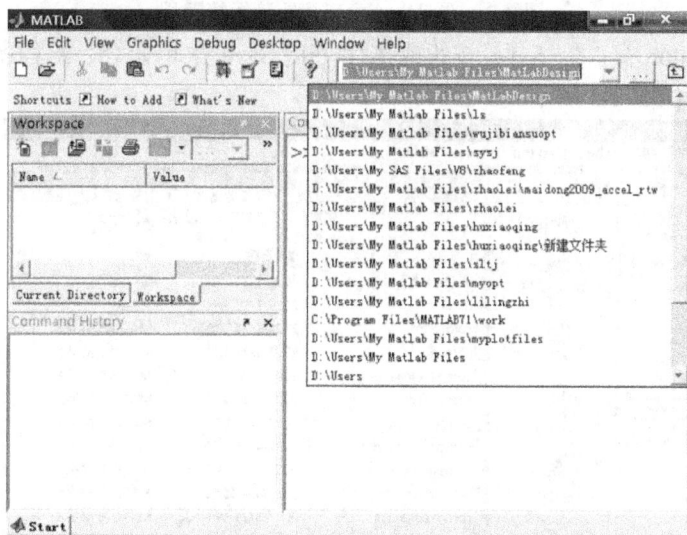

图 2-1　选定工作文件夹

(2) 点击工具条上的 New 按钮或 File_New_M-file 菜单命令，启动(打开)Editor 窗口，如图 2-2 所示。

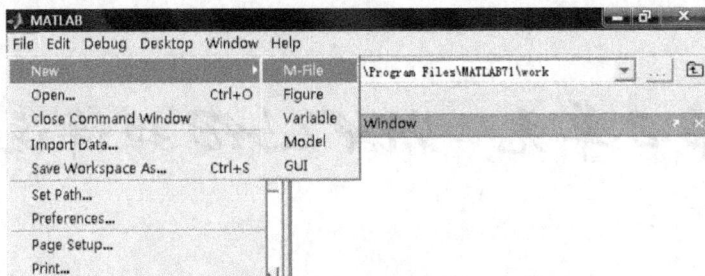

图 2-2　点击 File 菜单上的 New_M-File 命令

(3) 在 Editor 窗口输入用户的矩阵运算程序，如图 2-3 所示。

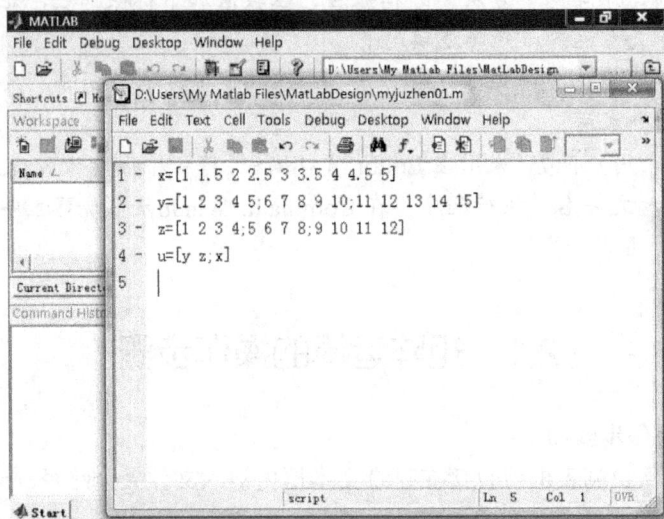

图 2-3　在 Editor 窗口为矩阵运算编程

(4) 点击 Editor 窗口的 Save 按钮或执行 File_Save 菜单命令，给程序命名并存盘(如 myjuzhen01.m)，如图 2-4 所示。

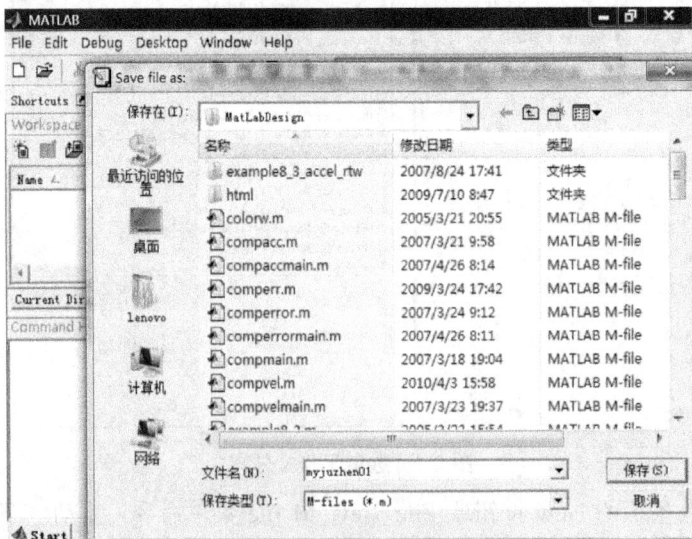

图 2-4　给所编程序命名并存盘

(5) 激活 Command Window 窗口，在命令编辑区键入所存程序的文件名(不含扩展名)，回车执行并观察程序运行结果(如键入 myjuzhen01)，如图 2-5 所示。

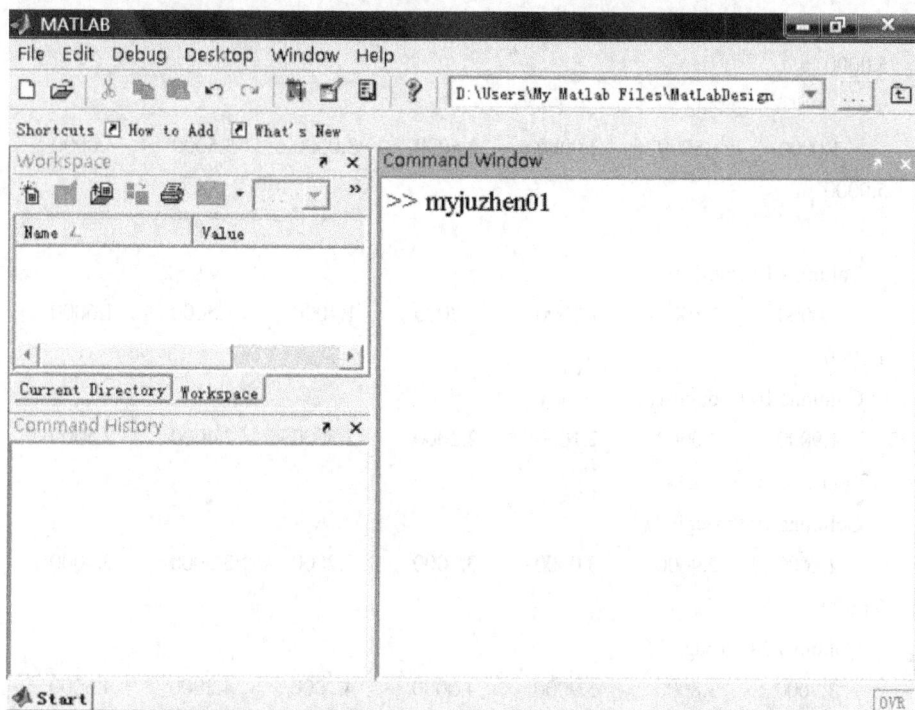

图 2-5　在 Command Window 键入程序名并回车

(6) 在 Command Window 中直接输入程序的各个语句，回车执行并观察程序运行结果。将此结果与在 Editor 窗口编写的程序的运行结果进行比较。

2.2　创 建 矩 阵

创建或生成一个矩阵，可通过冒号(：)、方括弧(［　］)、下标操作和 MATLAB 函数这4 种方法实现，称其为创建矩阵的冒号法、方括弧法、下标法和函数法。

2.2.1　冒号法创建矩阵

冒号法又称做 from:step:to 方式，"from"、"step"、"to"分别表示开始值、步长和结束值。操作步骤如下：

(1) 在 Editor 窗口输入下述命令并自行命名存盘：

```
low=1; step=0.5; up=5;
x=low:step:up
y=1:0.5:5
z=1:step/5:5
u=low*pi/2:pi/10:up*pi/5
```

(2) 激活 Command Window 窗口，在命令编辑区键入所存程序的文件名，运行结果如下：

```
x =
     1.0000    1.5000    2.0000    2.5000    3.0000    3.5000    4.0000    4.5000
  5.0000
y =
     1.0000    1.5000    2.0000    2.5000    3.0000    3.5000    4.0000    4.5000
  5.0000
z =
  Columns 1 through 9
     1.0000    1.1000    1.2000    1.3000    1.4000    1.5000    1.6000    1.7000
  1.8000
  Columns 10 through 18
     1.9000    2.0000    2.1000    2.2000    2.3000    2.4000    2.5000    2.6000
  2.7000
  Columns 19 through 27
     2.8000    2.9000    3.0000    3.1000    3.2000    3.3000    3.4000    3.5000
  3.6000
  Columns 28 through 36
     3.7000    3.8000    3.9000    4.0000    4.1000    4.2000    4.3000    4.4000
  4.5000
  Columns 37 through 41
     4.6000    4.7000    4.8000    4.9000    5.0000
u =
     1.5708    1.8850    2.1991    2.5133    2.8274    3.1416
```

2.2.2 方括弧法创建矩阵

矩阵元素直接排列在方括弧内，每行的元素使用空格或者逗号隔开，行与行之间使用分号隔开。大的矩阵可以分行输入，也可用回车键代替分号。矩阵元素可以是纯数字，也可以是变量。操作步骤如下：

(1) 在 Editor 窗口输入下述命令并自行命名存盘：

x=[1 1.5 2 2.5 3 3.5 4 4.5 5]

y=[1 2 3 4 5;6 7 8 9 10;11 12 13 14 15]

z=[1 2 3 4;5 6 7 8;9 10 11 12]

u=[y z;x]

(2) 激活 Command Window 窗口，在命令编辑区键入所存程序的文件名，部分运行结果如下：

```
x =
     1.0000    1.5000    2.0000    2.5000    3.0000    3.5000    4.0000    4.5000
  5.0000
```

y =

1	2	3	4	5
6	7	8	9	10
11	12	13	14	15

z =

1	2	3	4
5	6	7	8
9	10	11	12

2.2.3　下标法创建矩阵

下标法创建矩阵的操作步骤如下：

(1) 在 Editor 窗口输入下述命令并自行命名存盘：

```
x=[1 2 3 4 5;6 7 8 9 10;11 12 13 14 15]
z1=x([1 3],[1 3 5])
z2=x(:,2:4)
z3=x([2 3],:)
z4=x(1:2,3:5)
z5=x(11)
z6=x(3,5)
x(2:3,:)=[]
```

(2) 激活 Command Window 窗口，在命令编辑区键入所存程序的文件名，运行结果如下：

x =

1	2	3	4	5
6	7	8	9	10
11	12	13	14	15

z1 =

1	3	5
11	13	15

z2 =

2	3	4
7	8	9
12	13	14

z3 =

6	7	8	9	10
11	12	13	14	15

z4 =

3	4	5
8	9	10

z5 =   9

z6 =15

x =   1   2   3   4   5

2.2.4　函数法创建矩阵

函数法创建矩阵的步骤如下：

(1) 在 Editor 窗口输入下述命令并自行命名存盘：

     x1=zeros(3,5), x2= zeros(5)

     y1=ones(3,5), y2=ones(5)

     z1=eye(3,5), z2=eye(5)

     u1=linspace(1,10,5), u2=linspace(1,10)

     v1=logspace(1,10,5), v2=logspace(1,10)

     w1=rand(3,5), w2=rand(5)

     s1=randn(3,5), s2=randn(5)

(2) 激活 Command Window 窗口，在命令编辑区键入所存程序的文件名，部分运行结果如下：

x1 =

    0   0   0   0   0

    0   0   0   0   0

    0   0   0   0   0

x2 =

    0   0   0   0   0

    0   0   0   0   0

    0   0   0   0   0

    0   0   0   0   0

    0   0   0   0   0

y1 =

    1   1   1   1   1

    1   1   1   1   1

    1   1   1   1   1

y2 =

    1   1   1   1   1

    1   1   1   1   1

    1   1   1   1   1

    1   1   1   1   1

    1   1   1   1   1

z1 =

    1   0   0   0   0

    0   1   0   0   0

```
        0       0       1       0       0
z2 =
        1       0       0       0       0
        0       1       0       0       0
        0       0       1       0       0
        0       0       0       1       0
        0       0       0       0       1
u1 =
   1.0000   3.2500   5.5000   7.7500  10.0000
v1 =
   1.0e+010 *
   0.0000   0.0000   0.0000   0.0056   1.0000
w1 =
   0.6979   0.8537   0.8998   0.8180   0.2897
   0.3784   0.5936   0.8216   0.6602   0.3412
   0.8600   0.4966   0.6449   0.3420   0.5341
w2 =
   0.7271   0.7027   0.7948   0.9797   0.1365
   0.3093   0.5466   0.9568   0.2714   0.0118
   0.8385   0.4449   0.5226   0.2523   0.8939
   0.5681   0.6946   0.8801   0.8757   0.1991
   0.3704   0.6213   0.1730   0.7373   0.2987
s1 =
  -0.6436  -0.0195  -0.3179   0.4282   0.5779
   0.3803  -0.0482   1.0950   0.8956   0.0403
  -1.0091   0.0000  -1.8740   0.7310   0.6771
s2 =
   0.5689  -0.2340   0.6232   0.2379   0.3899
  -0.2556   0.1184   0.7990  -1.0078   0.0880
  -0.3775   0.3148   0.9409  -0.7420  -0.6355
  -0.2959   1.4435  -0.9921   1.0823  -0.5596
  -1.4751  -0.3510   0.2120  -0.1315   0.4437
```

　　Linspace(p1,p2,p3)函数和 logspace(p1,p2,p3)函数的三个输入参数分别表示开始值、结束值和生成的数据个数。省略参数 p3，则 Linspace 缺省产生 100 个数据，logspace 缺省产生 50 个数据。

　　MATLAB 提供了许多生成矩阵的函数，表 2-1 列举出其中的一部分。

表 2-1   创建矩阵的 MATLAB 函数

函数	功　能	函数	功　能
compan	生成伴随阵	toeplitz	生成 Toeplitz 矩阵
diag	生成对角阵	vander	Vandermonde 矩阵 A(i, j)=v(i)^(n-j)
hadamard	生成 Hadamard 矩阵	zeros	生成元素全为 0 的矩阵
hankel	生成 Hankel 矩阵	ones	生成元素全为 1 的矩阵
invhilb	Hilbert 矩阵的逆阵	rand	生成均匀分布随机阵
kron	Kronercker 张量积	randn	生成正态分布随机阵
magic	魔方矩阵	eye	生成主对角线元素为 1 其余元素为 0 的矩阵
pascal	Pascal 矩阵	meshgrid	生成两向量网格矩阵

2.2.5　混合法创建矩阵

混合使用冒号法、方括弧法、下标法、函数法及算式，可创建更为复杂的矩阵。操作方法如下：

(1) 在 Editor 窗口输入下述命令并自行命名存盘：

    a=1; b=2; c=7;

    x=[a:b/2:c;zeros(3),ones(3,4);eye(4),rand(4,3)]

    x(2,:)=[]

(2) 激活 Command Window 窗口，在命令编辑区键入所存程序的文件名，运行结果如下：

```
x =
    1.0000    2.0000    3.0000    4.0000    5.0000    6.0000    7.0000
         0         0         0    1.0000    1.0000    1.0000    1.0000
         0         0         0    1.0000    1.0000    1.0000    1.0000
         0         0         0    1.0000    1.0000    1.0000    1.0000
    1.0000         0         0         0    0.1730    0.8757    0.8939
         0    1.0000         0         0    0.9797    0.7373    0.1991
         0         0    1.0000         0    0.2714    0.1365    0.2987
         0         0         0    1.0000    0.2523    0.0118    0.6614
x =
    1.0000    2.0000    3.0000    4.0000    5.0000    6.0000    7.0000
         0         0         0    1.0000    1.0000    1.0000    1.0000
         0         0         0    1.0000    1.0000    1.0000    1.0000
    1.0000         0         0         0    0.1730    0.8757    0.8939
         0    1.0000         0         0    0.9797    0.7373    0.1991
         0         0    1.0000         0    0.2714    0.1365    0.2987
         0         0         0    1.0000    0.2523    0.0118    0.6614
```

2.3　矩阵变换

用同一种函数逐一计算矩阵每一个元素的值，或不改变矩阵元素(元素个数和元素值)而对矩阵做旋转、翻转、排序等操作，称为矩阵变换。

2.3.1　函数变换

矩阵的正弦、余弦、对数等运算，定义在矩阵的单个元素上，即对矩阵的每个元素分别进行正弦、余弦、对数等运算，此类面向矩阵的函数运算称做函数变换。

MATLAB 基本数学函数见表 2-2。

表 2-2　MATLAB 基本数学函数

函 数 名	计 算 功 能	函 数 名	计 算 功 能
abs(x)	实数的绝对值或复数的幅值	floor(x)	对 x 朝$-\infty$方向取整
acos(x)	反余弦 arccos$x$	gcd(m,n)	求正整数 m 和 n 的最大公约数
acosh(x)	反双曲余弦 arccosh$x$	imag(x)	求复数 x 的虚部
angle(x)	在四象限内求复数 x 的相角	lcm(m,n)	求正整数 m 和 n 的最小公倍数
asin(x)	反正弦 arcsin$x$	log(x)	自然对数(以 e 为底数)
asinh(x)	反双曲正弦 arcsinh$x$	log10(x)	常用对数(以 10 为底数)
atan(x)	反正切 arctan$x$	real(x)	求复数 x 的实部
atan2(x,y)	在四象限内求反正切	rem(m,n)	求正整数 m 和 n 的 m/n 之余数
atanh(x)	反双曲正切 arctanh$x$	round(x)	对 x 四舍五入到最接近的整数
ceil(x)	对 x 朝$+\infty$方向取整	sign(x)	符号函数：求出 x 的符号
conj(x)	求复数 x 的共轭复数	sin(x)	正弦 sin$x$
cos(x)	余弦 cos$x$	sinh(x)	双曲正弦 sinh$x$
cosh(x)	双曲余弦 cosh$x$	sqrt(x)	求实数 x 的平方根：$\sqrt{x}$
exp(x)	指数函数 e^x	tan(x)	正切 tan$x$
fix(x)	对 x 朝原点方向取整	tanh(x)	双曲正切 tanh$x$

试在 Command Window 中用 help 命令查询表 2-2 中函数的用法，如键入"Help tan"。试逐一练习。

2.3.2　几何变换

不改变矩阵元素而重新调整矩阵元素的排列布局，称为矩阵的几何变换。例如，flipud(a)使矩阵 a 上下翻转，fliplr(a)使矩阵 a 左右翻转，rot90(a)使矩阵 a 逆时针翻转 90°，sort(a)使矩阵 a 按列排序，reshape(a)使矩阵 a 按指定的行、列数重塑。操作方法如下：

(1) 在 Editor 窗口输入下述命令并自行命名存盘：

　　a =[1 2 3 4 5;6 7 8 9 10;11 12 13 14 15]

```
x1=flipud(a)
x2=fliplr(a)
x3=rot90(a)
x4=sort(a)
x5=reshape(a,5,3)
```

(2) 激活 Command Window 窗口，在命令编辑区键入所存程序的文件名，运行结果如下：

```
a =
     1     2     3     4     5
     6     7     8     9    10
    11    12    13    14    15
x1 =
    11    12    13    14    15
     6     7     8     9    10
     1     2     3     4     5
x2 =
     5     4     3     2     1
    10     9     8     7     6
    15    14    13    12    11
x3 =
     5    10    15
     4     9    14
     3     8    13
     2     7    12
     1     6    11
x4 =
     1     2     3     4     5
     6     7     8     9    10
    11    12    13    14    15
x5 =
     1    12     9
     6     3    14
    11     8     5
     2    13    10
     7     4    15
```

2.4   矩阵算术运算

矩阵算术运算符有+（加）、−（减）、*（乘）、\（左除）、/（右除）、^（幂乘）、'（矩阵转置）

等。矩阵算术运算遵循线性代数规则，两矩阵左除行数相同，右除列数相同。操作步骤如下：

(1) 在 Editor 窗口输入下述命令并自行命名存盘：

A= [1 2 3 10;5 4 6 11;9 7 8 15]

B= [3 2 5 0;4 3 0 7;5 9 1 2]

C= [1 2 3;5 4 6;9 7 8]

D= [24;17;35]

X=[A+B, A–B]

Y=C*B

Z= [C\D, B/A]

U=C^3

V=A'+B'

(2) 激活 Command Window 窗口，在命令编辑区键入所存程序的文件名，运行结果如下：

A =

1	2	3	10
5	4	6	11
9	7	8	15

B =

3	2	5	0
4	3	0	7
5	9	1	2

C =

1	2	3
5	4	6
9	7	8

D =

24
17
35

X =

4	4	8	10	–2	0	–2	10
9	7	6	18	1	1	6	4
14	16	9	17	4	–2	7	13

Y =

26	35	8	20
61	76	31	40
95	111	53	65

Z =

$$
\begin{array}{cccc}
-10.3333 & -1.7722 & 3.3376 & -1.2516 \\
21.8667 & 1.2469 & -3.4938 & 2.1852 \\
-3.1333 & 0.3921 & -4.7497 & 3.4061
\end{array}
$$

U =

$$
\begin{array}{ccc}
544 & 473 & 612 \\
1202 & 1039 & 1341 \\
1823 & 1571 & 2024
\end{array}
$$

V =

$$
\begin{array}{ccc}
4 & 9 & 14 \\
4 & 7 & 16 \\
8 & 6 & 9 \\
10 & 18 & 17
\end{array}
$$

2.5　阵列算术运算

阵列算术运算符有+(加)、−(减)、.*(阵列乘)、.\(阵列左除)、./(阵列右除)、.^(阵列幂乘)、.'(阵列转置)等。阵列算术运算遵循元素对元素的规则，参与运算的两个阵列或维数相同或其中一个是标量。操作步骤如下：

(1) 在 Editor 窗口输入下述命令并自行命名存盘：

A= [1 2 3 10;5 4 6 11;9 7 8 15]

B= [3 2 5 0;4 3 0 7;5 9 1 2]

X= [A+B, A−B]

Y= [A.*B, A.^2]

Z= [A./B, A.\B]

U= [A' zeros(4,3);zeros(4,3) B']

(2) 激活 Command Window 窗口，在命令编辑区键入所存程序的文件名，运行结果如下：

A =

$$
\begin{array}{cccc}
1 & 2 & 3 & 10 \\
5 & 4 & 6 & 11 \\
9 & 7 & 8 & 15
\end{array}
$$

B =

$$
\begin{array}{cccc}
3 & 2 & 5 & 0 \\
4 & 3 & 0 & 7 \\
5 & 9 & 1 & 2
\end{array}
$$

X =

$$
\begin{array}{cccccccc}
4 & 4 & 8 & 10 & -2 & 0 & -2 & 10 \\
9 & 7 & 6 & 18 & 1 & 1 & 6 & 4
\end{array}
$$

| 14 | 16 | 9 | 17 | 4 | −2 | 7 | 13 |

Y =

3	4	15	0	1	4	9	100
20	12	0	77	25	16	36	121
45	63	8	30	81	49	64	225

Warning: Divide by zero.

Z =

0.3333	1.0000	0.6000	Inf	3.0000	1.0000	1.6667	0
1.2500	1.3333	Inf	1.5714	0.8000	0.7500	0	0.6364
1.8000	0.7778	8.0000	7.5000	0.5556	1.2857	0.1250	0.1333

U =

1	5	9	0	0	0
2	4	7	0	0	0
3	6	8	0	0	0
10	11	15	0	0	0
0	0	0	3	4	5
0	0	0	2	3	9
0	0	0	5	0	1
0	0	0	0	7	2

2.6　阵列关系运算

阵列关系运算符有==(等于)、<(小于)、<=(小于等于)、>(大于)、>=(大于等于)、~=(不等于)等。阵列关系运算遵循元素对元素的规则，参与运算的两个阵列(包括算式产生的阵列)或维数相同或其中一个是标量。操作步骤如下：

(1) 在 Editor 窗口输入下述命令并自行命名存盘：

A= [1 2 3 10;5 4 6 11;9 7 8 15]

B= [3 2 5 0;4 3 0 7;5 9 1 2]

X1=A>B,

X2=A>=B

X3=A~=B

X4=A>5

X5=(A.*B)>(A./B)

X6=(A.*B)~=(A./B)

X7=A.*sin(B)<B.*cos(A)

(2) 激活 Command Window 窗口，在命令编辑区键入所存程序的文件名，部分运行结果如下：

A =

1	2	3	10
5	4	6	11
9	7	8	15

B =

3	2	5	0
4	3	0	7
5	9	1	2

X1 =

0	0	0	1
1	1	1	1
1	0	1	1

X2 =

0	1	0	1
1	1	1	1
1	0	1	1

X3 =

1	0	1	1
1	1	1	1
1	1	1	1

Warning: Divide by zero.

X5 =

1	1	1	0
1	1	0	1
1	1	0	1

Warning: Divide by zero.

X6 =

1	1	1	1
1	1	1	1
1	1	0	1

X7 =

1	0	0	0
1	0	0	0
1	1	0	0

(3) 在 Editor 窗口输入下述命令并自行命名存盘:

```
x=-3:0.1:3; y=2*x.^2-5*x+15;
maxy= y(1); miny= y(1); n=length(y);
maxp=[x(1) y(1)]; minp=[x(1) y(1)];
for i=1:n
    if y(i)>maxy
```

```
        maxp=[x(i) y(i)]; maxy=y(i);
      elseif y(i)<=miny
        minp=[x(i) y(i)]; miny=y(i);
      end
    end
    maxp=maxp, minp=minp
    plot(x,y, maxp(1), maxp(2),'*', minp(1), minp(2),'p')
```

(4) 激活 Command Window 窗口，在命令编辑区键入所存程序的文件名，运行结果如下：

```
    maxp =
        -3      48

    minp =
        1.3000    11.8800
```

程序运行结果如图 2-6 所示。

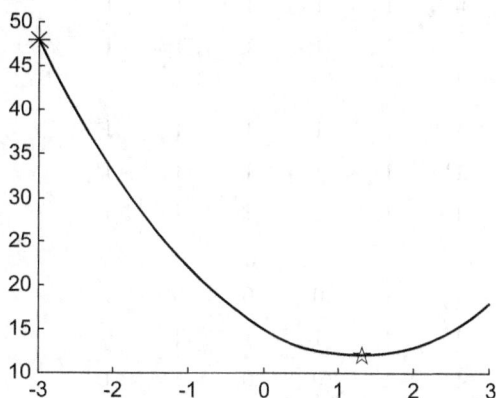

图 2-6　二次曲线及其搜索范围内的最大点和最小点

2.7　阵列逻辑运算

逻辑运算符有&(与)、|(或)、~(非)、xor(异或)等。阵列逻辑运算遵循元素对元素的规则，参与运算的两个阵列(包括算式产生的阵列)或维数相同或其中一个是标量。操作步骤如下：

(1) 在 Editor 窗口输入下述命令并自行命名存盘：

```
    X= [1 2 3 10;5 4 6 11;9 7 8 15]
    Y= [3 2 5 0;4 3 0 7;5 9 1 2]
    Z1= [X&Y, X&5]
    Z2= [X|Y    X|5]
    Z3= [X>2|Y<5    X>2&Y<5]
```

Z4= [~X   ~Y   ~(X&Y)]

Z5= [xor(X,Y)   xor(X,5)   xor(X>2,Y<5)]

(2) 激活 Command Window 窗口，在命令编辑区键入所存程序的文件名，运行结果如下：

X =

1	2	3	10
5	4	6	11
9	7	8	15

Y =

3	2	5	0
4	3	0	7
5	9	1	2

Z1 =

1	1	1	0	1	1	1	1
1	1	0	1	1	1	1	1
1	1	1	1	1	1	1	1

Z2 =

1	1	1	1	1	1	1	1
1	1	1	1	1	1	1	1
1	1	1	1	1	1	1	1

Z3 =

1	1	1	1	0	0	0	1
1	1	1	1	1	1	1	0
1	1	1	1	0	0	1	1

Z4 =

0	0	0	0	0	0	0	1	0	0	0	1
0	0	0	0	0	0	1	0	0	0	1	0
0	0	0	0	0	0	0	0	0	0	0	0

Z5 =

0	0	0	1	0	0	0	0	1	1	1	0
0	0	1	0	0	0	0	0	0	0	0	1
0	0	0	0	0	0	0	0	1	1	0	0

2.8   测定矩阵大小

函数 size 用于计算矩阵的维数(行数和列数)，函数 length 用于计算矩阵的最大维数。

函数 size 的基本用法是：[m,n]=size(x)返回矩阵 x 的行数 m 和列数 n；m=size(x,1)返回矩阵 x 的行数 m，N=size(x,2) 返回矩阵 x 的列数 n；d=size(x)返回一个行向量，第一个元素为行数，第二个元素为列数。

函数 length 返回行、列数中的最大值，即 length(a)=max(size(a))。

操作步骤如下：

(1) 在 Editor 窗口输入下述命令并自行命名存盘：

    x= [1 2 3 10;5 4 6 11;9 7 8 15]

    [m,n]=size(x)

    M=size(x,1)

    N=size(x,2)

    L=length(x)

(2) 激活 Command Window 窗口，在命令编辑区键入所存程序的文件名，运行结果如下：

    x =

        1   2   3   10
        5   4   6   11
        9   7   8   15

    m =

        3

    n =

        4

    M =

        3

    N =

        4

    L =

        4

2.9　编程中的初始化命令

clc 命令用于清除 Command Window 窗口内全部内容；clear all 用于清除内存中的全部变量；close all 用于关闭所有图形窗口。操作步骤如下：

(1) 在 Editor 窗口输入下述命令并自行命名存盘：

    clc, clear all, close all

    x= [1 2 3 10;5 4 6 11;9 7 8 15]

(2) 激活 Command Window 窗口，在命令编辑区键入所存程序的文件名，观察 Command Window、Workspace、Figure 三窗口的变化。

上 机 报 告

(1) 用 MATLAB 实现矩阵的创建。

(2) 用 MATLAB 实现矩阵的变换。

(3) 用 MATLAB 实现矩阵算术运算。

(4) 用 MATLAB 实现阵列算术运算。

(5) 用 MATLAB 实现阵列关系运算。

(6) 用 MATLAB 实现阵列逻辑运算。

第3单元　*MATLAB*基本绘图

上机目的: 掌握常见图形的 MATLAB 绘制方法，熟悉 MATLAB 绘图函数。

上机内容: 绘制二维散点图、折线图、点线图、柱形图、直方图等。绘制三维的网格图、表面图、网格附等高线图、网格附高度线图等。

操作约定: 用户绘图任务，采用在 Editor 窗口编程、将程序存盘为 M 文件、在 Command Window 中键入存盘文件名执行程序、在 Figure 窗口观察和编辑图形 4 步操作流程。

3.1　编程绘图步骤

编程绘图步骤如下:

(1) 点击目录下拉列表框或直接在目录文本框内键入文件夹全路径，选定你的工作文件夹，不选则缺省文件夹是 work，如图 3-1 所示。

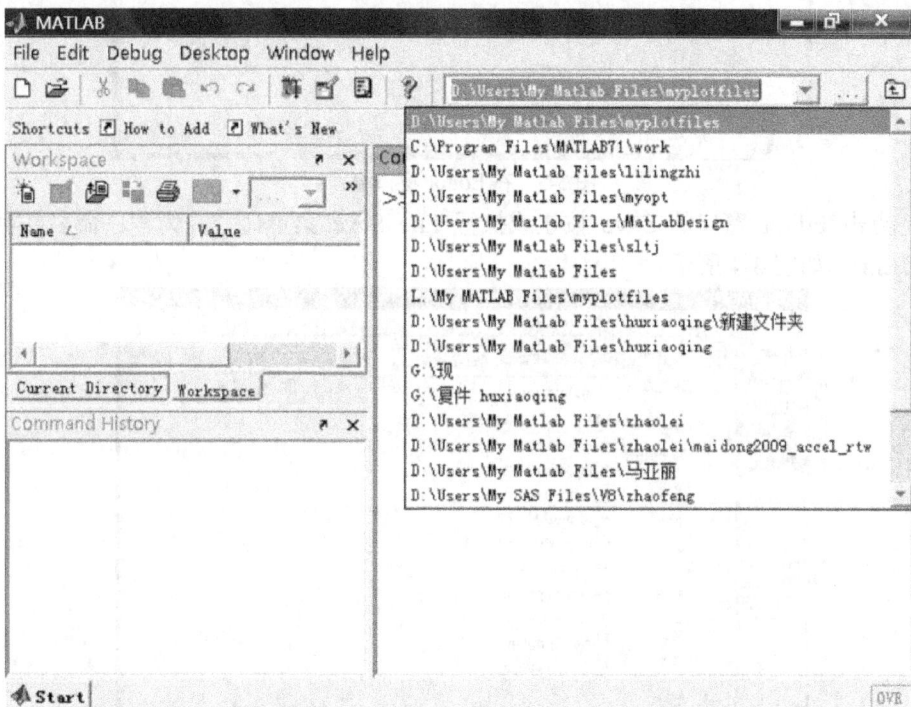

图 3-1　选定自己的工作文件夹

(2) 点击工具条上的 New 按钮或执行 File_New_M-file 菜单命令，启动(打开)Editor 窗口，如图 3-2 所示。

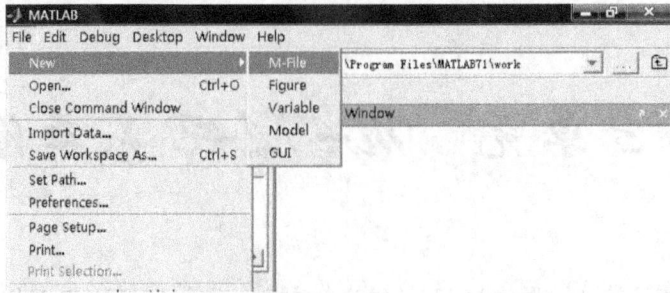

图 3-2　点击 File 菜单上的 New_M-File 命令

(3) 在 Editor 窗口输入用户的绘图程序，如图 3-3 所示。

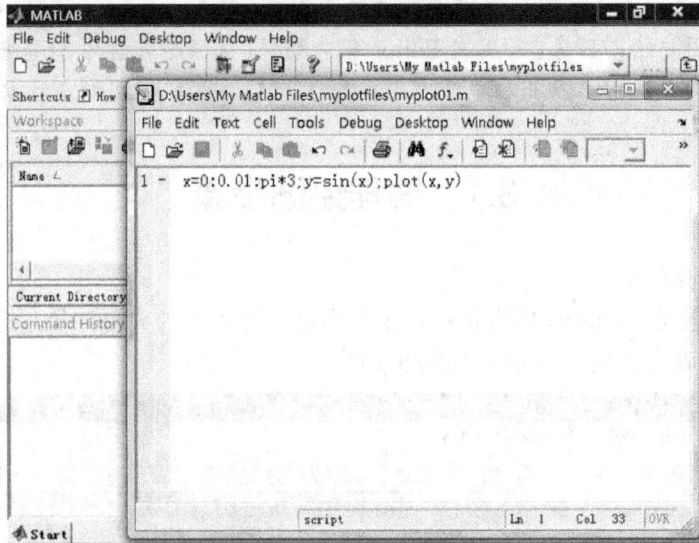

图 3-3　在 Editor 窗口编程

(4) 点击 Editor 窗口的 Save 按钮或执行 File_Save 菜单命令，为程序命名并存盘(如 myplot01.m)，如图 3-4 所示。

图 3-4　给程序命名并存盘

(5) 激活 Command Window 窗口，在命令编辑区键入所存程序的文件名(如键入 myplot01，不含扩展名)，回车执行并观察程序运行结果，如图 3-5 所示。

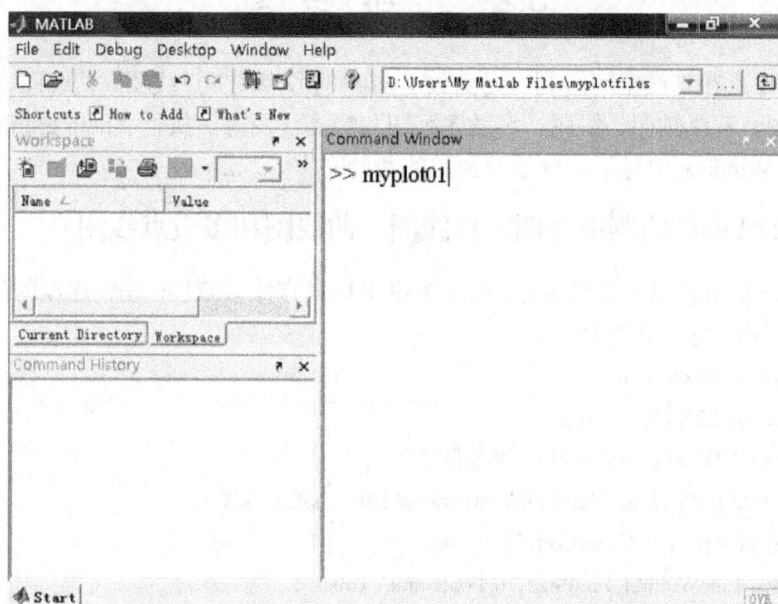

图 3-5　在 Command Window 键入程序名并回车

(6) 绘图程序运行时自动打开 Figure 窗口并显示绘图程序的执行结果，如图 3-6 所示。

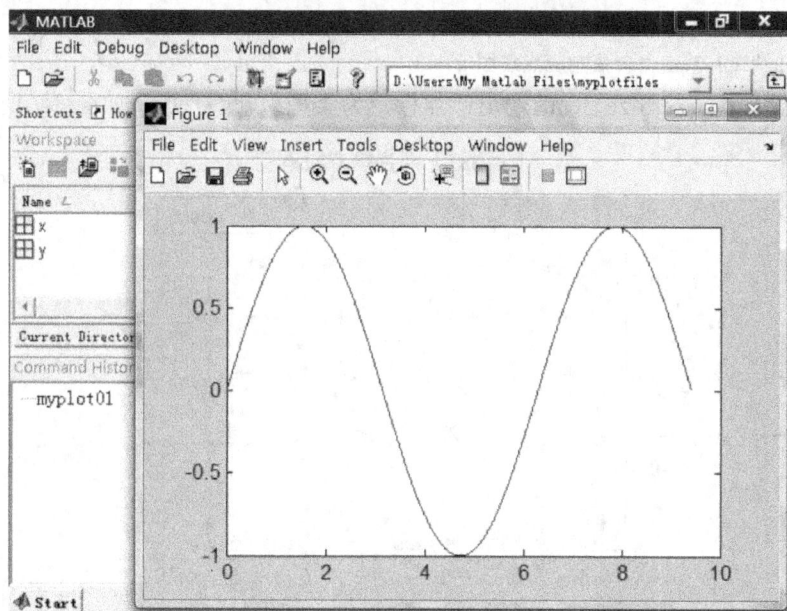

图 3-6　Figure 窗口被打开并显示绘图程序的执行结果

(7) 在 Command Window 中直接输入程序的各个语句，回车执行并观察运行结果。与 Editor 窗口编程的操作方式比较。

3.2 二维绘图

MATLAB 可在二维空间绘制一元函数 $y = f(x)$ 的散点图、点线图、曲线图、柱形图、直方图、对数图、双纵轴图、饼图、离散序列图和等高线图等。执行 "help graph2d" 命令可在 Command Window 中显示二维绘图函数的帮助文本。

3.2.1 用 plot 函数绘制散点图、点线图、曲线图和多重点线图

(1) plot(x,y) 函数以 x 为横坐标、以 y 为纵坐标描点绘散点图。设置连线的线型和颜色、点标记的类型和尺寸的程序如下：

```
clc; close all; clear all;
x=-pi:pi/10:3*pi;y1=cos(x);
plot(x,y1,'*k','MarkerSize',10);    %绘散点图
%plot(x,y1,'-*k','LineWidth',1.0,'MarkerSize',10);    %绘点线图
axis([-pi 3*pi+1 -1 1]);box off;
set(gca,'LineWidth',1,'FontSize',16,'FontName','Times');
xlabel('x','FontSize',16,'FontName','Times');
ylabel('cos(x)','FontSize',16,'FontName','Times');
legend('cos(x)');
title('[-\pi~3\pi]上余弦响应散点图');
%title('[-\pi~3\pi]上余弦响应点线图');
```

plot(x,y1,'*k','MarkerSize',10) 的输出：点标记为类型*、尺寸 10。如图 3-7 所示。

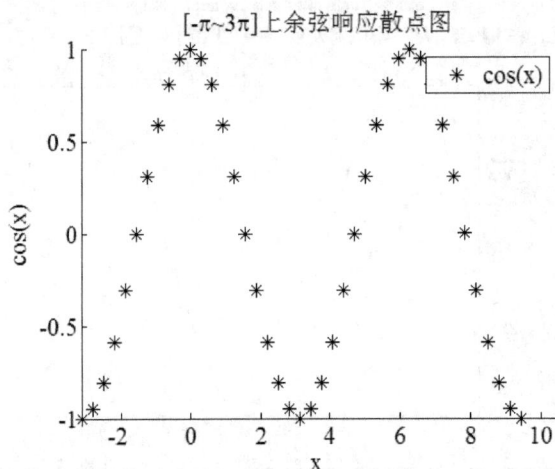

图 3-7　散点图

(2) plot(x,y1,'-*k','LineWidth',1.0,'MarkerSize',10) 的输出：点标记为类型*、尺寸 10，连线类型为实线 "—"、黑色 k。如图 3-8 所示。

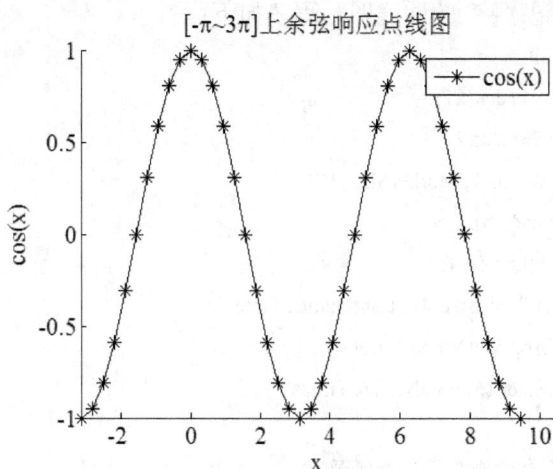

图 3-8　点线图

(3) 用 plot(x,y)函数绘曲线图的程序：缩小 x 向量的间隔，以 x 为横坐标 y 为纵坐标绘点，设置连线的线型 "—" 和颜色 k，不设点标记。程序如下：

```
clc; close all; clear all;
x=-pi:pi/100:3*pi; y=cos(x);
plot(x,y,'-k','LineWidth',1.0,'MarkerSize',10);
axis([-pi 3*pi+1 -1 1]); box off;
set(gca,'LineWidth',1,'FontSize',16,'FontName','Times');
xlabel('x','FontSize',16,'FontName','Times');
ylabel('cos(x)','FontSize',16,'FontName','Times');
legend('cos(x)');
title('[-\pi~3\pi]上余弦响应曲线图');
```

程序输出的曲线图，如图 3-9 所示。

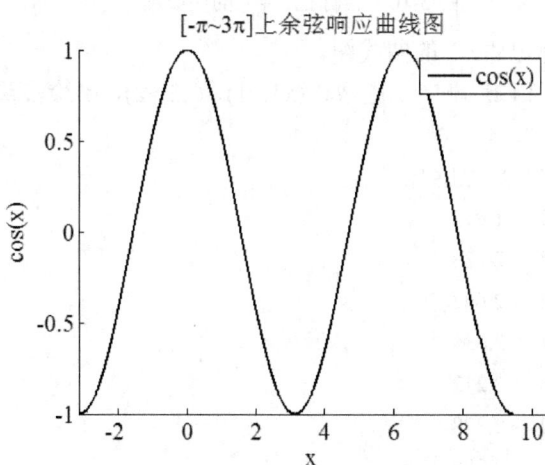

图 3-9　曲线图

(4) plot 函数绘带标记 "+" 的曲线图。程序如下：

```
clc; close all; clear all;
x1=-pi:pi/100:3*pi; y1=cos(x1);
x2=-pi:pi/10:3*pi; y2=cos(x2);
plot(x1,y1,'-k','LineWidth',2,'MarkerSize',10);
text(x2,y2,'+','FontSize',16);
axis([-pi 3*pi+1 -1 1]);box off;
set(gca,'LineWidth',1,'FontSize',16,'FontName','Times');
xlabel('x','FontSize',16,'FontName','Times');
ylabel('cos(x)','FontSize',16,'FontName','Times');
legend('cos(x)');
title('[-\pi~3\pi]上余弦响应带标记曲线图');
```

程序输出的带标记曲线图，如图 3-10 所示。

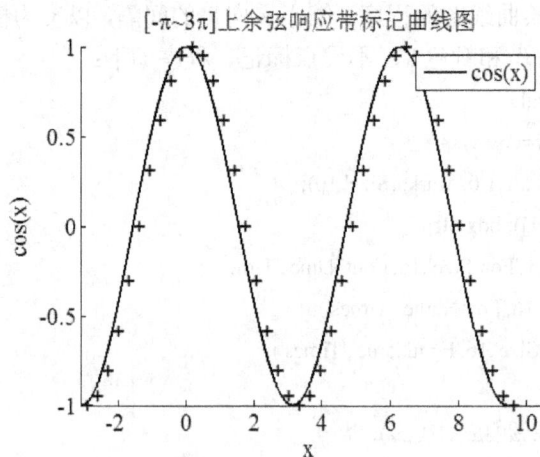

图 3-10 带标记 "+" 的曲线图

试修改程序生成带标记 "z" 的曲线图。

(5) plot(x1,y1,'-*k',x2,y2,'-ob',...)函数以(x1,y1)、(x2,y2)，...绘多重点线图。程序如下：

```
clc; close all; clear all;
x=[3      2.092    1.548    1.446
   5      2.424    1.942    1.912
   7      2.776    2.338    2.238
   9      3.05     2.692    2.662
   11     3.212    2.844    3.034
   13     3.458    3.146    3.212
   15     3.654    3.462    3.378
   17     3.67     3.5      3.388
   19     3.684    3.594    3.404
```

```
21  4.114   3.974   3.774

23  4.228   4.106   3.862

25  4.3     4.18    3.92

27  NaN     4.59    NaN

29  NaN     4.646   NaN];    %试验数据，第 1 列为自变量，其余列为因变量

plot(x(:,1),x(:,2),'-*k',x(:,1),x(:,3),'-ok',x(:,1),x(:,4),'->k','MarkerSize',8);

axis([min(x(:,1)) max(x(:,1)) min(min(x(:,2:4))) max(max(x(:,2:4)))]);box off;

set(gca,'LineWidth',1,'FontSize',16,'FontName','Times');

xlabel('growth days (d)','FontSize',16,'FontName','Times');

ylabel('fruit diameter (cm)','FontSize',16,'FontName','Times');

title('番茄定株观测的果实直径动态');

legend('果实 1','果实 2','果实 3');
```

程序输出的多重点线图，如图 3-11 所示。

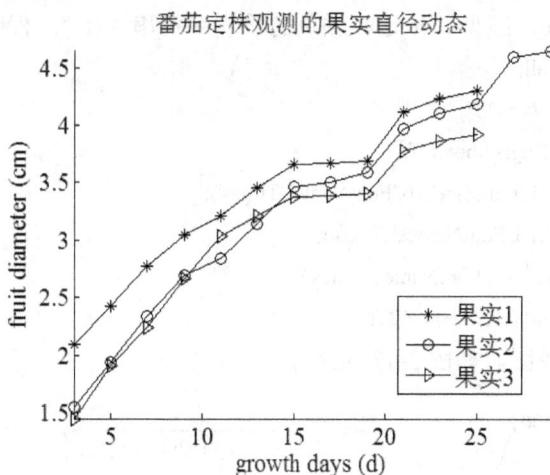

图 3-11　多重点线图

3.2.2　用 fplot 函数采样绘图

(1) fplot('f(x)', [low up], space, 'str')格式绘图：采样函数 f(x)，自变量区间[low up]，采样间隔 space，线型、标记、颜色的设置字符串 "str"。程序如下：

```
clc; close all;clear all;

fplot('[cos(x),sin(x)]',[0   2*pi],1e-2,'pk');

axis([0   2*pi -1 1]);box off;grid on;

set(gca, 'FontSize',16,'FontName','Times');

xlabel('x','FontSize',16,'FontName','Times');

ylabel('f(x)','FontSize',16,'FontName','Times');

legend('f(x)=cos(x)','f(x)=sin(x)',3);
```

程序输出的采样散点图，如图 3-12 所示。

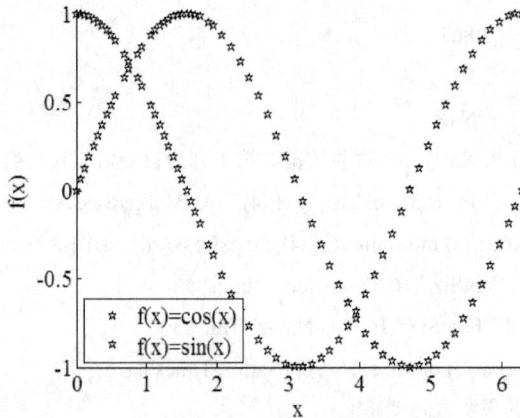

图 3-12　采样散点图

(2)　fplot(y, [low up], space, 'str')格式绘图：匿名采样函数 y=@(x)f(x)，自变量区间 [low up]，采样间隔 space，线型、标记、颜色的设置字符串"str"。程序如下：

```
clc; close all; clear all;
y=@(x)[200*sin(x)./x x.^2];
fplot(y,[-20 20],1e-3);grid;box off;
set(gca,'LineWidth',1,'FontSize',16,'FontName','Times');
xlabel('x','FontSize',16,'FontName','Times');
ylabel('f(x)','FontSize',16,'FontName','Times');
legend('f(x)=200*sin(x)/x','f(x)=x^2',1);
```

程序输出的采样曲线图，如图 3-13 所示。

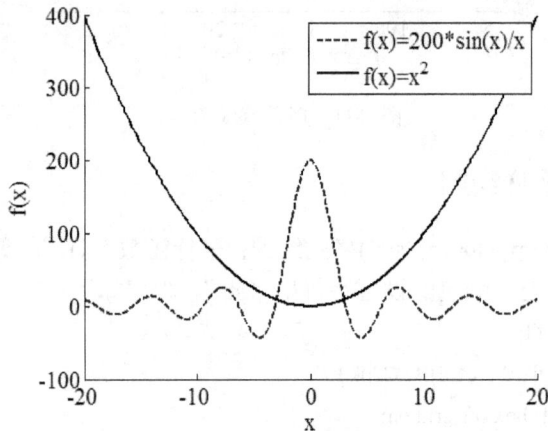

图 3-13　采样曲线图

3.2.3　用 figure 函数开多个窗口分别绘图

用 figure 函数打开窗口，用 plot 函数在所开窗口中分别绘图，程序如下：

```
clc; close all; clear all;
```

```
x=linspace(0,2*pi,60);
y1=sin(x); y2=cos(x); y3=tan(x); y4=cot(x);
figure; plot(x,y1); box off;
axis([0 2*pi -1 1]); title('sin(x)');
figure; plot(x,y2); box off;
axis([0 2*pi -1 1]); title('cos(x)');
figure; plot(x,y3); box off;
axis([0 2*pi -40 40]); title('tan(x)');
figure; plot(x,y4); box off;
axis([0 2*pi -40 40]); title('cot(x)');
```

上面程序每开 1 个窗口绘出 1 条曲线，4 个窗口分别绘 4 条曲线，如图 3-14 所示。

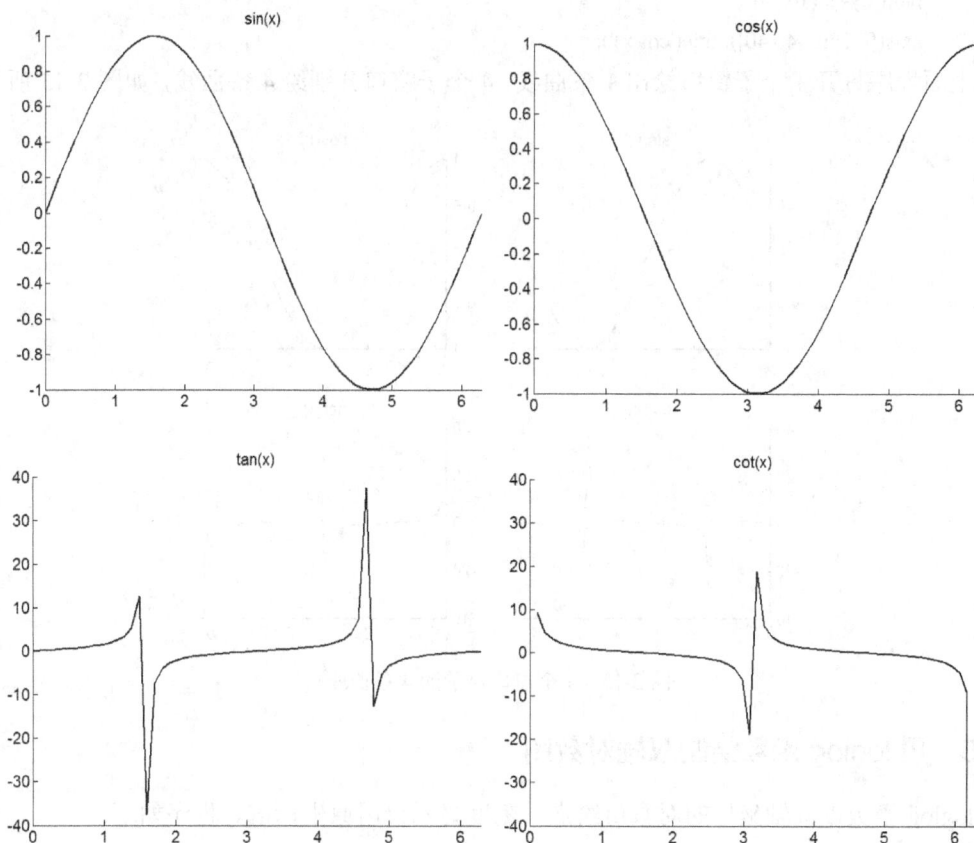

图 3-14　4 个窗口显示的 4 条曲线

3.2.4　用 subplot 函数开多个子窗口分别绘图

用 subplot 函数打开多个子窗口，用 plot 函数在所开子窗口中分别绘图，程序如下：

```
clc; close all; clear all;
x=linspace(0,2*pi,60);
```

```
y1=sin(x); y2=cos(x); y3=tan(x); y4=cot(x);
subplot(2,2,1);
plot(x,y1); box off;
axis([0 2*pi -1 1]); title('sin(x)');
subplot(2,2,2);
plot(x,y2); box off;
axis([0 2*pi -1 1]); title('cos(x)');
subplot(2,2,3);
plot(x,y3); box off;
axis([0 2*pi -40 40]); title('tan(x)');
subplot(2,2,4);
plot(x,y4); box off;
axis([0 2*pi -40 40]); title('cot(x)');
```

上面程序每开 1 个子窗口绘出 1 条曲线，4 个子窗口分别绘 4 条曲线，如图 3-15 所示。

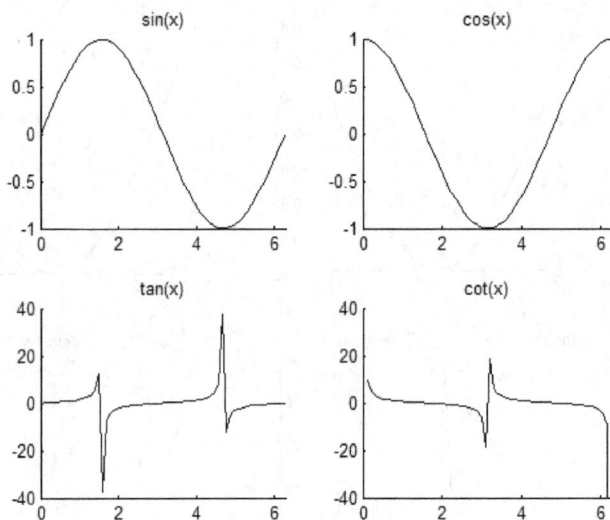

图 3-15   4 个窗口显示的 4 条曲线

3.2.5   用 loglog 函数绘制双轴对数图

loglog 函数以双轴坐标的对数值绘点，刻度显示仍用原坐标值。程序如下：

```
clc; close all; clear all;
x=0:pi/180:2*pi; y=abs(1000*sin(4*x))+1;
loglog(x,y,':b','LineWidth',2); box off; axis([-10 10 1 10^3]);
set(gca,'FontSize',16,'FontName','Times');
xlabel('x', 'FontSize',16, 'FontName', 'Times');
ylabel('y','FontSize',16,'FontName','Times');
legend('y=|1000sin(4x)|+1',3);
```

程序输出的双轴对数图，如图 3-16 所示。

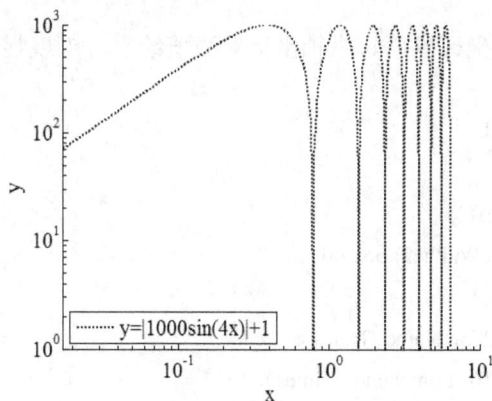

图 3-16　双轴对数图

3.2.6　用 semilogx 函数绘制横轴对数图

semilogx 函数以横轴坐标对数值、纵轴坐标原值绘点，刻度显示仍用原坐标值。程序如下：

```
clc; close all; clear all;
x=0:pi/180:2*pi;
y=abs(1000*sin(4*x))+1;
semilogx(x,y,':b','LineWidth',2);box off;
axis([-10 10 1 10^3]);
set(gca,'FontSize',16,'FontName','Times');
xlabel('x', 'FontSize',16, 'FontName', 'Times');
ylabel('y','FontSize',16,'FontName','Times');
legend('y=|1000sin(4x)|+1',3);
```

程序输出的横轴对数图，如图 3-17 所示。

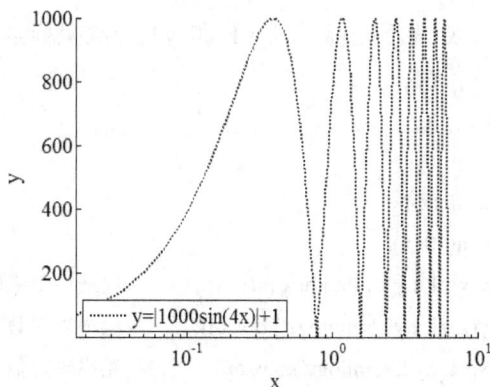

图 3-17　横轴对数图

3.2.7 用 semilogy 函数绘制纵轴对数图

semilogy 函数以横轴坐标原值、纵轴坐标对数值绘点，刻度显示仍用原坐标值。程序如下：

```
clc; close all; clear all;
x=0:pi/180:2*pi;
y=abs(1000*sin(4*x))+1;
semilogy(x,y,':b','LineWidth',2);box off;
axis([0 2*pi 1 10^3]);
set(gca,'FontSize',16,'FontName','Times');
xlabel('x', 'FontSize',16, 'FontName', 'Times');
ylabel('y','FontSize',16,'FontName','Times');
legend('y=|1000sin(4x)|+1',3);
```

程序输出的纵轴对数图，如图 3-18 所示。

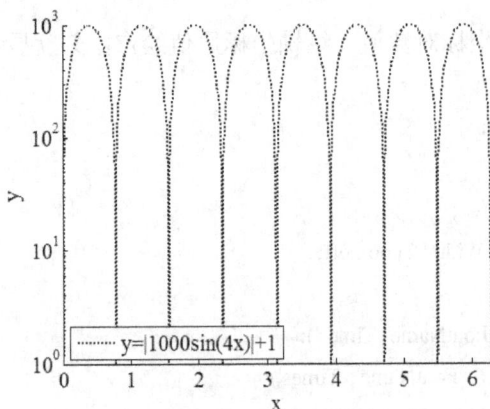

图 3-18 纵轴对数图

3.2.8 用 plotyy 函数绘制双纵轴图

plotyy(x,y1,x,y2)函数以 x 为横坐标，以 y1 和 y2 为纵坐标绘点，显示两纵轴。程序如下：

```
clc; close all; clear all;
x = 0:0.01:20;
y1=200*exp(-0.05*x).*sin(x);
y2=0.8*exp(-0.5*x).*sin(10*x);
%[AX,H1,H2]=plotyy(x,y1,x,y2,'plot');box off;          %绘线性双纵轴图
%[AX,H1,H2]=plotyy(x,y1,x,y2,'semilogx');box off;      %绘横轴对数双纵轴图
[AX,H1,H2]=plotyy(x,y1,x,y2,'semilogy');box off;       %绘纵轴对数双纵轴图
set(AX,'LineWidth',1,'FontSize',16,'FontName','Times');
set(H1,'LineStyle','-','LineWidth',2);
```

```
set(H2,'LineStyle','--','LineWidth',2);
xlabel('x','FontSize',16,'FontName','Times');
ylabel('f(x)','FontSize',16,'FontName','Times');
legend([H1 H2],'f(x)=200e^-^0^.^0^5^xsinx','f(x)=0.8e^-^0^.^5^xsin10x',3);
title('[0 20]上双纵轴图');
%title('[0 20]上线性双纵轴图');                %线性双纵轴图图题
%title('[0 20]上横轴对数双纵轴图');            %横轴对数双纵轴图图题
%title('[0 20]上纵轴对数双纵轴图');            %纵轴对数双纵轴图图题
```

函数 plotyy(x,y1,x,y2,'plot')输出的线性双纵轴图，如图 3-19 所示。

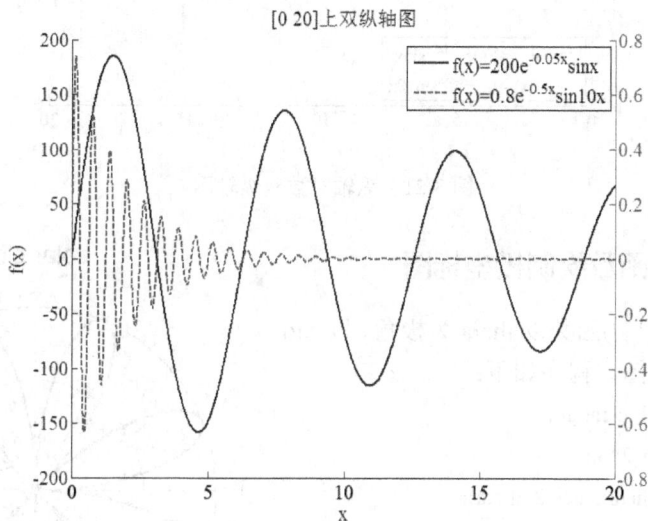

图 3-19 线性双纵轴图

函数 plotyy(x,y1,x,y2,'semilogx')输出的横轴对数双纵轴图，如图 3-20 所示。

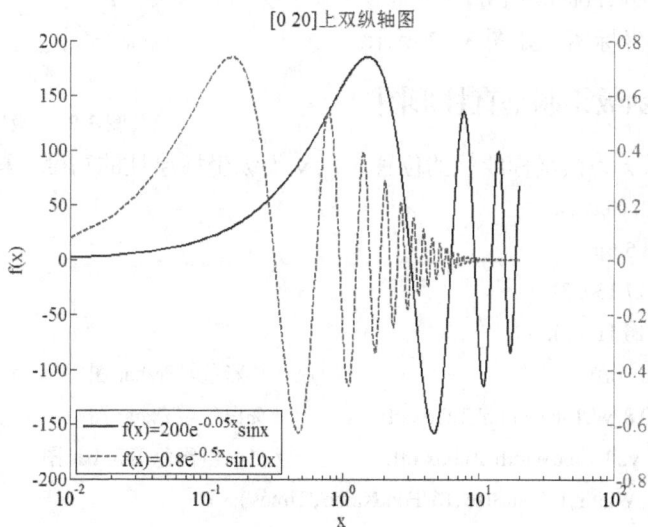

图 3-20 横轴对数双纵轴图

函数 plotyy(x,y1,x,y2,'semilogy')输出的纵轴对数双纵轴图，如图 3-21 所示。

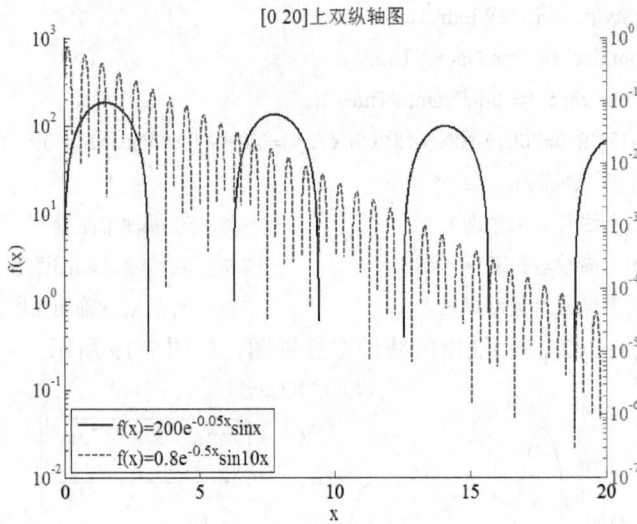

图 3-21   纵轴对数双纵轴图

3.2.9   用 polar 函数绘制极坐标图

polar(theta,rho,'-k')函数以 theta 为极角、以 rho 为极径绘制极坐标图。程序如下：

```
clc; close all; clear all;
theta=0:0.01:2*pi;
rho=sin(2*theta).*cos(2*theta);
h=polar(theta,rho,'-k');
set(h,'LineWidth',2);
title('polar plot','FontSize',16);
```

程序输出的极坐标图，如图 3-22 所示。

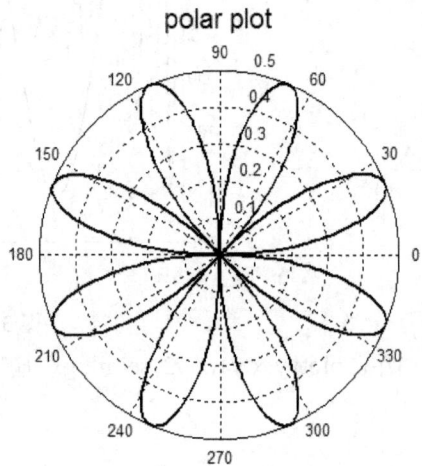

图 3-22   极坐标图

3.2.10   用 bar 函数绘制垂直柱形图

bar(x,y)函数以 x 为横坐标绘柱的位置、以 y 为纵坐标绘柱的高度。程序如下：

```
clc; close all; clear all;
x=[0 1 2 3 4 5 6];
y1=[2 7 15 17 13 8 3];
y2=[3 9 17 16 11 5 2];
bar(x,y1);box off;                          %彩色填充 bar 图
%bar(x,y1,0.8,'w','LineWidth',2);box off;    %白色填充 bar 图
%bar(x,[y1' y2'],'LineWidth',2);box off;     %分组彩色填充 bar 图
set(gca,'LineWidth',1,'FontSize',16,'FontName','Times');
axis([min(x)-1 max(x)+1 0 max(y1)+1])
xlabel('x','FontSize',16,'FontName','Times');
```

ylabel('n(x)','FontSize',16,'FontName','Times');

title('frequence distribution');

bar(x,y1)函数输出横坐标 x、柱高 y1、柱宽默认、柱面彩色填充的垂直柱形图，如图 3-23 所示。

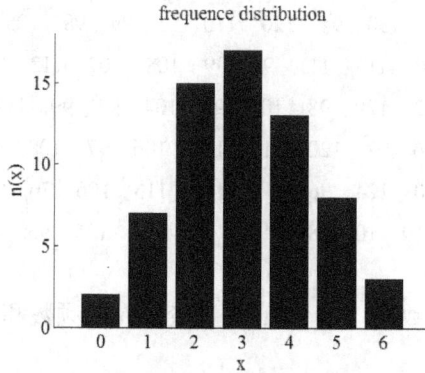

图 3-23　垂直柱形图

bar(x,y1,0.8,'w','LineWidth',2)函数输出柱宽因子 0.8、柱边线宽 2、柱面白色填充的柱形图，如图 3-24 所示。

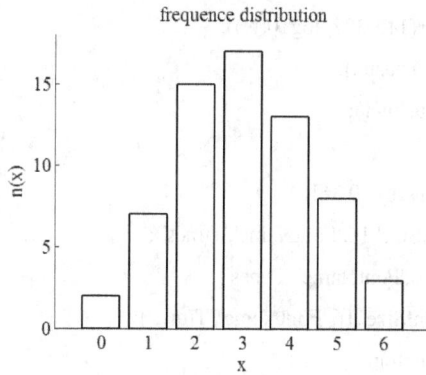

图 3-24　柱面白色填充的柱形图

bar(x,[y1' y2'],'LineWidth',2)函数输出横坐标 x、柱边线宽 2、柱高 y1 和 y2 的二重柱形图，如图 3-25 所示。

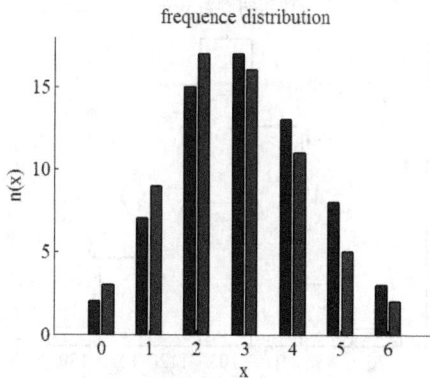

图 3-25　二重柱形图

3.2.11　用 hist 函数绘制直方图

将下面播种机试验测定的粒距样本输入 Excel 并存盘为 lijusample.xls 文件。注意，数据按一列输进 Excel，第一行是变量名(如起名 liju)，第二行以后是数据，参见第 1 单元表 1-1。

```
98   102  110  93   96   130  94   120  110  95   99   98   105  114  84   121
108  95   99   103  103  113  111  97   99   108  102  112  94   105  103  114
87   101  101  77   113  129  98   103  96   104  97   99   117  92   95   100  99
115  121  91   94   106  97   120  117  106  106  97   108  112  102  120  107
99   104  111  97   100  124  96   110  109  116  106  76   92   106  103  120
115  105  101  85   119  102  85   105  102  95   105  93   87   83   97   94
105  85
```

(1) 调用 lijusample.xls 数据，用 hist 函数统计粒距频数和绘频数分布直方图。程序如下：

```
clc; close all; clear all;
file='D:\Users\My MATLAB Files\lijusample.xls';
y=xlsread(file,'Sheet1');
N=length(y); zushu=floor(1+3.322*log10(N));
x=linspace(min(y),max(y),zushu);
zuju=(max(y)-min(y))/(zushu-1);
hist(y,x,'w'); box off;
axis([min(x)-zuju max(x)+zuju 0 36]);
xlabel('粒距  (mm)','FontSize',16,'FontName','Times');
ylabel('频数','FontSize',16,'FontName','Times');
set(gca,'LineWidth',1,'FontSize',16,'FontName','Times');
h = findobj(gca,'Type','patch');
set(h,'FaceColor','w','EdgeColor','k','LineWidth',2)
title('粒距的频数分布');
```

程序输出的粒距频数分布直方图，如图 3-26 所示。

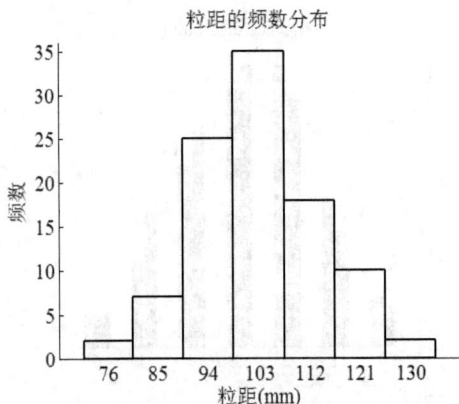

图 3-26　粒距频数分布直方图

(2) 调用 lijusample.xls 数据，用 hist 函数统计粒距频数 count，以组中值 x 为横坐标、以所统计频数 count 计算频率 freq，以该频率 freq 为纵坐标，用 bar(x,freq)函数绘制频率分布直方图。程序如下：

```
clc; close all; clear all;
file='D:\Users\My MATLAB Files\lijusample.xls';    %Excel 数据文件的路径
y=xlsread(file,'Sheet1');                          %读入 Excel 数据文件并赋值给 y
N=length(y);                                        %计算样本容量
zushu=floor(1+3.322*log10(N));                      %计算统计分组个数
x=linspace(min(y),max(y),zushu);                    %生成组中值
zuju=(max(y)-min(y))/(zushu-1);                     %计算组距
count=hist(y,x); freq=count/N;                       %统计或计算所有组区间的组频数和组频率
bar(x,freq,1); box off;
axis([min(x)-zuju max(x)+zuju 0 0.4]);
xlabel('粒距 (mm)','FontSize',16,'FontName','Times');
ylabel('频率','FontSize',16,'FontName','Times');
set(gca,'LineWidth',1,'FontSize',16,'FontName','Times');
h = findobj(gca,'Type','patch');
set(h,'FaceColor','w','EdgeColor','k','LineWidth',2)
title('粒距的频率分布');
```

程序输出的粒距频率分布直方图，如图 3-27 所示。

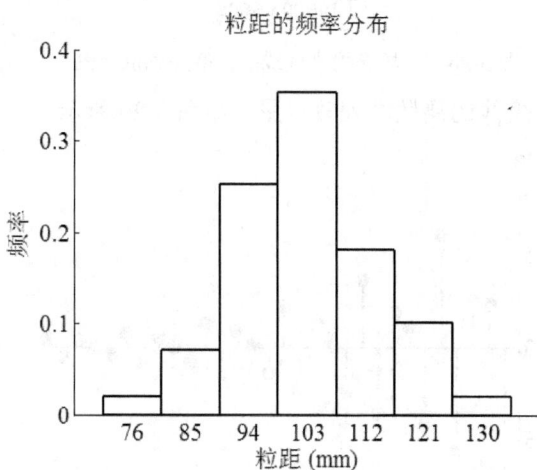

图 3-27　粒距频率分布直方图

3.2.12　用 stem 函数绘制离散序列散点图

(1) stem(t,y)函数以离散时间 t 为横坐标、对应离散序列 y 为纵坐标绘制附高度线的散点图。程序如下：

```
clc; close all; clear all;
```

```
t=0:5:150;
y=exp(-0.02*t).*cos(0.5*t);
h=stem(t,y,'--ob');          %绘制不填充离散序列散点图并为图形句柄 h 赋值
%h=stem(t,y,'--ob','fill');   %绘制填充离散序列散点图并为图形句柄 h 赋值
axis([0 150 -1 1]); box off;
set(gca,'FontSize',16);
set(h,'MarkerSize',10,'LineWidth',2);
xlabel('Time in \musecs','FontSize',16)
ylabel('Magnitude','FontSize',16)
```

程序输出的不填充附高度线的离散序列散点图，如图 3-28 所示。

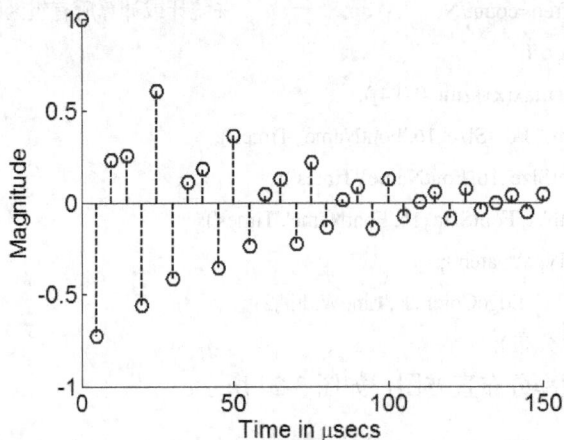

图 3-28　不填充附高度线的离散序列散点图

程序输出的填充附高度线的离散序列散点图，如图 3-29 所示。

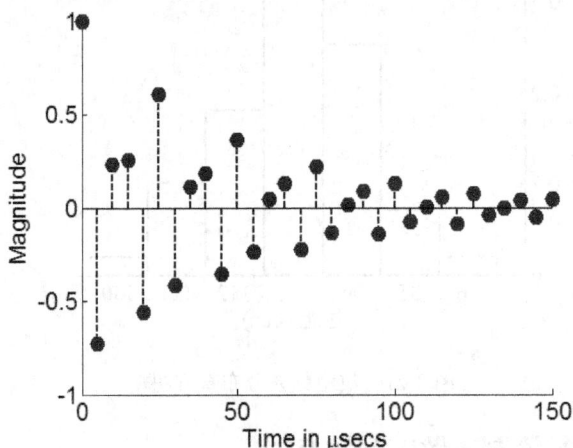

图 3-29　填充附高度线的离散序列散点图

(2) stem 函数以离散时间向量 t 为横坐标、以对应离散序列矩阵 y 为纵坐标绘制附高度线的散点图，其中 y 矩阵的每一列是一个离散时间序列。程序如下：

```
clc; close all; clear all;
```

```
t=0:5:150;                         %离散时间向量
y =[sin(t);exp(-t/50)]';           %离散序列矩阵
h=stem(t,y,'--o');                 %绘制不填充二重离散序列散点图，并为图形句柄 h 赋值
axis([0 150 -1 1]); box off;
set(gca,'FontSize',16);
set(h,'MarkerSize',10,'LineWidth',2);
xlabel('Time in \musecs','FontSize',16)
ylabel('Magnitude','FontSize',16)
```

程序输出的二重离散序列散点图，如图 3-30 所示。

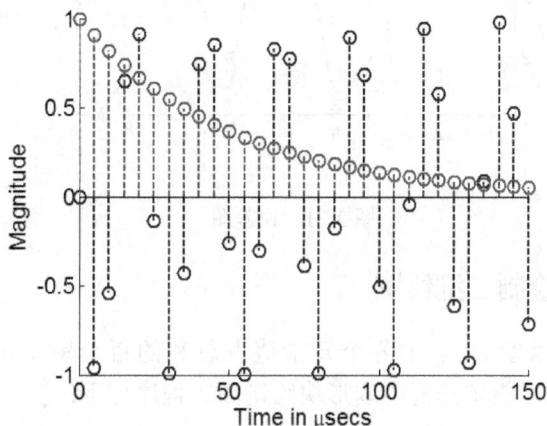

图 3-30　二重离散序列散点图

3.2.13　用 errorbar 函数绘制误差图

根据试验或调查数据计算误差，用 errorbar 函数绘制以 0.95 置信区间为误差带的误差图。程序如下：

```
clc; close all; clear all;
p=[9.14  7.74  10.53; 10  8.55  11.46; 2.71  1.92  3.49;
0.24  0  0.47;10.45  8.97  11.94; 1.55  0.95  2.15;5.36  4.27  6.45;
11.22  9.69  12.75; 3.85  2.92  4.78];     %矩阵 p 的 3 列分别为如下数据：
                 %手机品牌喜好百分率，喜好百分率置信下限，喜好百分率置信上限
pinpai=1:size(p,1);                         %为品牌编号，自1开始顺序编号
E=(p(:,3)-p(:,2))/2;                        %计算喜好百分率偏差，即置信区间半长度
h=errorbar(pinpai,p(:,1),E,'--o');box off;
axis([0.5 max(pinpai)+0.5 min(p(:,1)-E) max(p(:,1)+E)]);
set(gca,'FontSize',16);    set(h,'LineWidth',2);
xlabel('品牌','FontSize',16);
ylabel('喜好百分率 (%)','FontSize',16);
```

errorbar(pinpai,p(:,1),E,'--o')函数绘出以手机品牌编号为横坐标、喜好百分率为纵坐标、0.95 置信区间为误差带的误差图(点标记"o"，误差条标记"工"，虚线线型连线"--")如图 3-31 所示。

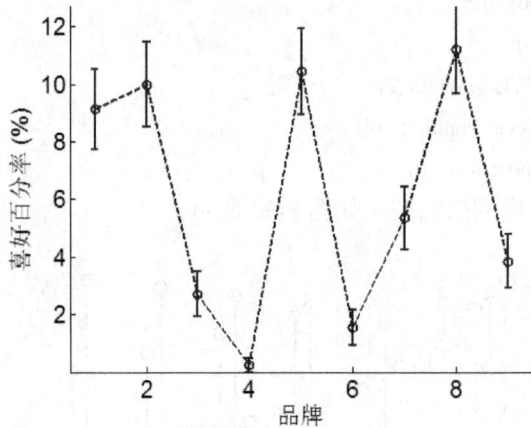

图 3-31　误差图

3.2.14　用 pie 函数绘制二维饼图

pie(x,explode)函数以参数 x 中各个元素值占总和的百分率决定扇形面积、以参数 explode 中非 0 元素的序号指定炸开的扇形块绘饼图。程序如下：

```
clc; close all; clear all;
x=[194.8 266.5 230.9 119.7];
explode =[0 0 1 0];           %变量 explode 指定第 3 号扇形块炸开
h = pie(x,explode);           %计算 x 中各个元素值占总和的百分率及绘饼图
textObjs = findobj(h,'Type','text')
set(textObjs,'FontSize',16);
```

程序输出第 3 号扇形块炸开的饼图，如图 3-32 所示。

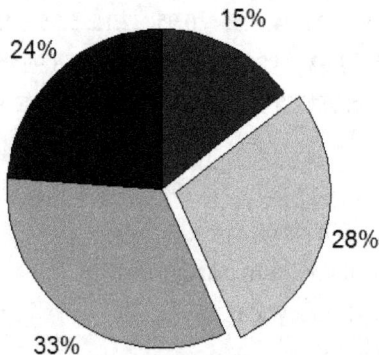

图 3-32　饼图

3.2.15　用 contour 函数绘制二维等高线图

contour(x,y,z)函数在 xoy 坐标系中绘制 z 等间隔所取各个定值下的 y=f(x)图形。程序如下：

```
clc; close all; clear all;
x=[0:0.15:2*pi];
y=[0:0.35:2*pi];
[x,y]=meshgrid(x,y);
z=(x+pi/5).^2+(y+pi/3).^2-5*x.*y+115;
[C,h]=contour(x,y,z,7,'--k','LineWidth',2); box off;
clabel(C,h,'FontSize',11);
set(gca,'FontSize',16);
xlabel('x','FontSize',16);
ylabel('y','FontSize',16);
title('Contour plot of matrix')
```

程序输出的等高线图，如图 3-33 所示。

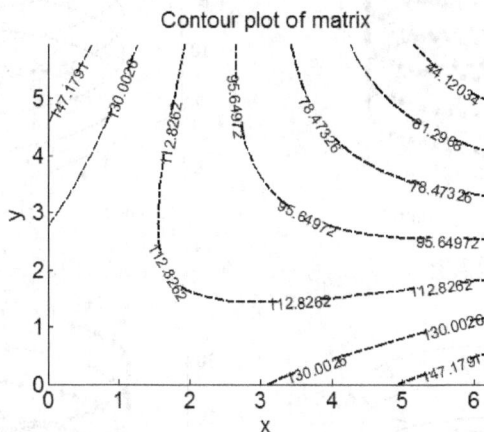

图 3-33　等高线图

3.3　三　维　绘　图

MATLAB 可在三维空间绘制二元函数 z=f(x,y)的散点图、点线图、曲线图、柱形图、饼图、离散序列图、网格图、表面图、等高线图等。执行 help graph3d 命令可查询所有三维绘图函数帮助。

3.3.1　用 plot3 函数绘制三维散点图、点线图和曲线图

plot3(x,y,z)函数以 x 为横坐标、y 为纵坐标、z 为垂直坐标描点绘制 z=f(x,y)图形，通过连线线型和颜色、点标记类型和尺寸等设置或不设置实现散点图、点线图和曲线图等。

```
clc; close all; clear all;
t=0:pi/30:10*pi; y1=sin(t); y2=cos(t);
plot3(y1,y2,t,'*b','MarkerSize',7,'LineWidth',2);          %不设置线型绘散点图
%plot3(y1,y2,t,'--b','MarkerSize',7,'LineWidth',2);        %不设置点标记绘曲线图
%plot3(y1,y2,t,'-b','LineWidth',2);                        %不设置点标记绘曲线图
%plot3(y1,y2,t,'-*b','MarkerSize',7,'LineWidth',2);        %设置线型点标记绘点线图
axis([-1 1 -1 1 0 10*pi]);box off;
set(gca, 'FontSize',16,'FontName','Times');
xlabel('sin(t)','FontSize',16,'FontName','Times');
ylabel('cos(t)','FontSize',16,'FontName','Times');
zlabel('t','FontSize',16,'FontName','Times');
```

程序中分别采用 4 种格式的 plot3 函数，输出图形如图 3-34 所示。

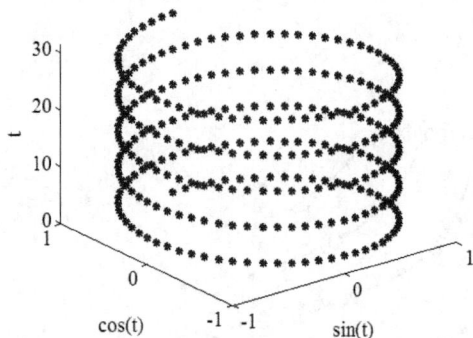

(a) 三维散点图

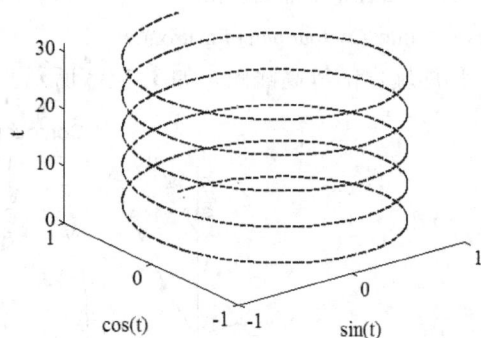

(b) 三维虚线图

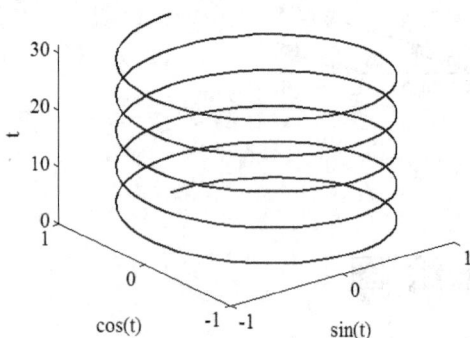

(c) 三维实线图

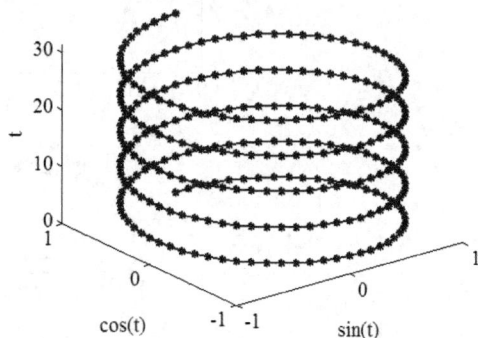

(d) 三维点线图

图 3-34　三维图形

3.3.2　用 bar3 函数绘制三维垂直柱形图

bar3(x,y)函数以 x 为柱中心横坐标、矩阵 y 每一列为一个样本、矩阵 y 元素值为柱高纵坐标绘制分组比较的三维柱形图。程序如下：

```
clc; close all; clear all;
x=[1 2 3 4 5]; %成绩值
y=[2 3 3 2;13 9 10 7;15 16 18 18;9 12 9 11;2 1 1 3]; %每列为一个班级的频数
bar3(x,y); box off;
xlabel('class','FontSize',16,'FontName','Times');
ylabel('record','FontSize',16,'FontName','Times');
zlabel('freq','FontSize',16,'FontName','Times');
```

函数输出的分组三维柱形图，如图 3-35 所示。

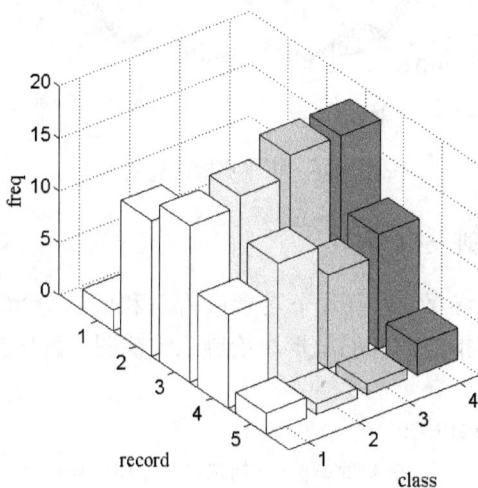

图 3-35　分组三维柱形图

3.3.3　用 stem3 函数绘制三维离散序列图

stem3(x,y,z)函数以二维离散序列(x,y)为横、纵坐标，以离散序列 z=f(x,y)为垂直坐标绘制三维离散序列图。程序如下：

```
clc; close all; clear all;
th = (0:127)/128*2*pi;        %单位循环的转角序列，128 个点，周期 2*pi
x = cos(th);                  %复数实部
y = sin(th);                  %复数虚部
f = abs(fft(ones(10,1),128)); %傅立叶变换的振幅
stem3(x,y,f','d','fill'); box off;
set(gca,'FontSize',16);
view([-65 30])
xlabel('Real','FontSize',16)
ylabel('Imaginary','FontSize',16)
zlabel('Amplitude','FontSize',16)
title('Magnitude Frequency Response')
```

程序输出的三维离散序列图，如图 3-36 所示。

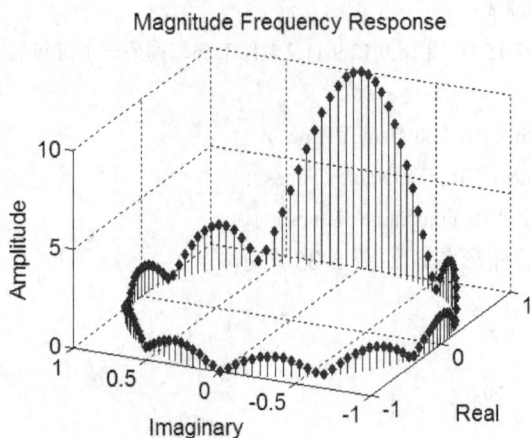

图 3-36　三维离散序列图

3.3.4　用 pie3 函数绘制三维饼图

pie3(x,explode)函数以参数 x 中各个元素值占总和的百分率决定扇形面积，以参数 explode 中非 0 元素的序号指定炸开的扇形块绘制三维饼图。程序如下：

```
clc; close all; clear all;
x=[194.8 266.5 230.9 119.7];
explode =[0 0 1 0];              %变量 explode 指定第 3 号扇形块炸开
h = pie3(x,explode);            %计算 x 中各个元素值占总和的百分率及绘饼图
textObjs = findobj(h,'Type','text')
set(textObjs,'FontSize',16);
```

程序输出第 3 号扇形块炸开的三维饼图，如图 3-37 所示。

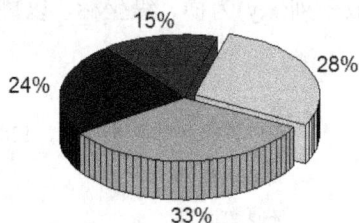

图 3-37　三维饼图

3.3.5　用 mesh 函数、meshc 函数和 meshz 函数绘制三维网格图

mesh 函数以 x(长度 *m*)为横坐标、以 y(长度 *n*)为纵坐标，以 x 与 y 的 *m*×*n* 个组合构建网格点，计算网格点(x,y)上的 z 值，再以 z 为垂直坐标在网格点上方描点，直线连接相邻 4 个点形成曲面网格，最终绘出表达二元函数 z=f(x,y)的三维网格图。与 mesh 函数的输入参数和运行格式相同，meshc 函数绘制附等高线三维网格图，meshz 函数绘制附高度线三维网格图。程序如下：

```
clc; close all; clear all;
x=[0:0.15:2*pi]; y=[0:0.35:2*pi];
[x,y]=meshgrid(x,y);                %构建平面上的 m×n 网格矩阵
z=sin(0.85*x).*cos(0.75*y);         %计算网格点(x,y)上的 z 值
mesh(x,y,z); box off;               %绘制三维网格图
%meshc(x,y,z); box off;             %绘制附等高线三维网格图
%meshz(x,y,z); box off;             %绘制附高度线三维网格图
set(gca,'FontSize',14);
xlabel('x','FontSize',14);
ylabel('y','FontSize',14);
zlabel('f(x,y)','FontSize',14);
```

mesh 函数输出的三维网格图，如图 3-38 所示。

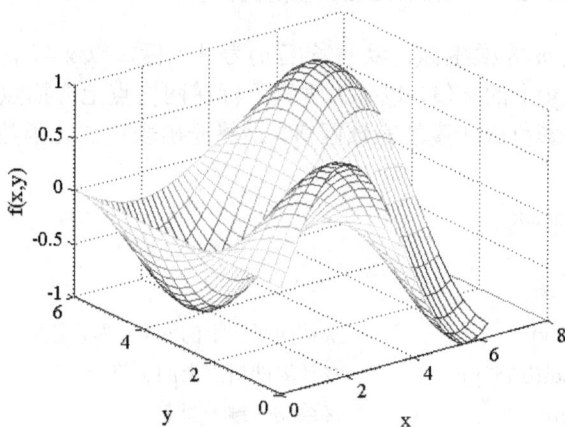

图 3-38　mesh 函数输出的三维网格图

meshc 函数输出的附等高线三维网格图，如图 3-39 所示。

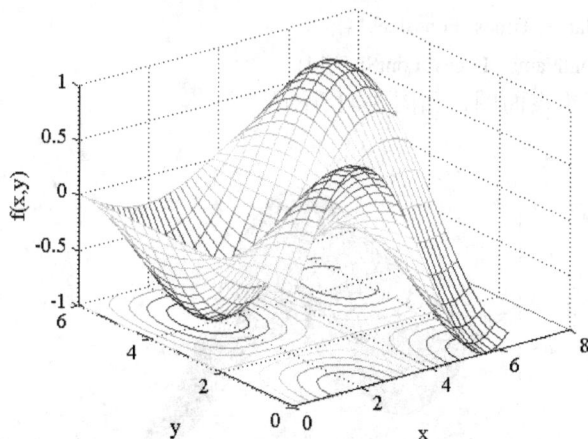

图 3-39　meshc 函数输出的附等高线三维网格图

meshz 函数输出的附高度线三维网格图，如图 3-40 所示。

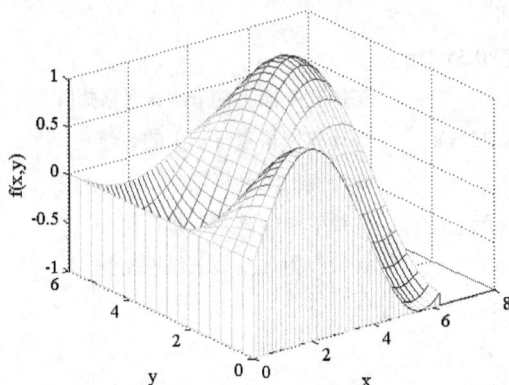

图 3-40   meshz 函数输出的附高度线三维网格图

3.3.6   用 surf 函数和 surfc 函数绘制三维表面图

surf 函数以 x(长度 *m*)为横坐标、以 y(长度 *n*)为纵坐标，以 x 与 y 的 *m × n* 个组合构建网格点，计算网格点(x,y)上的 z 值，以 z 为垂直坐标在网格点上方描点，用直线连接相邻 4 个点形成曲面网格，用彩色或灰度填充该网格，最终绘出表达二元函数 z=f(x,y)的三维表面图。程序如下：

```
clc; close all; clear all;
x=[0:0.15:2*pi];
y=[0:0.35:2*pi];
[x,y]=meshgrid(x,y);                %构建平面上的 m×n 网格矩阵
z=sin(0.85*x).*cos(0.75*y);         %计算网格点上的 z 值
surf(x,y,z); box off;               %绘制三维表面图
%surfc(x,y,z); box off;             %绘制附等高线三维表面图
set(gca,'FontName','Times','FontSize',14);
xlabel('x','FontName','Times','FontSize',14);
ylabel('y','FontName','Times','FontSize',14);
zlabel('f(x,y)','FontName','Times','FontSize',14);
```

surf 函数输出的三维表面图，如图 3-41 所示。

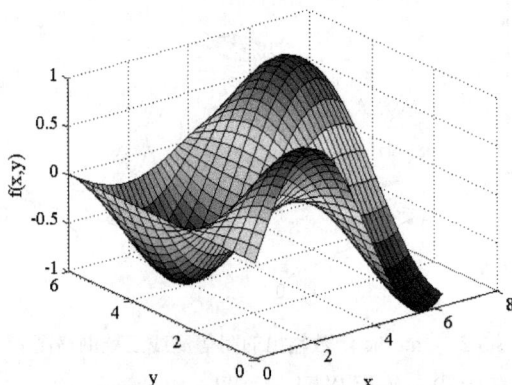

图 3-41   三维表面图

surfc 函数输出的附等高线三维表面图，如图 3-42 所示。

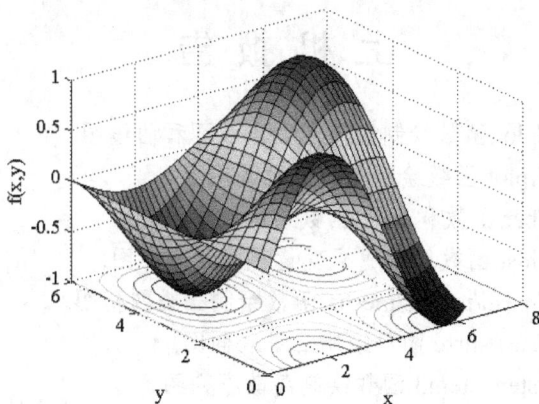

图 3-42　附高等线三维表面图

3.3.7　用 contour3 函数绘制三维等高线图

contour3(x,y,z,n)函数在 z 值范围等间隔指定 *n* 个值，绘二元函数 z=f(x,y)的三维等高线图。程序如下：

```
clc; close all; clear all;
x=[0:0.15:2*pi]; y=[0:0.35:2*pi];
[x,y]=meshgrid(x,y);              %构建平面上的 m×n 网格矩阵
z=sin(0.85*x).*cos(0.75*y);       %计算网格点上的 z 值
%mesh(x,y,z); box off;
contour3(x,y,z,10); box off;
set(gca,'FontName','Times','FontSize',14);
xlabel('x','FontName','Times','FontSize',14);
ylabel('y','FontName','Times','FontSize',14);
zlabel('f(x,y)','FontName','Times','FontSize',14);
```

contour3 函数输出的三维等高线图，如图 3-43 所示。

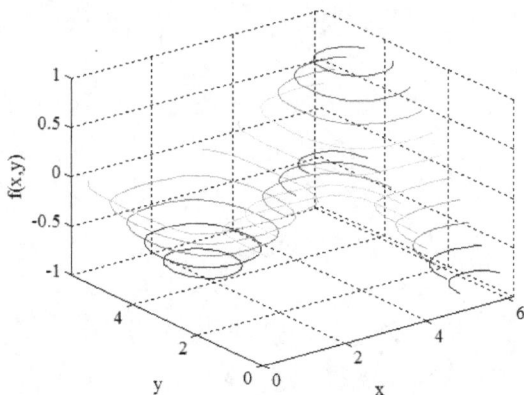

图 3-43　三维等高线图

上 机 报 告

(1) 利用 MATLAB/plot 函数绘制散点图、点线图和曲线图。

(2) 利用 MATLAB/fplot 函数绘制指定函数的图形。

(3) 利用 MATLAB/bar 函数和 bar3 函数绘制柱形图。

(4) 利用 MATLAB/hist 函数绘制随机变量观测的直方图。

(5) 利用 MATLAB/mesh/meshc/meshz 函数绘制三维网格图。

(6) 利用 MATLAB/surf/surfc 函数绘制三维表面图。

(7) 利用 MATLAB/stem/stem3 函数绘制离散序列图。

第4单元　MATLAB典型应用

上机目的：掌握典型数学问题的 MATLAB 数值解算方法。

上机内容：线性代数运算、多项式运算、数据插值、数据拟合、数据分析、数值微积分、解常微分方程或方程组。

操作约定：用户的数值计算任务，采用在 Editor 窗口编程、将程序存盘为 M 文件、在 Command Window 中键入存盘文件名执行程序、在 Command Window 中观察计算结果(或在 Figure 窗口观察计算数据的图形)4 步操作流程。

4.1　线性代数运算

4.1.1　矢量和矩阵的范数

矢量 x 的 p 范数 $\|x\|_p$ 表征 x 的大小。矩阵 A 的 p 范数 $\|A\|_p$ 表征矢量变换 Ax 范数与矢量 x 范数的最大比值。矢量范数和矩阵范数分别定义如下：

$$\|x\|_p = \left(\sum_{i=1}^{n}|x|^p\right)^{\frac{1}{p}} \qquad \|A\|_p = \max_x\left(\frac{\|Ax\|_p}{\|x\|_p}\right)$$

norm(x,p)函数给出矢量 x 的 p 范数，norm(A,p)函数给出矩阵 A 的 p 范数，程序如下：

```
x=[2 0 -1 -5 7]
A=[9 4 7 2;8 6 3 5;9 7 8 1]
x_fanshu=[norm(x,1)    norm(x)    norm(x,inf)]
A_fanshu=[norm(A,1)    norm(A)    norm(A,inf)]
```

程序输出如下：

```
x =
    2    0    -1    -5    7
A =
    9    4    7    2
    8    6    3    5
    9    7    8    1
x_fanshu =
   15.0000    8.8882    7.0000
A_fanshu =
```

26.0000   21.3299   25.0000

4.1.2 解线性方程组

MATLAB 解线性方程组，需先将线性方程组变换为矩阵方程，然后用系数矩阵、右端项向量、矩阵左除运算符 "\\" 或右除运算符 "/" 编程求解。

MATLAB 解矩阵方程，系数矩阵非奇异则给出唯一解；方程个数大于自变量个数则给出最小二乘解，此时相当于最小二乘拟合；系数矩阵奇异则给出无穷解或不定解。

问题 1：试验检测了某物理量的时间响应，结果见表 4-1。试用延迟函数 $y(t) = c_1 + c_2 e^{-t}$ 拟合表 4-1 所示的试验数据。

表 4-1   时间和响应的测定结果

t	0	0.3	0.8	1.1	1.6	2.3
y	0.82	0.72	0.63	0.60	0.55	0.50

$$\begin{cases} c_1 + c_2 e^{-0} = 0.82 \\ c_1 + c_2 e^{-0.3} = 0.72 \\ c_1 + c_2 e^{-0.8} = 0.63 \\ c_1 + c_2 e^{-1.1} = 0.60 \\ c_1 + c_2 e^{-1.6} = 0.55 \\ c_1 + c_2 e^{-2.3} = 0.50 \end{cases} \Rightarrow \begin{pmatrix} 1 & 1 \\ 1 & e^{-0.3} \\ 1 & e^{-0.8} \\ 1 & e^{-1.1} \\ 1 & e^{-1.6} \\ 1 & e^{-2.3} \end{pmatrix} \cdot \begin{pmatrix} c_1 \\ c_2 \end{pmatrix} = \begin{pmatrix} 0.82 \\ 0.72 \\ 0.63 \\ 0.60 \\ 0.55 \\ 0.50 \end{pmatrix} \Rightarrow \boldsymbol{AX} = \boldsymbol{B}$$

解问题 1 的程序如下：

```
clc; clear all;
t=[0 0.3 0.8 1.1 1.6 2.3]'; y=[0.82 0.72 0.63 0.60 0.55 0.50]'    %试验数据
A=[ones(size(t)) exp(-t)];
c=A\y
T=[0:0.1:2.5]'; A=[ones(size(T)) exp(-T)]; Y=A*c;    %计算拟合曲线的数据
h=plot(t,y,'ok',T,Y,'--r'); box off;    %绘制试验数据点和拟合曲线，观察比较
set(h,'LineWidth',2,'MarkerSize',8);
xlabel('x','FontName','Times','FontSize',16);
ylabel('y','FontName','Times','FontSize',16);
```

程序执行结果如下：

```
y =
    0.8200
    0.7200
    0.6300
    0.6000
    0.5500
    0.5000
A =
```

$$
\begin{array}{cc}
1.0000 & 1.0000 \\
1.0000 & 0.7408 \\
1.0000 & 0.4493 \\
1.0000 & 0.3329 \\
1.0000 & 0.2019 \\
1.0000 & 0.1003 \\
\end{array}
$$

c =

　0.4760

　0.3413

拟合曲线与实验数据如图 4-1 所示。

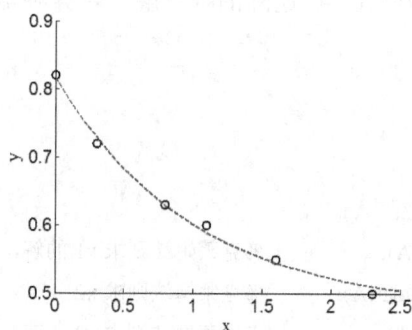

图 4-1　拟合曲线 $y(t) = 0.4760 + 0.3413e^{-t}$ 与试验数据点

问题 2：解下面的线性方程组。

解：系数矩阵非奇异，变换如下：

$$
\begin{cases}
2x_1 + 3x_2 - 5x_3 = 2 \\
4x_1 - 3x_3 = 6 \\
x_2 + 7x_3 = 9
\end{cases}
\Rightarrow
\begin{pmatrix} 2 & 3 & -5 \\ 4 & 0 & 3 \\ 0 & 1 & 7 \end{pmatrix}
\cdot
\begin{pmatrix} x_1 \\ x_2 \\ x_3 \end{pmatrix}
=
\begin{pmatrix} 2 \\ 6 \\ 9 \end{pmatrix}
\Rightarrow
AX = B
\Rightarrow
X = A^{-1}B
$$

解问题 2 的程序如下：

```
clc; clear all;
A=[2 3 -5;4 0 3;0 1 7]
B=[2;6;9]
x=[A\B    (B'/A')']
```

程序执行结果如下：

A =

　　2　　　3　　　-5

　　4　　　0　　　3

　　0　　　1　　　7

B =

　　2

```
6
9
```

x =

```
    0.7364      0.7364
    1.8727      1.8727
    1.0182      1.0182
```

4.1.3 矩阵求逆

矩阵求逆可用于解线性方程组，被求逆的矩阵必须是方阵。需要说明的是，解方程组推荐使用前面介绍的矩阵除法，原因是矩阵除法速度快、精度高。

矩阵非奇异，inv(A)函数给出 A 逆阵的唯一解，奇异则给出无穷解或不定解。程序如下：

```
clc; clear all;
A=[2 3 −5;4 0 3;0 1 7]
B=[2;6;9]
An=inv(A)    %求 A 的逆阵 An
x1=det([B A(:,2:3)])/det(A);          %克莱姆法则求 x1 的解，det(A)求 A 的行列式值
x2=det([A(:,1) B A(:,3)])/det(A);     %克莱姆法则求 x2
x3=det([A(:,1:2) B])/det(A);          %克莱姆法则求 x3
x=[A\B   An*B   [x1;x2;x3] ]          %左除、逆阵乘、克莱姆等三法的方程组解比较
```

程序执行结果如下：

A =

```
    2       3      −5
    4       0       3
    0       1       7
```

B =

```
    2
    6
    9
```

An =

```
    0.0273      0.2364     −0.0818
    0.2545     −0.1273      0.2364
   −0.0364      0.0182      0.1091
```

x =

```
    0.7364      0.7364      0.7364
    1.8727      1.8727      1.8727
    1.0182      1.0182      1.0182
```

4.1.4　Doolittle 分解(LU 分解)

使用高斯消去法将任意矩阵 **A** 分解为下三角矩阵 **L** 与上三角矩阵 **U**，这两个矩阵的乘积就是原矩阵，称作 LU 分解或 Doolittle 分解，即任意矩阵的三角分解。

表达式[L, U]=lu(A)给出矩阵 A 的 LU 分解，用 A-L*U 验证分解结果的正确性。程序如下：

```
clc; clear all;
A=[3 –2 –0.9 0;  –2 4 1 0; 0 0 –1 0;  –0.5 –0.5 0.1 1]
[L,U]=lu(A)
E=A-L*U   %计算 LU 分解的误差
```

➤ 程序执行结果如下：

A =

3.0000	–2.0000	–0.9000	0
–2.0000	4.0000	1.0000	0
0	0	–1.0000	0
–0.5000	–0.5000	0.1000	1.0000

L =

1.0000	0	0	0
–0.6667	1.0000	0	0
0	0	1.0000	0
–0.1667	–0.3125	–0.0750	1.0000

U =

3.0000	–2.0000	–0.9000	0
0	2.6667	0.4000	0
0	0	–1.0000	0
0	0	0	1.0000

E =

1.0e–016 *

0	0	0	0
0	0	0	0
0	0	0	0
0	–0.5551	0	0

4.1.5　Cholesky 分解

使用高斯消去法将对称正定矩阵 **X** 分解为一个上三角矩阵 **R** 和它的转置矩阵(下三角矩阵)，**R** 的转置与 **R** 的乘积就是原矩阵，称作 Cholesky 分解，即对称正定矩阵的三角分解。

函数 chol(X)给出对称正定矩阵 X 的 Cholesky 分解，用 X–R'*R 验证分解结果的正确性。程序如下：

```
clc; clear all;
X=pascal(5)
R=chol(X)
E=X-R'*R        %计算 Cholesky 分解的误差
```

➢ 程序执行结果如下：

```
X =

    1    1    1    1    1
    1    2    3    4    5
    1    3    6   10   15
    1    4   10   20   35
    1    5   15   35   70

R =

    1    1    1    1    1
    0    1    2    3    4
    0    0    1    3    6
    0    0    0    1    4
    0    0    0    0    1

E =

    0    0    0    0    0
    0    0    0    0    0
    0    0    0    0    0
    0    0    0    0    0
    0    0    0    0    0
```

4.1.6 QR 分解

使用高斯消去法将任意矩阵 X 分解为一个一般矩阵 Q 和上三角矩阵 R，Q 与 R 的乘积就是原矩阵，称作 QR 分解，即任意矩阵的正交三角分解。

表达式[Q,R]=qr(X)函数给出任意矩阵 X 的 QR 分解，用 X–Q*R 验证分解结果的正确性。程序如下：

```
clc; clear all;
X=[1 3 2 4;5 8 7 6;12 9 11 10]
[Q, R]=qr(X)
E=X-Q*R                 %计算 QR 分解的误差
```

程序执行结果如下：

```
X =

    1    3    2    4
    5    8    7    6
```

12　　9　　11　　10

Q =

$$\begin{array}{rrr} -0.0767 & -0.4737 & -0.8774 \\ -0.3835 & -0.7982 & 0.4645 \\ -0.9204 & 0.3721 & -0.1204 \end{array}$$

R =

$$\begin{array}{rrrr} -13.0384 & -11.5812 & -12.9617 & -11.8113 \\ 0 & -4.4583 & -2.4422 & -2.9634 \\ 0 & 0 & 0.1720 & -1.9267 \end{array}$$

E =

1.0e−014 *

$$\begin{array}{rrrr} 0.1110 & 0.1776 & 0.5329 & 0.4441 \\ 0 & 0.0888 & 0.1776 & 0.0888 \\ 0 & 0.3553 & 0.5329 & 0.3553 \end{array}$$

4.1.7　特征值和特征向量

特征值和特征向量可用于求函数极值和搜寻主轴的坐标系变换。方阵 A 的特征值矩阵 λ 和特征向量矩阵 X 满足特征方程 $AX = X\lambda$，其中成立 $Ax_j = \lambda_j x_j$，而 λ_j 为第 j 个特征值，x_j 为对应 λ_j 的第 j 个特征向量且位于 X 矩阵的第 j 列。特征方程 $AX = X\lambda$ 展开如下：

$$\begin{pmatrix} a_{11} & a_{21} & \cdots & a_{n1} \\ a_{21} & a_{22} & \cdots & a_{n2} \\ \vdots & \vdots & \vdots & \vdots \\ a_{n1} & a_{n2} & \cdots & a_{nn} \end{pmatrix} \cdot \begin{pmatrix} x_{11} & x_{21} & \cdots & x_{n1} \\ x_{21} & x_{22} & \cdots & x_{n2} \\ \vdots & \vdots & \vdots & \vdots \\ x_{n1} & x_{n2} & \cdots & x_{nn} \end{pmatrix} = \begin{pmatrix} x_{11} & x_{21} & \cdots & x_{n1} \\ x_{21} & x_{22} & \cdots & x_{n2} \\ \vdots & \vdots & \vdots & \vdots \\ x_{n1} & x_{n2} & \cdots & x_{nn} \end{pmatrix} \cdot \begin{pmatrix} \lambda_1 & & & \\ & \lambda_2 & & \\ & & \ddots & \\ & & & \lambda_n \end{pmatrix}$$

方阵 A 的广义特征方程为 $AX = BX\lambda$。

若 A 为实对称阵，则 λ 为实数阵，否则 λ 为复数阵；如果 A 阵中有较小的元素，在计算特征值或者特征向量时增加选项 "nobalance" 以减少计算误差。

表达式[X,lambda]=eig(A)给出矩阵 A 的特征阵 $lambda$ 和特征向量阵 X，表达式 [X,lambda]=eig(A,b)给出矩阵 A 的广义特征阵 $lambda$ 和广义特征向量阵 X，程序如下：

```
clc; clear all;
A=[3 −2 −0.9 0; −2 4 1 0; 0 0 −1 0; −0.5 −0.5 0.1 1]
B=pascal(4)
[X1,lambda1]=eig(A,'nobalance')          %求矩阵 A 的特征阵和特征向量阵
[X2,lambda2]=eig(A,B)                     %求矩阵 A 的广义特征阵和广义特征向量阵
E1=A*X1-X1*lambda1                        %计算特征方程误差
E2=A*X2-B*X2*lambda2                      %计算广义特征方程误差
```

程序执行结果如下：

A =

$$\begin{array}{rrrr} 3.0000 & -2.0000 & -0.9000 & 0 \end{array}$$

-2.0000	4.0000	1.0000	0
0	0	-1.0000	0
-0.5000	-0.5000	0.1000	1.0000

B =

1	1	1	1
1	2	3	4
1	3	6	10
1	4	10	20

X1 =

0.7808	-0.4924	-0.0000	-0.1563
-1.0000	-0.3845	-0.0000	0.1375
0	0	0	-1.0000
0.0240	1.0000	-1.0000	0.0453

lambda1 =

5.5616	0	0	0
0	1.4384	0	0
0	0	1.0000	0
0	0	0	-1.0000

X2 =

0.4963	0.0588	1.0000	0.0269
-1.0000	0.4716	0.9615	-0.1360
0.7400	-1.0000	-0.4977	0.4337
-0.1947	0.4018	-0.0435	-1.0000

lambda2 =

67.9381	0	0	0
0	-1.9674	0	0
0	0	1.0736	0
0	0	0	0.0558

E1 =

1.0e-014 *

-0.2665	-0.0333	-0.0353	-0.0167
0.4441	0.1221	0.0294	0.0028
0	0	0	0
0.0333	-0.0222	0.0111	0

E2 =

1.0e-013 *

0.2309	0.0269	0.0022	-0.0073
-0.0977	-0.0189	-0.0333	0.0056
-0.2076	-0.0044	-0.0078	0.0072

−0.5235	0.0236	0.0111	−0.0022

4.1.8　奇异值分解

奇异值分解可应用于最小二乘问题、广义逆矩阵计算和其它许多技术领域。若 A 为实矩阵，则它可分解为正交阵 P、奇异值对角阵 λ、酉矩阵 Q (满足 $Q^T Q = I$ 单位阵)转置三因子的乘积，表示为下面的奇异值分解式为：

$$A = P \begin{pmatrix} D & 0 \\ 0 & 0 \end{pmatrix} Q^T = P\lambda Q^T$$

表达式[P,lambda,Q]=svd(A)给出矩阵 A 奇异值分解式中的三个矩阵 P、λ 和 Q。程序如下：

```
clc; clear all;
A=[1 2;3 4;5 6;7 8]
[P,lambda,Q]=svd(A)          %求矩阵 A 奇异值分解式中的各个矩阵
E=A-P*lambda*Q'              %计算奇异值分解式误差
```

程序执行结果如下：

```
A =
     1     2
     3     4
     5     6
     7     8
P =
   −0.1525    −0.8226    −0.3945    −0.3800
   −0.3499    −0.4214     0.2428     0.8007
   −0.5474    −0.0201     0.6979    −0.4614
   −0.7448     0.3812    −0.5462     0.0407
lambda =
   14.2691         0
         0    0.6268
         0         0
         0         0
Q =
   −0.6414     0.7672
   −0.7672    −0.6414
E =
   1.0e−014 *
   −0.0888    −0.4885
         0    −0.1776
         0    −0.2665
```

−0.0888   −0.5329

4.2 多项式运算

考察下面的例子，一个最高幂次等于 4 的 4 阶多项式，可转换为如下的矩阵形式：

$$y = x^4 - 12x^3 + 25x + 116 \quad \Rightarrow \quad y = \begin{pmatrix} 1 & -12 & 0 & 25 & 116 \end{pmatrix} \begin{pmatrix} x^4 \\ x^3 \\ x^2 \\ x \\ 1 \end{pmatrix} = PX$$

其中，P 是由多项式各个系数组成的向量，X 是由自变量 x 的各阶幂乘组成的向量。由此可见，向量 P 以及各个元素序号与 x 幂次的对应关系，可使向量 P 代表多项式执行各种运算。

4.2.1 多项式表达

在 MATLAB 中，多项式用降幂排列的系数行向量 P 表示，注意它包含零系数的项。用方括弧[ ]生成多项式。程序如下：

```
clc; clear all;
P1=[1 -12 0 25 116]          %创建 4 阶多项式
P2=[1 2 3]                   %创建 2 阶多项式
```

程序执行结果如下：

```
P1 =
        1    -12      0     25    116


P2 =
        1      2      3
```

4.2.2 多项式算术运算与微分

roots(P)函数解出多项式 P 的根，poly(R)函数解出以 R 为根的多项式，polyder(P)函数给出多项式 P 的微分，conv(P1, P2)函数给出多项式 P1 与 P2 的乘积结果，deconv(P1, P2)函数给出多项式 P1 除以 P2 的商和余数。多项式加减法与矩阵加减相同，但需补 0 以保证加减的两矩阵维数相同。程序如下：

```
clc; clear all;
P1=[1 -12 0 25 116]
P2=[1 2 3]
R1= roots(P1)
P10=poly(R1)
```

P3=P1+[zeros(1,2)　P2]

P4=P1-[zeros(1,2)　P2]

P5=conv(P1,P2)

P6=polyder(P1)

[P12,R12]=deconv(P1,P2)

程序执行结果如下：

P1 =

　　　　1　　-12　　　0　　　25　　116

P2 =

　　　　1　　　2　　　3

R1 =

　　11.7473

　　　2.7028

　　-1.2251 + 1.4672i

　　-1.2251 - 1.4672i

P10 =

　　　1.0000　-12.0000　　-0.0000　　25.0000　116.0000

P3 =

　　　1　　-12　　　1　　27　　119

P4 =

　　　1　　-12　　-1　　23　　113

P5 =

　　1　-10　-21　-11　166　307　348

P6 =

　　4　-36　　0　　25

P12 =

　　1　-14　　25

R12 =

　　0　　0　　0　　17　　41

4.2.3　多项式值计算

用 polyval(P, x)函数计算多项式 P 在自变量 x 上的值 y=Px。程序如下：

```
clc; clear all;
P1=[1 -12 0 25 116];
x=0:0.5:14;
y=polyval(P1, x);
plot(x, y,'--*'); box off;
xlabel('x'), ylabel('y=Px')
```

程序执行结果如图 4-2 所示。

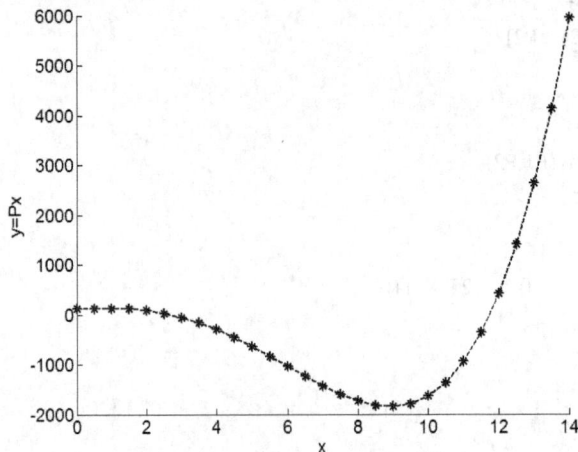

图 4-2 多项式值计算

4.3 数据插值

试验测得人工控制变量与其响应变量的 n 组数据，若解析描述变量间关系或为工程应用提供数据，常常需要补充没有试验测定过的变量值，此任务可通过"数据拟合"或"数据插值"的方法实现。

假定试验测定的数据是准确的，在试验数据范围之内插入与试验数据规律近似的数值，称作数据内插法；在试验数据范围之外插入与试验数据规律近似的数值，称作数据外插(外推)法。数据的内插或外插合称为数据插值(data interpolation)。一般不推荐采用外插。

如图 4-3 所示，若试验测定变量(x, y)获得容量为 n 的一个样本 $(x_i, y_i)|i=1,2,\cdots,n$，则可按某种算法即插值函数 $Y = f(X)$ 计算插值点 (X, Y) 实现 m 点插值 $(X_i, Y_i)|i=1,2,\cdots,m$。其中，插值函数 $Y = f(X)$ 穿过所有试验数据点 (x, y)，根据该函数类型可将插值方法分成若干类。

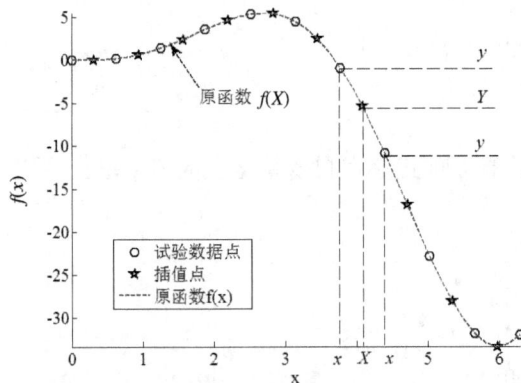

图 4-3 插值原理

4.3.1　插值方法

表达式 Y=interp1(x, y, X, method, option)可实现一元函数插值。其中，输入参数 x、y 分别为自变量和因变量的试验测定值，X 为自变量的指定值，Y 为因变量依照插值函数的计算值，参数 method 是插值方法选项字符串，参数 option 是外推选项字符串。可选的插值方法有如下几种：

(1) method='nearest'：按最邻近试验点原则在指定点(X,Y)上实施插值；

(2) method='linear'：按线性函数在指定点(X,Y)上实施插值；

(3) method='spline'：按分段样条函数在指定点(X,Y)上实施插值；

(4) method='pchip'：遵照形态保护原则按分段三次函数在指定点(X,Y)上实施插值；

(5) method='cubic'：按分段三次函数在指定点(X,Y)上实施插值；

(6) method='v5cubic'：按 MATLAB5 的三次函数规则在指定点(X,Y)上实施内插，若插值点是外插则执行样条插值。

MATLAB 通过参数 option 控制插值规则：

(1) option 缺省：只允许内插；

(2) option='extrap'：允许在自变量 x 试验区间外的插值点(X,Y)上实施外插；

(3) option='pp'：允许在自变量 x 试验区间外的插值点(X,Y)上实施 pp 形式(分段多项式)外插。

4.3.2　一元函数插值

表达式 Y=interp1(x, y, X, method)根据试验数据点(x,y)和插值方法 method 在自变量 X 的指定值处计算响应变量 Y 的值，即依照插值函数 $Y = f(X)$插值(X,Y)。下面程序遍历各种插值方法实施插值。

```
clc; close all; clear all;
x = [0 0.63 1.26 1.89 2.51 3.14 3.77 4.40 5.03 5.65 6.28]        %试验值 x
y = [0 0.20 1.38 3.55 5.33 4.48 -0.89 -10.87 -22.86 -31.84 -31.94]   %试验值 y
x2=0:pi/20:2*pi; y2=x2.^2.*sin(0.85*x2);                 %原函数计算值
X=pi/10:pi/5:2*pi;                              %指定自变量插值点
Y=interp1(x,y,X,'nearest');                        %响应变量邻近点插值
%Y=interp1(x,y,X,'linear');                        %响应变量线性插值
%Y=interp1(x,y,X,'spline');                        %响应变量样条插值
%Y=interp1(x,y,X,'pchip');                 %响应变量形态保护分段三次函数插值
%Y=interp1(x,y,X,'cubic');                        %响应变量分段三次函数插值
%Y=interp1(x,y,X,'v5cubic');                %响应变量 MATLAB5 三次函数插值
xmin=min([min(x),min(X),min(x2)]);                    %横轴最小值
xmax=max([max(x),max(X),max(x2)]);                    %横轴最大值
ymin=min([min(y),min(Y),min(y2)]);                    %纵轴最小值
ymax=max([max(y),max(Y),max(y2)]);                    %纵轴最大值
plot(x,y,'ob',X,Y,'pk',x2,y2,'--r','LineWidth',2,'MarkerSize',10);box off;
axis([xmin xmax ymin ymax]);
```

```
set(gca,'LineWidth',1,'FontSize',18,'FontName','Times');
xlabel('x','FontSize',18,'FontName','Times');
ylabel('f(x)','FontSize',18,'FontName','Times');
legend('试验数据点','插值点','原函数 y=f(x)','FontSize',18,'FontName','Times')
```

图 4-4 展示了试验数据点、插值点和原函数曲线(变量 x,y 的准确值)。试比较插值效果。

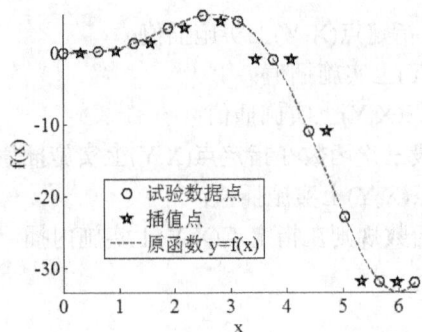

Nearest 插值法

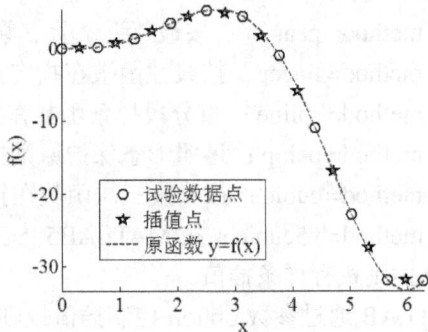

Linear 插值法

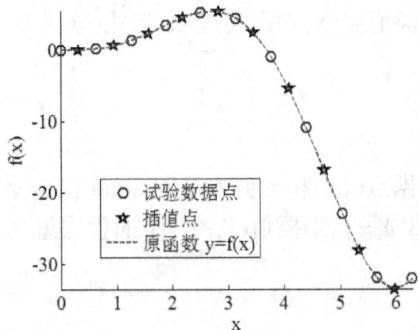

Spline 插值法

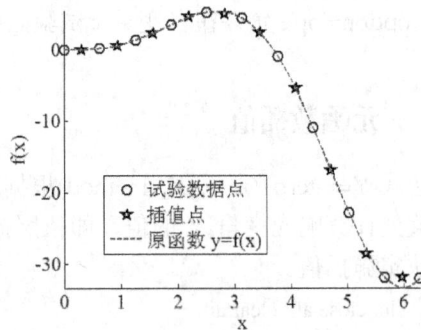

Pchip 插值法

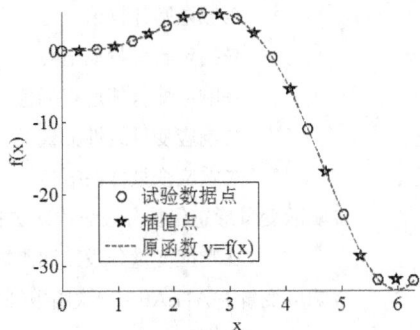

Cubic 插值法

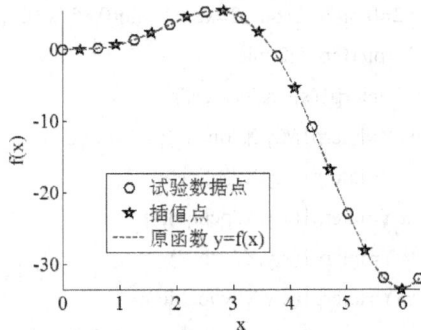

V5cubic 插值法

图 4-4 一元函数插值的插值效果对照

4.3.3 二元函数插值

表达式 Y=interp2(x1, x2, y, X1, X2, method)根据试验数据点(x1,x2,y)和插值方法 method

在自变量(X1,X2)指定值处计算响应变量 Y 的值，即依照插值函数 $Y=f(X_1,X_2)$ 插值 (X_1,X_2,Y)。
程序如下：

```
clc; close all; clear all;
[x1,x2]=meshgrid(-3:0.35:3);          %创建自变量的网格点(x1,x2)
y=peaks(x1,x2);                       %用多峰函数计算网格点(x1,x2)上的响应值 y
mesh(x1,x2,y);                        %绘制多峰函数网格图
[X1,X2] = meshgrid(-3:.125:3);        %指定自变量的网格插值点(X1,X2)
Y=interp2(x1,x2,y,X1,X2,'nearest');   %在网格插值点上用邻近法插值 Y
%Y=interp2(x1,x2,y,X1,X2,'linear');   %在网格插值点上线性插值 Y
%Y=interp2(x1,x2,y,X1,X2,'spline');   %在网格插值点上用样条法插值 Y
hold on, mesh(X1,X2,Y+15); hold off;  %绘制平移 15 的插值曲面网格图
axis([-3 3 -3 3 -5 20]);
xlabel('x_1','FontSize',18,'FontName','Times');
ylabel('x_2','FontSize',18,'FontName','Times');
zlabel('y','FontSize',18,'FontName','Times');
set(gca,'LineWidth',1,'FontSize',18,'FontName','Times');
```

程序执行结果如图 4-5 所示。

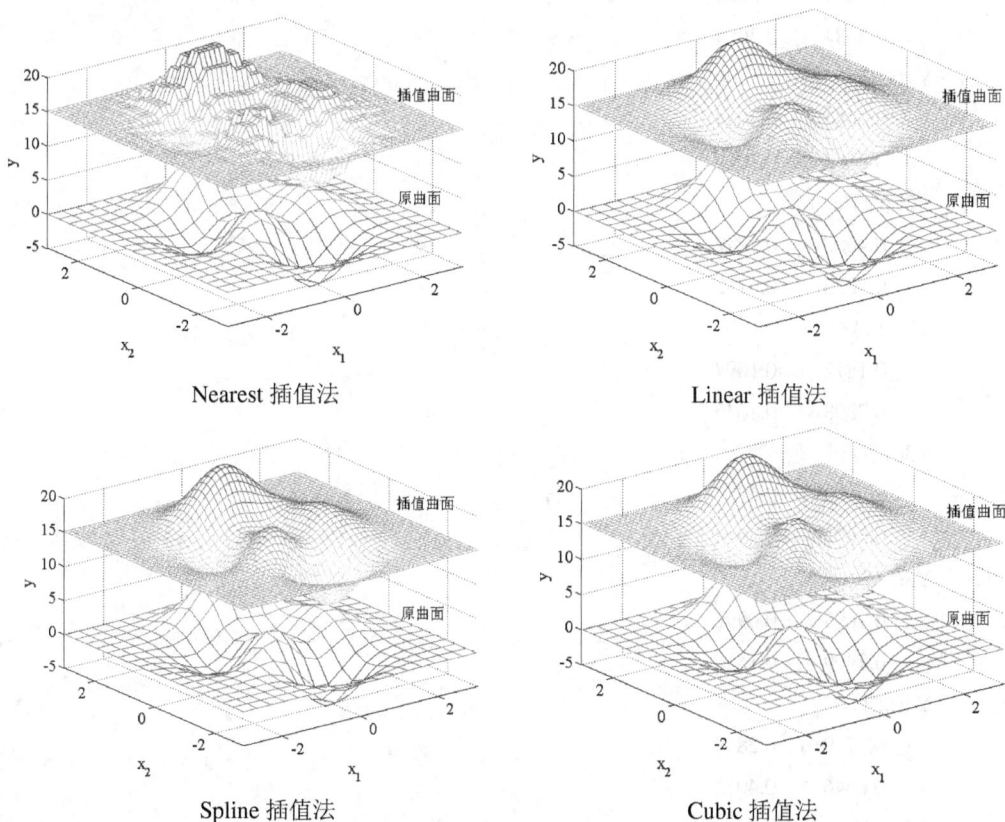

Nearest 插值法　　　　　　　　Linear 插值法

Spline 插值法　　　　　　　　Cubic 插值法

图 4-5　二元函数插值的插值效果对照

4.3.4 三元函数插值

表达式 Y=interp3(x1, x2, x3, y, X1, X2, X3,method)根据试验数据点(x1,x2,x3,y)和插值方法 method 在自变量(X1,X2,X3)指定值处插值响应变量 Y，即依照插值函数 $Y = f(X_1,X_2,X_3)$ 插值(X1,X2,X3,Y)。程序如下：

```
clc; close all; clear all;
x1=linspace(0,2*pi,9);x2=x1;x3=x1;          %自变量 x1,x2,x3 的试验值
[x1,x2,x3] = meshgrid(x1,x2,x3);            %创建自变量的网格点(x1,x2,x3)
y=sin(x1).*cos(x2).*x3.^2;                  %自变量网格点(x1,x2,x3)上的响应值 y
X1=[pi/3 pi/6]; X2=[pi/3 pi/4]; X3=[pi/3 pi/5];  %自变量插值点(X1,X2,X3)
[X1,X2,X3] = meshgrid(X1,X2,X3);            %创建自变量插值网格点(X1,X2,X3)
Y1=interp3(x1,x2,x3,y,X1,X2,X3,'nearest')   %(X1,X2,X3)上的响应变量插值 Y1
Y2=interp3(x1,x2,x3,y,X1,X2,X3,'linear')    %(X1,X2,X3)上的响应变量插值 Y2
Y3=interp3(x1,x2,x3,y,X1,X2,X3,'spline')    %(X1,X2,X3)上的响应变量插值 Y3
Y4=interp3(x1,x2,x3,y,X1,X2,X3,'cubic')     %(X1,X2,X3)上的响应变量插值 Y4
```

程序执行结果如下：

```
Y1(:,:,1) =
      0.3084      0.3084
      0.3084      0.3084
Y1(:,:,2) =
      0.3084      0.3084
      0.3084      0.3084
Y2(:,:,1) =
      0.4680      0.2742
      0.7020      0.4112
Y2(:,:,2) =
      0.1872      0.1097
      0.2808      0.1645
Y3(:,:,1) =
      0.4709      0.2757
      0.6692      0.3918
Y3(:,:,2) =
      0.1695      0.0992
      0.2409      0.1410
Y4(:,:,1) =
      0.4719      0.2849
      0.6646      0.4012
Y4(:,:,2) =
      0.1699      0.1026
```

0.2393   0.1444

4.3.5 *n* 元函数插值

n 元函数插值依照二元函数和三元函数插值类推。其插值函数的调用格式如下：

Y = interpn(x1,x2,x3,...,y,X1,X2,X3,...)

Y = interpn(x1,x2,x3,...,y,X1,X2,X3,...,method)

Y = interpn(x1,x2,x3,...,y,X1,X2,X3,...,method,extrapval)

与二元函数插值和四元函数插值一样，可选的插值方法 method 有如下 4 种：

(1) method='nearest'：按最邻近试验点原则在指定点(X,Y)上实施插值；

(2) method='linear'：按线性函数在指定点(X,Y)上实施插值；

(3) method='spline'：按分段样条函数在指定点(X,Y)上实施插值；

(4) method='cubic'：按分段三次函数在指定点(X,Y)上实施插值。

4.3.6 一元周期函数的 FFT 法插值

语句 Y=interpft(y, N) 采用 FFT 算法将一元周期函数 y(长度为 M 的采样序列)变换至傅里叶数域，在该数域确定 N 个插值点，然后将 N 个插值点傅里叶反变换到原数域实现插值 Y。

语句 Y=interpft(y, N) 根据原周期函数 y 执行 N 点 FFT 法插值 Y。程序如下：

```
clc; close all; clear all;
K=6; M=15; N=K*M;                %指定采样倍率 K、原函数采样点数 M 和插值点数 N
x=linspace(0,2*pi,M); y=sin(x);  %原周期函数 y=f(x)的采样点(x,y)
R=max(x)-min(x);                 %原周期函数自变量 x 的极差 R(x 的数据范围)
dx=R/M;                          %原周期函数自变量 x 的采样间隔 dx
dX=dx*M/N;                       %FFT 法插值自变量 X 的采样间隔 dX
X=x;
for i=1:K-1; X=[X x+i*dX]; end;  %在 x 数据范围内生成自变量插值点 X
X=sort(X); Y=interpft(y,N);      %在自变量插值点 X 上按 FFT 法插值 Y
X=X(1:N-K+1);Y=Y(1:N-K+1);       %剔除 x 数据范围外的插值点
plot(x,y,'ok',X,Y,'*b','MarkerSize',9,'LineWidth',1);box off;    %绘图比较
xmin=min([min(x) min(X)]);xmax=max([max(x) max(X)]);
ymin=min([min(y) min(Y)]);ymax=max([max(y) max(Y)]);
axis([xmin xmax ymin ymax]);
xlabel('x','FontSize',18,'FontName','Times');
ylabel('y','FontSize',18,'FontName','Times');
set(gca,'LineWidth',1,'FontSize',18,'FontName','Times');
legend('Original data','Interpolated data');
```

程序执行结果如图 4-6 所示。

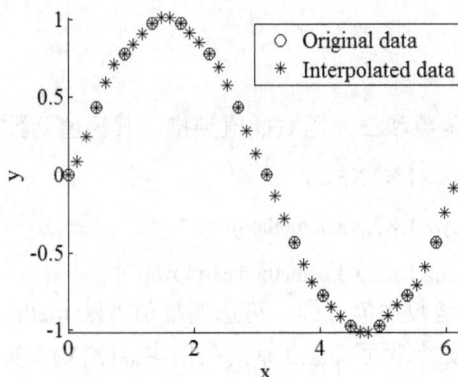

图 4-6   对照 FFT 法的插值点 "*" 与原函数点 "○"

4.4   数 据 拟 合

若响应变量 y 与自变量系 x_1, x_2, $\cdots$, x_p 之间的关系可由下面的模型表述：

$$y = f\left(\beta_0, \beta_1, \cdots, \beta_q; x_1, x_2, \cdots, x_p\right) + e$$

则称 $f\left(\beta_0, \beta_1, \cdots, \beta_q; x_1, x_2, \cdots, x_p\right)$ 为拟合模型或拟合函数，其中 e 为拟合残差，β_0, β_1, $\cdots$, β_q 为模型参数。

给定自变量系 x_1, x_2, $\cdots$, x_p 的一组值并测定其响应 y，测得的 n 组值称做一个样本(试验数据)。y 的 n 个响应值与它的拟合模型计算值之差称做残差，使 n 个残差平方和达最小而解出模型参数 β_0, β_1, $\cdots$, β_q 的估计值，称做最小二乘法。这种利用最小二乘法得到模型参数 β_0, β_1, $\cdots$, β_q 的估计值，进而确定拟合模型表达式的数据处理过程称做数据拟合(data-fitting)或曲线拟合(curve-fitting)。

4.4.1   多项式最小二乘拟合

下面以一个节流元件的流量特性为例讨论数据拟合问题。节流元件的压差流量模型如下：

$$y = k\sqrt{x}$$

人工调节压差 x 的值，测定流量 y 的响应值，获得表 4-2 所示的样本。试用 2 阶多项式做数据拟合，即拟合模型为 $y = \beta_2 x^2 + \beta_1 x + \beta_0$，它是压差流量模型的一个近似。

表 4-2   节流元件流量与压差的试验测定结果

x	0.0	0.1	0.2	0.3	0.4	0.5	0.6	0.7	0.8	0.9	1.0
y	0.45	1.98	3.28	6.16	7.08	7.34	7.66	9.56	9.48	9.30	11.20

polyfit(x,y,p)函数给出数据(x,y)的 p 阶多项式拟合函数。程序如下：

```
clc; clear all;
x=0:0.1:1; y=[0.45 1.98 3.28 6.16 7.08 7.34 7.66 9.56 9.48 9.30 11.20];
P=polyfit(x,y,2)
x1=0:0.01:1.1; y1=polyval(P, x1);
h=plot(x, y,'*k',x1,y1,'--r'); box off;
axis([0 max(x1) 0 max(max(y),max(y1))]);
set(gca,'FontSize',16);
set(h,'LineWidth',2,'MarkerSize',10);
xlabel('x'); ylabel('y');
legend('试验数据点','y=-8.2413x^2+18.1513x+0.4897');
%title('拟合模型  y=-9.8147x^2+20.1338x-0.0327');
```

程序执行结果如下：

```
P =

    -8.2413    18.1513    0.4897
```

多项式拟合函数 $y = -8.2413x^2 + 18.1513x + 0.4897$ 对照试验数据点，如图 4-7 所示。

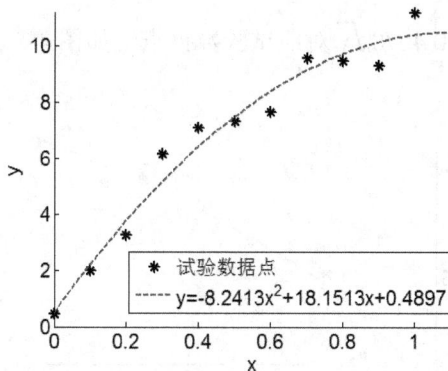

图 4-7　多项式拟合函数 $y = -8.2413x^2 + 18.1513x + 0.4897$ 对照试验数据点

4.4.2　一元函数最小二乘拟合

下面以节流元件的压差流量模型 $y = k\sqrt{x}$ 为拟合模型，做数据的最小二乘拟合。

k=lsqcurvefit(fun,k0,x,y)函数拟合数据(x,y)，并给出模型参数 k 的最小二乘解。程序如下：

```
clc; clear all;
x=0:0.1:1; y=[0.45 1.98 3.28 6.16 7.08 7.34 7.66 9.56 9.48 9.30 11.20];
fun=@(k,x)k*sqrt(x);
k0=1; [k, Resnorm, Residual, Exitflag]=lsqcurvefit(fun,k0,x,y)
```

```
x1=0:0.01:1.1; y1= k*sqrt(x1);
h=plot(x, y,'*k',x1,y1,'--r'); box off;
axis([0 max(x1) 0 max(max(y),max(y1))]);
set(gca,'FontSize',16);
set(h,'LineWidth',2,'MarkerSize',10);
xlabel('x'); ylabel('y');
legend('试验数据点','拟合函数 y=10.4670x^1^/^2')
```

程序执行结果如下：

```
k =
      10.4670
Resnorm =
       6.1245
Residual =
     −0.4500     1.3300     1.4010    −0.4270    −0.4601     0.0613     0.4477    −0.8026
     −0.1180     0.6299    −0.7330
Exitflag =
        1
```

最小二乘拟合函数 $y = 10.4670\sqrt{x}$ 对照试验数据点，如图 4-8 所示。

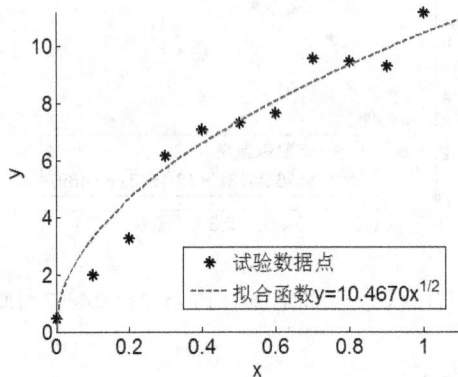

图 4-8 最小二乘拟合函数 $y = 10.4670\sqrt{x}$ 对照试验数据点

4.5 数 据 分 析

数据分析包括简单统计和其它数据描述工作，执行数据分析的 MATLAB 函数量极多。表 4-3 给出了一些常用数据分析函数，使用 help 命令可查阅详细的函数调用格式。

表 4-3　MATLAB 常用数据分析函数

函 数 名	含 义
max	最大值
min	最小值
mean	均值
std	标准差
median	中值
sort	元素排序
sortrows	行排序
sum	元素总和
prod	元素乘积
cumprod	元素累乘积
cumsum	元素累加和
diff	差分
corrcoef	相关系数矩阵
cov	协方差矩阵

4.5.1　数据概括

下面通过一个实例介绍 max 函数、min 函数、mean 函数、median 函数和 std 函数的用法。程序如下：

```
clc; close all; clear all;
x=[4 8 2 71;3 5 10 7;1 6 7 15]; y=[1 3 5 7;2 4 6 8;11 23 31 27];
x_max1=[max(x); max(x,[ ],1)]        %求列向量最大值
x_max2=max(x,[ ],2)                  %求行向量最大值
x_max3=max(x,y)                      %求两矩阵对应元素最大值
x_min1=[min(x); min(x,[ ],1)]        %求列向量最小值
x_min2=min(x,[ ],2)                  %求行向量最小值
x_min3=min(x,y)                      %求两矩阵对应元素最小值
x_mean1=[mean(x); mean(x,1)]         %求列向量均值
x_mean2=mean(x,2)                    求行向量均值
x_median1=[median(x); median(x,1)]   %求列向量中值
x_median2=median(x,2)                %求行向量中值
x_std1=[std(x); std(x,1)]            %求列向量标准差，除数n−1
x_std2=[std(x,0,1); std(x,1,1)]      %求列向量标准差，0除数n−1，1除数n
x_std3=[std(x,0,2)    std(x,1,2)]    %求行向量标准差，0除数n−1，1除数n
x_coef=100*std(x)./mean(x)           %求列向量变异系数
```

程序执行结果如下：

```
x_max1 =
```

```
    4       8       10      71
    4       8       10      71
x_max2 =
   71
   10
   15
x_max3 =
    4       8       5       71
    3       5       10      8
   11      23      31      27
x_min1 =
    1       5       2       7
    1       5       2       7
x_min2 =
    2
    3
    1
x_min3 =
    1       3       2       7
    2       4       6       7
    1       6       7       15
x_mean1 =
   2.6667   6.3333   6.3333   31.0000
   2.6667   6.3333   6.3333   31.0000
x_mean2 =
   21.2500
    6.2500
    7.2500
x_median1 =
    3       6       7       15
    3       6       7       15
x_median2 =
   6.0000
   6.0000
   6.5000
x_std1 =
   1.5275   1.5275   4.0415   34.8712
   1.2472   1.2472   3.2998   28.4722
x_std2 =
```

1.5275	1.5275	4.0415	34.8712
1.2472	1.2472	3.2998	28.4722

x_std3 =

33.2603	28.8043
2.9861	2.5860
5.7951	5.0187

x_coef =

57.2822	24.1188	63.8124	112.4877

4.5.2　协差阵和相关阵

协差阵函数 cov、相关阵函数 corrcorf 和方差函数 var。程序如下：

```
x=[4 8 2 71 6;3 5 10 7 23;1 6 7 15 45]

x_cov=cov(x);          %求矩阵 x 中列向量的协差阵

x_corr=corrcoef(x)     %求矩阵 x 中列向量的相关阵

x_var = var(x)         %求矩阵 x 中列向量的方差
```

程序执行结果如下：

x =

4	8	2	71	6
3	5	10	7	23
1	6	7	15	45

x_cov =　1.0e+003 *

0.0023	0.0012	−0.0028	0.0360	−0.0297
0.0012	0.0023	−0.0062	0.0520	−0.0178
−0.0028	−0.0062	0.0163	−0.1360	0.0442
0.0360	0.0520	−0.1360	1.2160	−0.5160
-0.0297	−0.0178	0.0442	−0.5160	0.3823

x_corr =

1.0000	0.5000	−0.4590	0.6758	−0.9933
0.5000	1.0000	−0.9989	0.9762	−0.5971
−0.4590	−0.9989	1.0000	−0.9650	0.5589
0.6758	0.9762	−0.9650	1.0000	−0.7568
−0.9933	−0.5971	0.5589	−0.7568	1.0000

x_var =　1.0e+003 *

0.0023	0.0023	0.0163	1.2160	0.3823

4.5.3　矩阵元素的求和与累加和

求和函数 sum 与累加和函数 cumsum。程序如下：

```
x=[4 8 2 71 6;3 5 10 7 23;1 6 7 15 45]

sx1=[sum(x); sum(x,1)]         %求矩阵 x 中列向量元素的和
```

```
sx2=sum(x,2)                      %求矩阵 x 中行向量元素的和
csx1=[cumsum(x)    cumsum(x,1)]    %求矩阵 x 中列向量元素的累加和
csx2=cumsum(x,2)                  %求矩阵 x 中行向量元素的累加和
```

程序执行结果如下：

```
x =

     4     8     2    71     6
     3     5    10     7    23
     1     6     7    15    45

sx1 =

     8    19    19    93    74
     8    19    19    93    74

sx2 =

    91
    48
    74

csx1 =

     4     8     2    71     6     4     8     2    71     6
     7    13    12    78    29     7    13    12    78    29
     8    19    19    93    74     8    19    19    93    74

csx2 =

     4    12    14    85    91
     3     8    18    25    48
     1     7    14    29    74
```

4.5.4　矩阵元素的乘积与累乘积

乘积函数 prod 与累乘积函数 cumprod。程序如下：

```
x=[4 8 2 71 6;3 5 10 7 23;1 6 7 15 45]
px1=[prod(x); prod(x,1)]           %求矩阵 x 中列向量元素的乘积
px2=prod(x,2)                      %求矩阵 x 中行向量元素的乘积
cpx1=[cumprod(x); cumprod(x,1)]    %求矩阵 x 中列向量元素的累乘积
cpx2=cumprod(x,2)                  %求矩阵 x 中行向量元素的累乘积
```

程序执行结果如下：

```
x =

     4     8     2    71     6
     3     5    10     7    23
     1     6     7    15    45

px1 =

        12       240       140      7455      6210
        12       240       140      7455      6210
```

px2 =

     27264

     24150

     28350

cpx1 =

4	8	2	71	6
12	40	20	497	138
12	240	140	7455	6210
4	8	2	71	6
12	40	20	497	138
12	240	140	7455	6210

cpx2 =

4	32	64	4544	27264
3	15	150	1050	24150
1	6	42	630	28350

4.5.5　数据排序

元素排序函数 sort 和向量排序函数 sortrows。程序如下：

```
x=[4 8 2 71 6;3 5 10 7 23;1 6 7 15 45]
y1=sort(x,2)              %矩阵 x 中每行元素按升序方式排序
y2=[sort(x); sort(x,1)]   %矩阵 x 中每列元素按升序方式排序
y3=sort(x, 2, 'descend')  %矩阵 x 中每行元素按降序方式排序
y4=sortrows(x, 1)         %矩阵 x 中每一行向量按第 1 列元素的升序方式排序
y5=sortrows(x, 3)         %矩阵 x 中每一行向量按第 3 列元素的升序方式排序
```

程序执行结果如下：

x =

4	8	2	71	6
3	5	10	7	23
1	6	7	15	45

y1 =

2	4	6	8	71
3	5	7	10	23
1	6	7	15	45

y2 =

1	5	2	7	6
3	6	7	15	23
4	8	10	71	45
1	5	2	7	6
3	6	7	15	23

| 4 | 8 | 10 | 71 | 45 |

y3 =

71	8	6	4	2
23	10	7	5	3
45	15	7	6	1

y4 =

1	6	7	15	45
3	5	10	7	23
4	8	2	71	6

y5 =

4	8	2	71	6
1	6	7	15	45
3	5	10	7	23

4.6 数值积分与数值微分

4.6.1 数值积分

trapz(x,y)函数计算梯形面积之和逼近函数积分。程序如下：

```
x = 0:pi/10:pi;
y = sin(x);
Z1 = trapz(x, y)              %计算 f(X)dx 之和，dx=pi/10
Z2 = pi/10*trapz(y)          %计算 f(x)×1 之和与 pi/10 的乘积
```

程序执行结果如下：

```
Z1 =
    1.9835
Z2 =
    1.9835
```

quad(fx,a,b,tol) 函数在 x 区间［a,b］上对函数 fx 采样并用 Simpson 递归法(ecursive adaptive Simpson quadrature)以允差 tol 计算数值积分逼近函数积分。程序如下：

```
fx = @(x)sin(x);
Q = quad(fx, 0, pi, 1e-2)
```

程序输出如下：

```
Q =
    2.0000
```

trapz(x,y)函数数值积分原理，如图 4-9 所示。

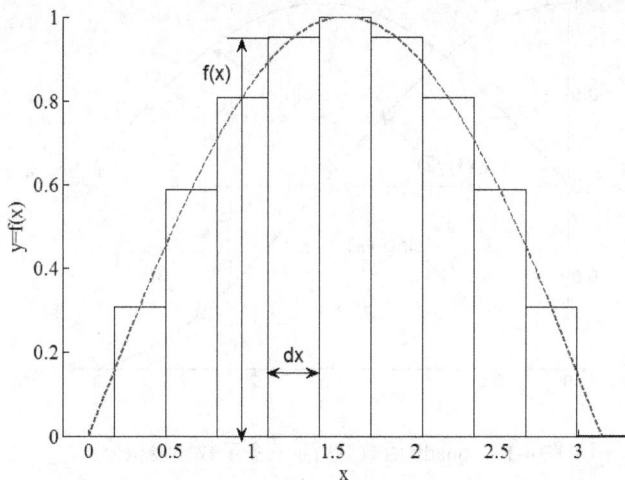

图 4-9　trapz(x,y)函数数值积分原理

quadgk(fx,a,b,tol) 函数在 x 区间［a,b］上对函数 fx 采样并用 Gauss-Kronrod 递归法 (adaptive Gauss-Kronrod quadrature)以允差 tol 计算数值积分逼近函数积分。程序如下：

　　　　fx = @(x)sin(x);

　　　　Q = quadgk(fx, 0, pi, 'AbsTol', 1e-2)

程序输出如下：

　　　　Q =

　　　　　　2

quadl(fun,a,b,tol) 函数在 x 区间［a,b］上对函数 fx 采样并用 Lobatto 递归法(recursive adaptive Lobatto quadrature) 以允差 tol 计算数值积分逼近函数积分。程序如下：

　　　　fx = @(x) sin(x);

　　　　Q = quadl(fx, 0, pi, 1e-2)

程序输出如下：

　　　　Q =

　　　　　　2.0000

quadv(fx,a,b,tol)函数在 x 区间[a,b]上对向量函数 fx(多个函数组成的向量)采样，采用矢量化方法(Vectorized Adaptive Quadrature)以允差 tol 计算每个函数的数值积分。程序如下：

　　　　fx=@(x)sin(x+(0:pi/2:pi));

　　　　Qv = quadv(fx,0,pi,1e-2)

程序输出如下：

　　　　Qv =

　　　　　　2.0000　　　0.0000　　　-2.0000

quadv 函数对所示三条函数曲线积分如图 4-10 所示。

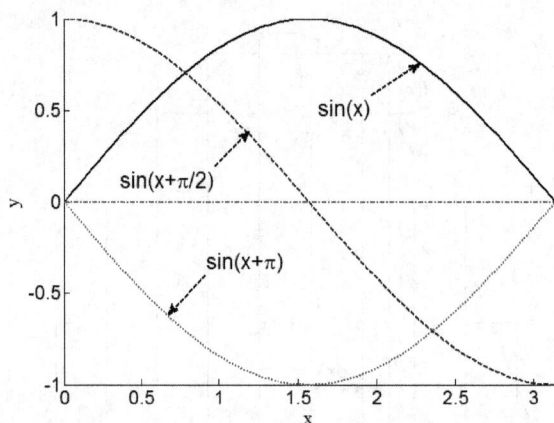

图 4-10   quadv 函数对所示三条函数曲线积分

quad2d(fxy,a,b,c,d, param1,val1,param2,val2,...) 函数在 x 区间[a,b]及 y 区间[c,d]组成的区域上对二元函数 f(x,y)采样，采用矢量化方法(Vectorized Adaptive Quadrature)计算二重数值积分以逼近函数积分(注意，MATLAB2009a 以前的版本无此函数)。程序如下：

```
fxy = @(x,y)abs(x.^2 + y.^2 - 0.25);
c = @(x)-sqrt(1 - x.^2);
d = @(x)sqrt(1 - x.^2);
Q2d=quad2d(fun,-1,1,c,d,'AbsTol',1e-5)
```

程序输出如下：

```
Q2d =
    0.9817
```

4.6.2　数值微分

积分是函数乘以自变量微分的累积，因此积分结果对函数变化不敏感。导数是函数微分与自变量微分之比，较小函数变化有时也会产生巨大的导数，故微分问题对函数变化极为敏感。因此，数值微分是一种可能导致巨大误差的计算工作，应当尽量避免数值微分，尤其是对试验数据直接数值微分。较合理的做法是，先对试验数据进行数据拟合，再对拟合数据执行数值微分。

函数 diff(y)对 y 作 1 阶差分，diff(y,k)对 y 作 k 阶差分。程序如下：

```
clc; close all; clear all;
x=0:pi/10:2*pi; n=length(x); y=exp(-x).*sin(2*x);     %函数y=f(x)和微分点(x,y)
dx=diff(x); dy=diff(y);                               %计算x差分和y差分
X=x; P=polyfit(x,y,7); Y=polyval(P,X);               %采用7阶多项式在X上拟合Y值
dX=diff(X); dY=diff(Y);                               %计算X差分和Y差分
```

续程序(可省略)：

```
plot(x,y,'--r',x(1:n-1),dy./dx,'ob',X(1:n-1),dY./dX,'pk');   %绘图比较数值导数
ymin=min(dy./dx);ymax=max(dy./dx);
```

Ymin=min(dY./dX);Ymax=max(dY./dX);

axis([min(x) max(x) min(ymin,Ymin) max(ymax,Ymax)]); box off;

set(gca,'FontSize',18,'FontName','Times')

xlabel('x','FontSize',18,'FontName','Times');

ylabel('dy/dx','FontSize',18,'FontName','Times');

legend('被微分函数y=e^-^x*sin(2x)','直接法数值导数dy/dx','拟合法数值导数dY/dX');

程序输出如图 4-11 所示。

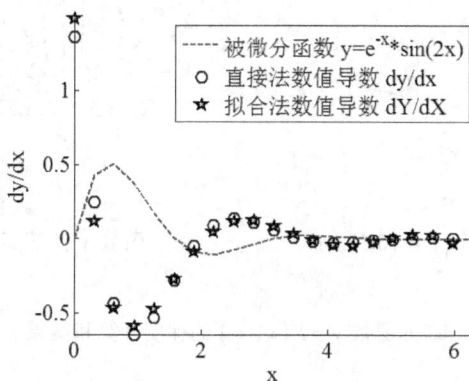

图 4-11　直接法与拟合法的数值微分比较

语句[Fx1, Fx2, ...] = gradient(F,h1,h2,...) 以 x1 间隔 h1、x2 间隔 h2 等计算函数 F 的数值梯度，语句[Fx1, Fx2, ...] = gradient(F) 缺省 h1=h2=…=1。若函数 F 是向量，则为一元函数，若函数 F 是 n 维矩阵，则为多元函数，矩阵每一个元素对应 n 个自变量的一组值，维序号与自变量序号一致。程序如下：

```
clc; close all; clear all;

v =0:pi/10:2*pi;

[x1,x2] = meshgrid(v);

F=sin(0.85*x1).*cos(0.75*x2);

[Fx1,Fx2] = gradient(F,pi/5,pi/5);

figure,mesh(x1,x2,F);view(-25,45);box off;
```

续程序(可省略)：

```
set(gca,'FontSize',18,'FontName','Times');

xlabel('x_1','FontSize',18,'FontName','Times');

ylabel('x_2','FontSize',18,'FontName','Times');

zlabel('F(x_1,x_2)','FontSize',18,'FontName','Times');

figure,contour(v,v,F)

hold on, quiver(v,v,Fx1,Fx2), hold off

set(gca,'FontSize',18,'FontName','Times');

xlabel('x_1','FontSize',18,'FontName','Times');
```

ylabel('x_2','FontSize',18,'FontName','Times');

程序输出如图 4-12 所示。

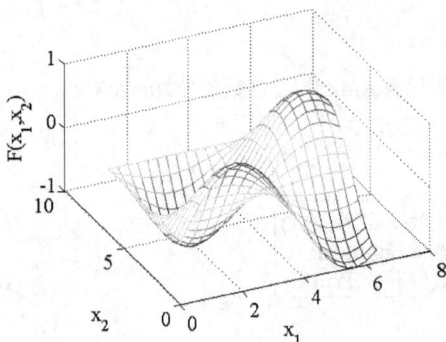

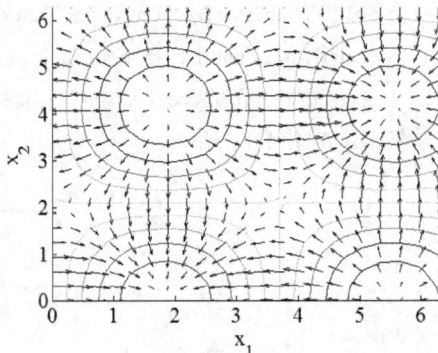

(a) 二元函数 $y = \sin(0.85x_1)\cos(0.75x_2)$ (b) 函数 y 的等高线与梯度 $\begin{pmatrix} \partial F/\partial x_1 \\ \partial F/\partial x_2 \end{pmatrix}$

图 4-12　二元函数 $y = F(x_1, x_2)$ 的梯度计算和结果展示

4.7　解常微分方程和常微分方程组

MATLAB 可解常微分方程(ODE：ordinary differential equations)组，其标准型如下：

$$\begin{pmatrix} \dot{y}_1(t) \\ \dot{y}_2(t) \\ \vdots \\ \dot{y}_n(t) \end{pmatrix} = \begin{pmatrix} \dot{y}_1 \\ \dot{y}_2 \\ \vdots \\ \dot{y}_n \end{pmatrix} = \begin{pmatrix} f_1(t; y_1, y_2, \cdots, y_n) \\ f_2(t; y_1, y_2, \cdots, y_n) \\ \vdots \\ f_n(t; y_1, y_2, \cdots, y_n) \end{pmatrix} \Rightarrow \dot{y} = F(t; y^{\mathrm{T}})$$

或

$$\begin{pmatrix} a_{11} & a_{12} & \cdots & a_{1n} \\ a_{21} & a_{22} & & a_{2n} \\ & & & \\ a_{n1} & a_{n2} & & a_{nn} \end{pmatrix} \cdot \begin{pmatrix} \dot{y}_1 \\ \dot{y}_2 \\ \vdots \\ \dot{y}_n \end{pmatrix} = \begin{pmatrix} f_1(t; y_1, y_2, \cdots, y_n) \\ f_2(t; y_1, y_2, \cdots, y_n) \\ \vdots \\ f_n(t; y_1, y_2, \cdots, y_n) \end{pmatrix} \Rightarrow \dot{y} = A^{-1} \cdot F(t, y^{\mathrm{T}})$$

将常微分方程组编写成一个函数，需符合上面所示的标准型输入输出，其中：

$$A = \begin{pmatrix} a_{11} & a_{12} & \cdots & a_{1n} \\ a_{21} & a_{22} & \cdots & a_{2n} \\ \vdots & \vdots & \vdots & \vdots \\ a_{n1} & a_{n2} & \cdots & a_{nn} \end{pmatrix} \qquad \dot{y} = \begin{pmatrix} \dot{y}_1 \\ \dot{y}_2 \\ \vdots \\ \dot{y}_n \end{pmatrix}$$

$$F\left(t, y^{\mathrm{T}}\right) = \begin{pmatrix} f_1\left(t; y_1, y_2, \cdots, y_n\right) \\ f_2\left(t; y_1, y_2, \cdots, y_n\right) \\ \vdots \\ f_n\left(t; y_1, y_2, \cdots, y_n\right) \end{pmatrix}$$

$$\begin{cases} y = y(t) = \left(y_1(t), y_2(t), \cdots, y_n(t)\right)^{\mathrm{T}} = \left(y_1, y_2, \cdots, y_n\right)^{\mathrm{T}} \\ t = \left(t_1, t_2, \cdots, t_m\right)^{\mathrm{T}} \end{cases}$$

4.7.1 解常微分方程

求解下面的一维常微分方程问题。

$$\begin{cases} \dot{y}(t) = g(t) - f(t) \cdot y(t) \\ f\left(t_f\right) = t_f^2 - t_f - 3 \\ g\left(t_g\right) = 3\sin\left(t_g - 0.25\right) \\ y(t = 0) = 1 \end{cases} \tag{4.7.1}$$

解：式(4.7.1)已是 MATLAB 标准型，且初始条件 $y(t = 0) = 1$，下面编程求解。

将式(4.7.1)的第 1 个方程(微分方程)编写成一个 MATLAB 函数，存盘为 myODEfun.m。
程序如下：

```
function dydt = myodefun(t,y,tf,f,tg,g)
f = interp1(tf, f, t);    %Interpolate the data set (tf,f) at time t
g = interp1(tg, g, t);    %Interpolate the data set (tg,g) at time t
dydt = g-f.*y;    %Evalute ODE at time t
```

利用式(4.7.1)其余方程和 ode45 函数编写求解微分方程的主程序，存盘 myODE01.m。
程序如下：

```
tf=linspace(0, 6, 25);    %Generate t for f
f=tf.^2-tf-3;    %Generate f(t)
tg=linspace(1, 6.5, 25);    %Generate t for g
g=3*sin(tg-0.25);    %Generate g(t)
t_span=[1 5]; % Solve from t=1 to t=5
y0=1;    %Initial Condition y(t=0) = 1
[t,y] = ode45(@(t,y)myodefun(t,y,tf,f,tg,g),t_span,y0);    %Solve ODE
plot(t,y,'--b','LineWidth',2); box off;    %Plot of y as a function of time
```

续程序(这段程序是上面程序的图形设置部分，可省略)：

```
set(gca,'FontSize',16,'FontName','Times');
xlabel('Time    t','FontSize',16,'FontName','Times');
ylabel('Response    y(t)','FontSize',16,'FontName','Times');
```

主程序执行结果如图 4-13 所示。

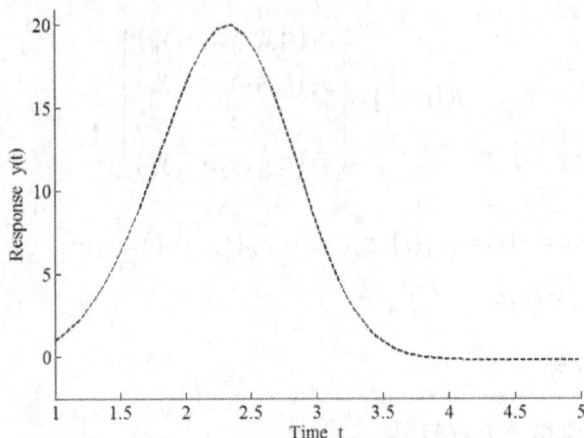

图 4-13　微分方程解的函数曲线

4.7.2　解常微分方程组

PID 控制器的控制信号 $u(t)$ 与误差函数 $e(t)$ 的关系符合下面的 PID 控制方程：

$$\begin{cases} u(t) = K_\mathrm{I} \int_0^t e(t)\,\mathrm{d}t + K_P e(t) + K_\mathrm{D} \dfrac{\mathrm{d}}{\mathrm{d}t} e(t) \\ \dot{u}(t) = K_\mathrm{I} e(t) + K_P \dot{e}(t) + K_\mathrm{D} \ddot{e}(t) \end{cases} \tag{4.7.2}$$

工作原理如图 4-14 所示。

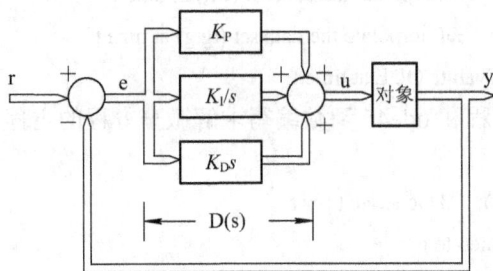

图 4-14　PID 控制系统的工作原理

其中，K_I、K_P 和 K_D 分别是积分控制、比例控制和微分控制的放大系数。求控制信号 $u(t)$ 和误差函数 $e(t)$ 等的时变规律。

解：将 PID 控制方程变换为 MATLAB 标准型，确定初始条件和编程求解。

令 $u(t) = y_1$、$\int_0^t e(t)\,\mathrm{d}t = y_2$、$e(t) = y_3$ 和 $\dot{e}(t) = y_4$，则式(4.7.2)可表为：

$$\begin{cases} y_1 = K_\mathrm{I} y_2 + K_P y_3 + K_\mathrm{D} y_4 \\ \dot{y}_1 = K_\mathrm{I} y_3 + K_P y_4 + K_\mathrm{D} \dot{y}_4 \end{cases} \tag{4.7.3}$$

控制信号取 $u(t) = -Ke(t)$，则 $\dot{u}(t) = -K\dot{e}(t)$，即取控制信号与误差函数成反比的控制策略，实际上它取决于被控对象的传递函数。变换式(4.7.3)为 MATLAB 标准型如下：

$$\begin{cases} \dot{y}_1 = -Ky_4 \\ \dot{y}_2 = y_3 \\ \dot{y}_3 = y_4 \\ \dot{y}_4 = \dfrac{-Ky_4 - K_I y_3 - K_P y_4}{K_D} \end{cases} \tag{4.7.4}$$

根据式(4.7.3)，由初始误差 $e(t_1) = 0$ 确定所有初始条件如下：

$$\begin{cases} y_1(t_1) = -Ke(t_1) = 0 \\ y_2(t_1) = \displaystyle\int_0^t e(t)\,\mathrm{d}t = 1 \\ y_3(t_1) = e(t_1) = 0 \\ y_4(t_1) = -K_I / K_D \end{cases} \tag{4.7.5}$$

首先，将常微分方程组式(4.7.4)编写成一个 MATLAB 函数并存盘为 mypid.m。程序如下：

```
function dy = mypid(t,y)
KP=7.5; KI=0.9868; KD=14.25; K=1;
dy=zeros(4,1);
dy(1)=-K*y(4);
dy(2)=y(3);
dy(3)=y(4);
dy(4)=-(K*y(4)+KI*y(3)+KP*y(4))/KD;
```

考虑初始条件式(4.7.5)，利用 ode45 函数编写主程序，微分方程组的解为控制信号 y(:,1)、误差积分 y(:,2)、误差函数 y(:,3)和误差微分 y(:,4)，图形展示时间序列(t, y)。程序存盘 myODE02.m。程序如下：

```
clc; close all; clear all;
options = odeset('RelTol',1e-4,'AbsTol',[1e-4 1e-4 1e-5 1e-5]);        %解方程设置
KP=7.5; KI=0.9868; KD=14.25;                                           %PID控制参数设置
y0=[0 1 0 -KI/KD]';                                                    %解常微分方程组初始条件
[t,y] = ode45(@mypid,[0 60],y0,options);                              %调用函数mypid并解常微分方程组
plot(t,y(:,1),'.r',t,y(:,2),'-k',t,y(:,3),'--k',t,y(:,4),'-.k','LineWidth',2);box off;
axis([min(t) max(t) min(min(y)) max(max(y))]);
set(gca,'FontSize',16,'FontName','Times');
xlabel('t','FontSize',16,'FontName','Times');
ylabel('y','FontSize',16,'FontName','Times');
legend('控制信号  u(t)','误差积分  \inte(t)','误差函数  e(t)','误差微分  de(t)/dt')
```

主程序执行结果如图 4-15 所示。

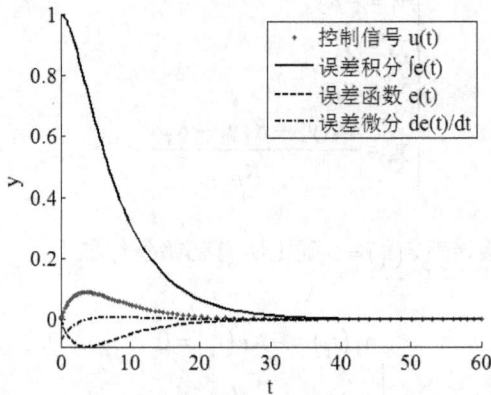

图 4-15　PID 控制系统的控制方程解

4.7.3　解矩阵常微分方程

曲柄滑块机构的机构速度矩阵微分方程如下：

$$\dot{\theta}_2 \begin{pmatrix} -r_2\sin\theta_2 \\ r_2\cos\theta_2 \end{pmatrix} + \dot{\theta}_3 \begin{pmatrix} -r_3\sin\theta_3 \\ r_3\cos\theta_3 \end{pmatrix} = \dot{r}_1 \begin{pmatrix} \cos\theta_1 \\ \sin\theta_1 \end{pmatrix} = \dot{r}_1 \begin{pmatrix} 1 \\ 0 \end{pmatrix} \tag{4.7.6}$$

如图 4-16 所示，矢量 R_1 表征滑块 B 的位移，矢模 r_1 表位移大小，矢角 $\theta_1 \equiv 0$。矢量 R_2 表征曲柄 OA，矢模 r_2 表曲柄长度，矢角 θ_2 表曲柄转角。矢量 R_3 表征连杆 AB，矢模 r_3 表连杆长度，矢角 θ_2 表连杆转角。试求滑块位移 r_1 和连杆转角 θ_3 的时变化规律(相关数据见表 4-4)。

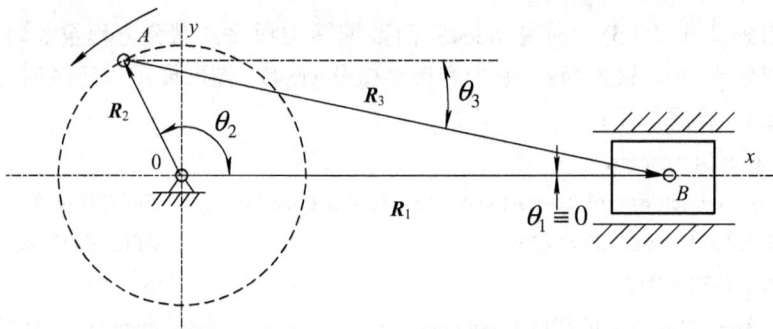

图 4-16　曲柄滑块机构的机构运动简图和构件参数

表 4-4　曲柄滑块机构已知参数

机构运动学参数	参数值
r_2/mm	35.4
r_3/mm	141.6
θ_1/rad	0
$\dot{\theta}_2$ /rad·s^{-1}	209.4395(2000 r/min)

解：将机构速度矩阵微分方程变换为 MATLAB 标准型，确定初始条件和编程求解

变换机构速度矩阵微分方程为下面的形式：

$$\begin{pmatrix} \dot{r}_1 \\ \dot{\theta}_3 \end{pmatrix} = \dot{\theta}_2 \begin{pmatrix} 1 & r_3 \sin\theta_3 \\ 0 & -r_3 \cos\theta_3 \end{pmatrix}^{-1} \cdot \begin{pmatrix} -r_2 \sin\theta_2 \\ r_2 \cos\theta_2 \end{pmatrix} \tag{4.7.7}$$

令 $r_1 = y_1$、 $\theta_3 = y_2$、 $\theta_2 = y_3$，则式(4.7.7)可表为下面的 MATLAB 标准型：

$$\begin{cases} \dot{y}_3 = 209.4395 \\ \begin{pmatrix} \dot{y}_1 \\ \dot{y}_2 \\ \dot{y}_3 \end{pmatrix} = \dot{y}_3 \begin{pmatrix} \begin{pmatrix} 1 & r_3 \sin y_2 \\ 0 & -r_3 \cos y_2 \end{pmatrix}^{-1} \cdot \begin{pmatrix} -r_2 \sin y_3 \\ r_2 \cos y_3 \end{pmatrix} \\ 1 \end{pmatrix} \end{cases} \tag{4.7.8}$$

曲柄转速 $\dot{\theta}_2$ 取匀速运动形式 $\dot{\theta}_2 = \text{const}$ ，滑块在右极限位置，则确定初始条件如下：

$$\begin{cases} y_1(t_1) = r_1 = r_2 + r_3 = 35.4 + 141.6 = 177 \\ y_2(t_1) = \theta_3 = 0 \\ y_3(t_1) = \theta_2 = 0 \end{cases} \tag{4.7.9}$$

首先，将矩阵微分方程式(4.7.8)编写成一个 MATLAB 函数并存盘为 myqbhk.m。程序如下：

```
function dy = myqbhk(t,y)
r2=35.4; r3=141.6;
A=[1 r3*sin(y(2));0 -r3*cos(y(2))];
B=[-r2*sin(y(3));r2*cos(y(3))];
dy(3)=209.4395;
dy=dy(3)*[inv(A)*B;1];
```

考虑式(4.7.9)初始条件，利用 ode45 函数编写主程序，微分方程组的解为滑块位移 y(:,1)、连杆摆角 y(:,2)和曲柄转角 y(:,3)，图形展示时间序列(t,y)。主程序存盘 myODE03.m。程序如下：

```
clc; close all; clear all;
options = odeset('RelTol',1e-4,'AbsTol',[1e-4 1e-4 1e-5]);        %解微分方程组设置
y0=[177 0 0]';   %初始条件
[t,y] = ode45(@myqbhk,[0 6*pi/209.4395],y0,options);           %解微分方程组
[AX,H1,H2]=plotyy(t,y(:,1),t,y(:,2),'plot'); box off;            %绘图展示微分方程组的解
```

续程序(这段程序是上面程序的图形设置部分，可省略)：

```
set(AX(1),'FontSize',16); set(AX(2),'FontSize',16)
set(get(AX(1),'Ylabel'),'String','Displacement   r_1 /mm','FontSize',16);
set(get(AX(2),'Ylabel'),'String','Swing Angle   \theta_3 /rad','FontSize',16);
set(H1,'LineStyle','--','LineWidth',2);
```

set(H2,'LineStyle','-.','LineWidth',2);

xlabel('Time   t /s','FontSize',16);

主程序执行结果如图 4-17 所示。

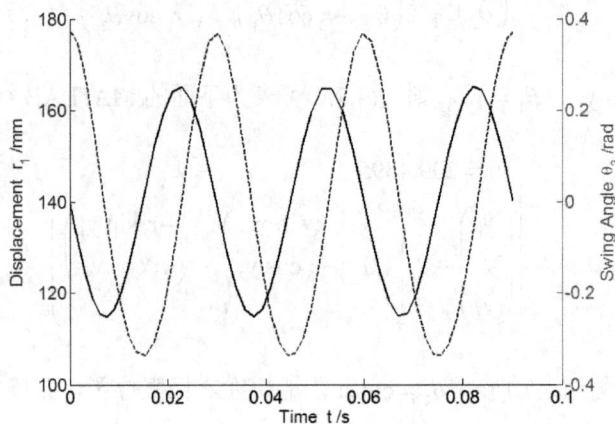

图 4-17   滑块位移 r_1 和连杆摆角 θ_3 的时变规律

上 机 报 告

(1) 用 MATLAB 实现线性代数运算。

(2) 用 MATLAB 实现多项式运算。

(3) 用 MATLAB 实现数据插值。

(4) 用 MATLAB 实现数据拟合。

(5) 用 MATLAB 实现数据分析。

(6) 用 MATLAB 实现数值微积分。

(7) 用 MATLAB 实现解常微分方程或方程组。

第 5 单元　*MATLAB 程序设计*

上机目的：了解 M-file 函数类型，掌握"主程序+函数子程序"的 MATLAB 编程技能。

上机内容：MATLAB 程序的结构、运行机制和流程控制，MATLAB 函数的结构类型和编程，MATLAB 编程案例。

操作约定：用户的程序设计任务，采用在 Editor 窗口编程、将程序存盘为 M 文件、在 Command Window 键入主程序的存盘文件名、在 Command Window 观察程序执行结果(或在 Figure 窗口观察程序输出的图形)4 步操作。

5.1　MATLAB 程序结构及其运行机制

MATLAB 程序由主程序和函数(亦称子程序)两部分组成，如图 5-1 所示。编程采用模块化程序设计方法，用户任务分解为多个子任务，子任务编写成用户自行命名的 MATLAB 函数。主程序设计成若干个模块，每个模块实现特定的数据处理目标，模块调用 MATLAB 函数完成子任务，多个模块顺序衔接构成主程序，在 Command Window 中键入主程序的存盘文件名则可执行和完成全部任务。

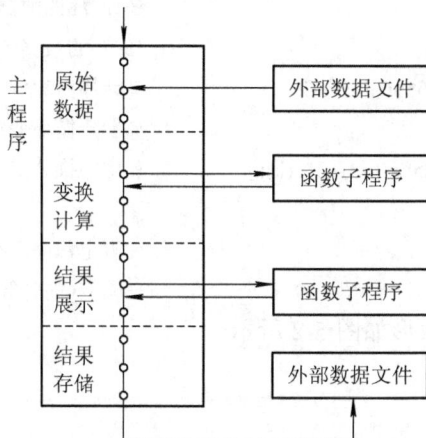

图 5-1　MATLAB 程序的结构与数据流

5.2　MATLAB 程序的流程控制

程序设计的主要对象之一是数据处理流程，MATLAB 提供的流程控制模块有 for 循环、while 循环、if-else-end 结构及 switch-case-end 结构四种。

5.2.1 for 循环

(1) 利用循环向量化技术设计 for 循环，计算数列 {1 3 5 …} 的前 15 项累加和与累乘积。程序如下：

```
clc; close all; clear all;
x=0; y=1;                        %赋初值
for k=1:2:2*15-1;                %创建循环变量
x=x+k; y=y*k;                    %计算累加和与累乘积
end;
format short e; Results=[x y]    %计算结果
```

程序执行结果如下：

```
Results =
    2.2500e+002   6.1903e+015
```

(2) 利用阵列预分配技术设计 for 循环，计算下面离散系统在正弦输入下的响应 y_k。

$$\begin{cases} u(t)=\sin(2\pi t), t\in[0,16] \\ y_k=0.75y_{k-1}-0.125y_{k-2}+2u_k(t) \\ k=1,2,\cdots \end{cases}$$

程序如下：

```
clc; close all; clear all; tic              %初始化和启动秒表计时器
space=0.001; t=0:space:16; u=sin(2*pi*t);   %计算正弦输入
n= length(u);                               %计算u的数据个数
y=zeros(n, 1);                              %按u的数据个数n、实施阵列y的预分配
y(1)=2*u(1); y(2)=0.75*y(1)+2*u(2);         %计算前2个不能递推计算的响应
for k=3:n;                                   %创建循环变量
y(k)=0.75*y(k-1)-0.125*y(k-2)+2*u(k);       %用递推公式计算响应y
end;
Time=toc                                     %测定程序运行时间
plot(t,y)                                    %响应y的计算结果展示
```

程序执行结果如下，图形如图 5-2 所示。

```
Time =
    5.1431e-003
```

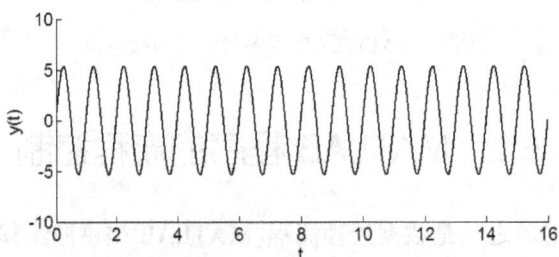

图 5-2 离散系统的时间响应 y(t)

5.2.2 while 循环

while 循环程序设计应注意两点，一是循环变量累加，二是循环变量关系表达式，两者构成循环控制逻辑。

用关系表达式设计 while 循环，计算函数 $y = \sin(\theta)$ 在区间 $[0, \pi]$ 上的面积。程序如下：

```
clc; close all; clear all; tic                  %初始化和启动秒表计时器
space=pi/30; theta=0:space:pi; y=sin(theta);    %生成被积函数数据
x=0; k=1;                                       %给面积变量x和循环变量k赋初值
while k<=length(y);                             %用下标k作循环变量，设计关系表达式
%while k<length(y)+1;                           %可选的循环变量关系表达式
x=x+y(k)*space;                                 %累计计算面积和
k=k+1;                                          %循环变量增1累加
end;
time＝toc
disp('k='), disp(k)
disp('aera='), disp(x)
```

程序执行结果：

```
time =
      0.0065
k =
      32
aera=
      1.9982
```

5.2.3 if-else-end 结构

if-else-end 结构关系表达式根据检验结果有条件地执行程序。

(1) 编写一个 MATLAB 函数用于判断一个小于 50 的数是否为素数，并存盘为 prime.m。程序如下：

```
function y=prime(x)
if rem(x,2)==0&x>2;
    y='不是素数,';
elseif rem(x,3)==0&x>3;
    y='不是素数,';
elseif rem(x,5)==0&x>5;
    y='不是素数,';
elseif rem(x,7)==0&x>7;
    y='不是素数,';
else;
    y='是素数，';
```

```
end;
```

编写主程序指定要判断的多个数字(向量 x)，存盘名为 myprime01.m。程序如下：

```
clc; close all; clear all;
x=[1 2 3 4 5 6 7 8 9 10 11 12 13 14 15];        %指定要判别的数字
n=length(x); p=[];                              %判别结果变量p赋初值
for i=1:n;                                       %设计循环逐个判别
p=[p [num2str(x(i)) prime(x(i))]];              %判别结果放到一个字符串变量p里
end;
disp(p);    %显示判别结果
```

向量素数判断主程序的执行结果如下：

1 是素数,2 是素数,3 是素数,4 不是素数,5 是素数,6 不是素数,7 是素数,8 不是素数,9 不是素数,10 不是素数,11 是素数,12 不是素数,13 是素数,14 不是素数,15 不是素数,

(2) 将判断一个矩阵各个元素是否为素数的任务编写成一个 MATLAB 函数，并存盘为 primematrix.m。程序如下：

```
function y=primematrix(x)
x1=rem(x,2)==0&x>2;
x2=rem(x,3)==0&x>3;
x3=rem(x,5)==0&x>5;
x4=rem(x,7)==0&x>7;
y=find((x1+x2+x3+x4)==0);
```

编写主程序指定要判断的多个数字(矩阵 x)，存盘名为 myprime02.m。程序如下：

```
clc; close all; clear all;
x=[1 2 3 4 5;6 7 8 9 10;11 12 13 14 15]    %指定要判别的矩阵
p=[primematrix(x)]'    %判别结果为向量p，其元素值为矩阵x中素数元素的序号
```

矩阵素数判断主程序的执行结果如下：

```
x =
     1     2     3     4     5
     6     7     8     9    10
    11    12    13    14    15
p =
     1     3     4     5     7     9    13
```

5.2.4　switch-case-end 结构

switch-case-end 结构根据状态表达式的值执行不同语句块，相当于多条 if 块的嵌套使用。

将判断一个数是否为素数的任务编写成一个 MATLAB 函数并存盘为 oneprime.m。程序如下：

```
function y=oneprime(x)
```

```
u=(rem(x,2)==0&x>2)|(rem(x,3)==0&x>3)|(rem(x,5)==0&x>5)...
|(rem(x,7)==0&x>7);
switch u;
case 0;
    y='是素数,';
case 1;
    y='不是素数,';
otherwise;   %这部分语句块在本函数可省略
    y='是素数,';
end;
```

编写主程序指定要判断的多个数字(向量 x)，存盘名为 myprime03.m。程序如下：

```
clc; close all; clear all;
x=[1 2 3 4 5 6 7 8 9 10 11 12 13 14 15];   %指定要判别的数字
n=length(x); p=[];   %判别结果变量p赋初值
for i=1:n;   %设计循环逐个判别
p=[p [num2str(x(i)) oneprime(x(i))]];   %判别结果放到一个字符串变量p里
end;
disp(p);   %显示判别结果
```

主程序执行结果如下：

1 是素数,2 是素数,3 是素数,4 不是素数,5 是素数,6 不是素数,7 是素数,8 不是素数,9 不是素数,10 不是素数,11 是素数,12 不是素数,13 是素数,14 不是素数,15 不是素数,

5.3　编写 MATLAB 函数

MATLAB 编程一般采用"主程序+函数"的结构形式，用户任务可分解为多个子任务，每个子任务可编写成一个 MATLAB 函数。控制计算流程和适时调用函数的部分作为主程序，执行主程序即完成用户指定任务。在这种形式结构下，编写函数是最重要的编程技能之一，它使程序简洁和结构化，并提高了程序的可读性和计算效率。结构化的程序也便于发现问题和易于调试。

5.3.1　MATLAB 函数的结构及其调用机制

MATLAB 函数是一种特定结构的程序，在 MATLAB 环境里的程序与一般程序一样都是可视的文本，因其存盘名的扩展名为".m"，亦称作 M-file 函数。

与一般程序不同，M-file 函数不能在 Command Window 中通过简单键入它的存盘基本名执行，而是采用按 M-file 函数定义行所指定的函数格式键入函数表达式的方法调用，主程序调用函数亦应遵循指定的函数格式。M-file 函数的标准结构如图 5-3 所示。

关键词 function　输出变量或参数　函数名　输入变量或参数

定义行 → `function [y,outp]=myfun(x,inp);`　　函数表达式与调用格式
注释行 → `%This Function Achieving data-fitting`
函数体 → `y=100*sinx.*exp(-x.*x);`
　　　　　`outp=polyfit(x,y,inp);`

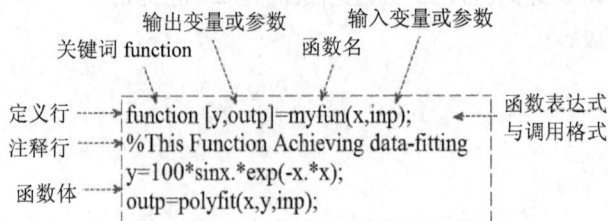

图 5-3　M-file 函数的结构

在 Editor 窗口编写 M-file 函数，存盘名由"基本名+扩展名"构成，存盘时仅仅键入基本名，扩展名默认为".m"，函数调用时使用存盘的基本名和指定的函数格式。注意，MATLAB7.1 版本以后存盘函数基本名与函数定义行指定的函数名可以不一致，而早先的版本要求存盘基本名与函数定义行的指定函数名必须一致。下面的函数示例计算 (y,outp)=f(x,inp)，其中输入参数 x 为自变量，输入参数 inp 为指定拟合的多项式阶数，输出参数 y 为因变量，且 $y = 100\sin(x)e^{-x^2}$，输出参数 outp 为依据(x,y)拟合的 inp 阶多项式。程序如下：

```
function [y,outp]=myfun(x,inp);
y=100*sin(x).*exp(-x.^2);
outp=polyfit(x,y,inp);
```

命名所编写的 M-file 函数并存盘。(如存盘为 myfun.m)

在 Command Window 窗口键入函数表达式，且预先为输入参数赋值；在主程序里编写函数表达式调用函数，且预先为输入参数赋值。命令如下：

```
x=1:7; order=3;
[y,p]=myfun(x,order)
```

执行函数调用的结果如下：

```
y =
    30.9560    1.6654    0.0017    -0.0000    -0.0000    -0.0000    0.0000
p =
    -0.8136    11.6055    -51.5329    69.8029
```

编程必要的话，可用函数 nargin 查询 M-file 函数输入参数的个数，而用函数 nargout 查询 M-file 函数输出参数的个数。函数调用可使用少于规定的输入输出参数个数，但不能多于规定个数。

M-file 函数输入输出参数的位置或顺序是极其重要的，它与函数体的对应变量关联。

5.3.2　编写匿名函数

匿名函数指在主程序中以表达式方式定义的函数，下面示例展示它的格式和调用方法，程序如下：

```
quade=@(x,a,b,c)a*x.^2+b*x+c;        %定义匿名函数并赋给变量quade
```

```
x=[1 2 3]; a=2; b=-1; c=5;          %输入参数赋值

y=quade(x, a, b, c)                 %以调用变量quade调用匿名函数，注意输入参数的位置和意义
```
主程序执行结果如下：
```
y =

      6     11     20
```

5.3.3　编写标准 M-file 函数

标准 M-file 函数，指函数体中的语句不调用其它任何函数，均采用直接编写的算式。

下面函数在 x 的多个点上计算二次函数 $y = ax^2 + bx + c$ 的值，存盘名为 stdfun.m。程序如下：
```
function y=stdfun(x,a,b,c)

y=a*x.^2+b*x+c;
```
编写调用函数 stdfun 的主程序。程序如下：
```
clc; close all; clear all;    %初始化

x=[1 2 3]; a=2; b=-1; c=5;

y=stdfun(x,a,b,c)
```
主程序调用函数的执行结果如下：
```
y =

      6     11     20
```

5.3.4　编写私人函数

私人函数是一种特殊的 M-file 函数，特别放置在名为 private 的文件夹里，仅仅能被父文件夹(上一级文件夹)里的函数调用。父文件夹之外的函数无法调用私人函数，故私人函数可以与其他文件夹的函数名相同，且一个函数调用 M-file 函数时优先搜寻私人函数。若用户想限制某个 M-file 函数的使用权限或隐蔽调用，可将其放置在 private 文件夹里。

假定用户文件夹 mydir 在 MATLAB 的搜索路径上，mydir 的一个子文件夹命名为 private，则 private 里的函数(称作私人函数)仅仅能被 mydir 里的函数调用。注意，是父文件夹里的函数调用私人函数，而不是父文件夹里的主程序调用。

创建用户自己的文件夹 mydir，编写下面函数 myprog.m 并存放在 mydir 文件夹下，该函数设计为调用私人函数 sin，操作 File 菜单的 set path 项将 mydir 文件夹添加到 MATLAB 搜索路径。
```
function y=myprog(x)

y=sin(x)
```
在 mydir 文件夹内创建 private 文件夹，编写私人函数 sin.m 并存放在 private 文件夹里。程序如下：
```
function y=sin(x);

y=x.^2;    %故意编写一个错误表达式
```
编写下面主程序 mytest.m 并可存放在任何 MATLAB 搜索路径的文件夹里。程序如下：
```
x=[1 2 3;4 5 6]
```

y_common=sin(x)   %此表达式将调用MATLAB系统的函数sin.m

y_private=myprog(x)   %此表达式将调用mydir文件夹下函数myprog.m

                                  %myprog.m函数将调用private文件夹下私人函数sin.m

试比较如下主程序的执行结果：

```
x =
     1     2     3
     4     5     6
y_common =
     0.8415    0.9093    0.1411
    -0.7568   -0.9589   -0.2794
y_private =
     1     4     9
    16    25    36
```

5.3.5 　编写形如"主函数+子函数"的 M-file 函数

如果一个 M-file 函数的函数体内调用一个或多个其它 M-file 函数，则称其为主函数，被调用的 M-file 函数称作子函数。在用户任务里，主函数被主程序或命令行调用，而子函数仅仅被主函数或其它子函数调用。

下面的主函数 rank 调用 svd、nargin、max、size、sum 等 5 个子函数，以允差 tol 计算矩阵 A 的秩，主函数 rank 的存盘名为 rank.m。程序如下：

```
function r = rank(A,tol)
%RANK Matrix rank.
    s = svd(A);
if nargin==1;
    tol = max(size(A)') * max(s) * eps;
end;
    r = sum(s > tol);
```

编写主程序计算矩阵 x 的秩。程序如下：

```
x=[1 5 2 4;3 6 7 9;5 2 9 3];
rx=rank(x,1e-005)
```

主程序调用主函数 rank 的执行结果如下：

```
rx =
     3
```

5.3.6 　编写形如"主函数+嵌套函数"的 M-file 函数

"主函数+嵌套函数"是一种特殊结构的 M-file 函数，主函数供主程序或其它函数调用，嵌套函数按包含关系逐层嵌套在主函数内。一个嵌套函数可调用任何外部的 M-file 函数，但它自身只能在主函数内部被调用，且遵循下述规则：

(1) 主函数或父嵌套函数可调用子嵌套函数；

(2) 主函数或嵌套函数不能越层调用深层嵌套函数；

(3) 底层嵌套函数可调用高层嵌套函数，包括越层调用；

(4) 一个嵌套函数可调用同一层其它嵌套函数。

编写下面嵌套函数，存盘为 mynested.m。

```
function [y,p] = mynested(x,a,b,c,order)
    y=computing(x,a,b,c);
    [p,x1,y1]=polyfiting(x,y,order);
    ploting(x,y,x1,y1);
    function y_value=computing(x,a,b,c)
        y_value=a*x.^2+b*x+c;
    end
    function [p_poly,x1,y1]=polyfiting(x,y,order)
        p_poly=polyfit(x,y,order);
        [x1,y1]=interposing(x,y);
        function [x1,y1]=interposing(x,y)
            x1=min(x):0.01:max(x);
            y1=interp1(x,y,x1);
        end
    end
    function ploting(x,y,x1,y1)
        plot(x1,y1,'--',x,y,'o');
    end
end
```

编写下面主程序调用嵌套函数。

```
clc;close all;clear all;
x=linspace(-1.5,3,21); a=2; b=-1; c=5; order=3;
[y,p]=mynested(x,a,b,c,order)
```

主程序调用嵌套函数结果之一如下：

```
y =
  Columns 1 through 11
   11.0000    9.5262    8.2550    7.1862    6.3200    5.6563    5.1950    4.9363
    4.8800    5.0263    5.3750
  Columns 12 through 21
    5.9263    6.6800    7.6362    8.7950   10.1563   11.7200   13.4863   15.4550
   17.6263   20.0000
p =
    0.0000    2.0000   -1.0000    5.0000
```

主函数调用嵌套函数结果之二如图 5-4 所示。

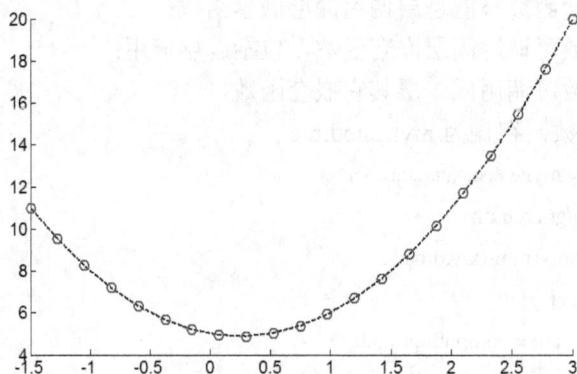

图 5-4　主程序调用嵌套函数的结果之二

5.3.7　编写函数的函数

函数的函数(function functions)是一种供求根(Zero finding)、优化(Optimization)、积分(Quadrature)和解常微分方程(Ordinary differential equations)等工具函数调用的函数。详见第4 单元积分和解常微分方程的函数编程，亦可参见第 8 单元优化设计的函数编程。

5.3.8　全局变量和局部变量

在 M-file 函数中定义一些变量 x1,x2,…为全局变量，使用语句 global x1 x2 …。如果M-file 函数中的变量没有定义为全局变量(Global Variable)，则默认全是局部变量(Local Variable)。外部程序或外部 M-file 函数不能直接调用一个函数内的局部变量，故变量名可以与外部变量同名，但却可直接调用全局变量。编程采用全局变量，遵循先定义后使用的规则。尽量避免采用全局变量。

编写含全局变量 a、b、c 的 M-file 函数 quading.m。程序如下：

```
function y_value=quading(x)
    global a b c;
    y_value=a*x.^2+b*x+c;
end
```

编写含同名全局变量 a、b、c 的主程序，实现主程序与函数之间的参数传递，程序如下：

```
clc;close all;clear all;
global a b c;
x=linspace(-1.5,3,21); a=2; b=-1; c=5; order=3;
y=quading(x)
```

主程序调用函数的执行结果如下：

```
y =
    Columns 1 through 11
       11.0000    9.5262    8.2550    7.1862    6.3200    5.6563    5.1950    4.9363
```

```
4.8800    5.0263    5.3750
```

Columns 12 through 21

```
5.9263     6.6800     7.6362     8.7950    10.1563    11.7200    13.4863    15.4550
```

```
17.6263    20.0000
```

5.3.9　函数句柄

无论是系统的 M-file 函数或是自定义的 M-file 函数，都可以用函数句柄(Function Handle)来代表，也可用一个自定义的变量名替代，程序调用函数被调用函数句柄代替，这样可使程序变得简洁和更容易理解。

创建函数句柄并运用它。程序如下：

```
clc;clear all;close all;

sqr = @(x) x.^2;              %为匿名函数f(x)=x²创建一个函数句柄sqr

x=0:pi/3:2*pi;

y = sqr(5)                    %调用函数句柄sqr计算函数f(x)=x²的值

sqr=@sin;                     %为系统的M-file函数sin创建一个函数句柄sqr

a=sqr(x)                      %调用函数句柄sqr计算函数f(x)=sin(x)的值

b=quad(sqr,0,pi)             %调用函数句柄sqr计算函数f(x)=sin(x)在区间[0,π]上的积分
```

上面程序的执行结果如下：

```
y =

    25

a =

    0    0.8660    0.8660    0.0000    −0.8660    −0.8660    −0.0000

b =

    2.0000
```

利用函数句柄技术编写一个"主函数+嵌套函数"结构的 M-file 函数，主函数命名并存盘为 get_plot_handle.m，主函数的输入参数为 plot 图所需的线型设置字符串变量 LS、线宽数值变量 LW、点标记边界颜色字符串变量 MEC、点标记表面颜色字符串变量 MFC 和点标记尺寸数值变量 MS。嵌套函数命名为 draw_plot，它的输入参数为 x,y，函数体中的 plot 函数调用主函数变量 LS、LW、MEC、MFC 和 MS。程序如下：

```
function h=get_plot_handle(LS,LW,MEC,MFC,MS)

h=@draw_plot;

    function draw_plot(x, y)

        plot(x,y,LS,'LineWidth',LW, ...

        'MarkerEdgeColor',MEC, ...

        'MarkerFaceColor',MFC, ...

        'MarkerSize',MS)

    end

end
```

采用函数句柄技术编写主程序调用上面的函数。程序如下：

```
clc;clear all;close all;
h=get_plot_handle('--rs',2,'k','g',10);          %创建函数句柄h加载图形设置数据
x=-pi:pi/10:pi;                                  %计算绘图数据x
y=tan(sin(x))-sin(tan(x));                        %计算绘图数据y
h(x,y)                                           %调用函数句柄h，它按加载的图形设置数据绘图
```

主程序执行的结果如图 5-5 所示。

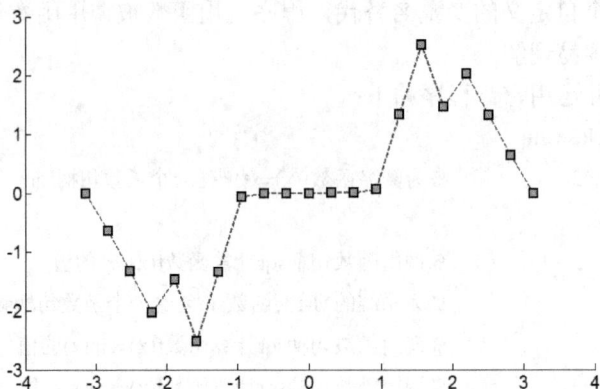

图 5-5　采用函数句柄技术编程的绘图结果

5.4　编　程　案　例

5.4.1　分析图像的灰度分布

编写显示原图的 M-file 函数 original_image.m。程序如下：

```
function original_image(image)
    %Show a Original Image
    imshow(image)
```

编写显示图像灰度直方图的 M-file 函数 gray_histogram.m。程序如下：

```
function gray_histogram(image,N);
    %Show the Grayscale Histogram of a Image
    if nargin==1;
        imhist(image); box off;
    else;
        imhist(image,N); box off;
    end;
```

编写主程序 myimage_analysis.m，实现原图和灰度频数直方图的显示。程序如下：

```
clc;clear all; close all;
char1='D:\users\pictures\'; char2='sample01.jpg';
```

```
h1= @original_image; h2= @gray_histogram;
xx=imread([char1 char2]); yy=rgb2gray(xx);
subplot(2,2,1), h1(xx); title('Original Image')
subplot(2,2,2), h1(yy); title('Gray Image')
subplot(2,2,3), h2(yy); title('Grayscale Histogram')
subplot(2,2,4), h2(yy,99); title('Grayscale Histogram')
```

主程序的执行结果如图 5-6 所示。

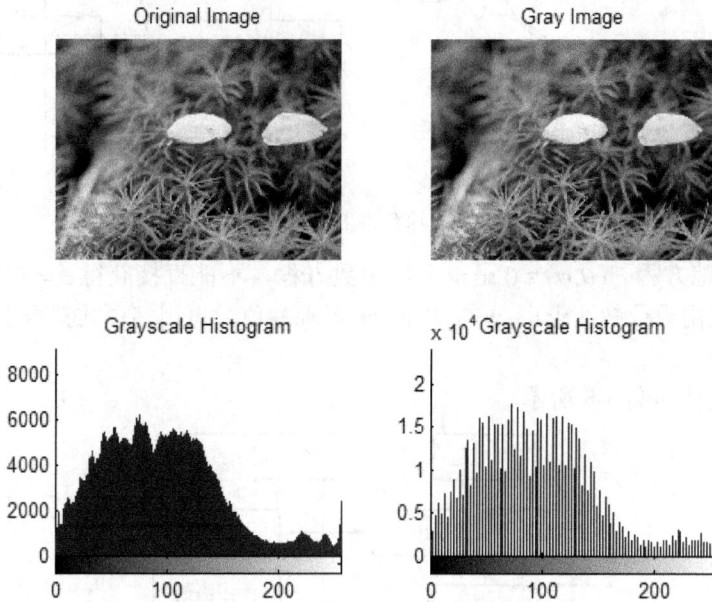

图 5-6　案例主程序的执行结果

5.4.2　悬挂机组机具跟踪性分析

轮式拖拉机与铧式犁悬挂连接组成悬挂犁耕机组，当拖拉机转弯时，机具末端外侧偏离理想轨迹的程度称作机具跟踪性。机组转弯参数满足下面的悬挂跟踪方程：

$$F(\theta,\phi) = \left[(L+h)\cos\phi - b\sin\phi\right]\sin\theta - L\sin(\theta+\phi) \equiv 0$$

式中：L—拖拉机轴距，m；

$\quad h$—机具末端特征长度，即拖拉机后轴线与机具末端的水平纵向距离，m；

$\quad b$—机具末端特征宽度，即拖拉机纵轴线与机具末端的横向距离，m；

$\quad \theta$—拖拉机前轮转角，rad；

$\quad \phi$—机具偏角，即机具纵轴线与拖拉机纵轴线之间的夹角，rad。

试求机具偏角与拖拉机前轮转角的函数关系 $\phi = f(\theta)$（相关参数如图 5-7 所示）。

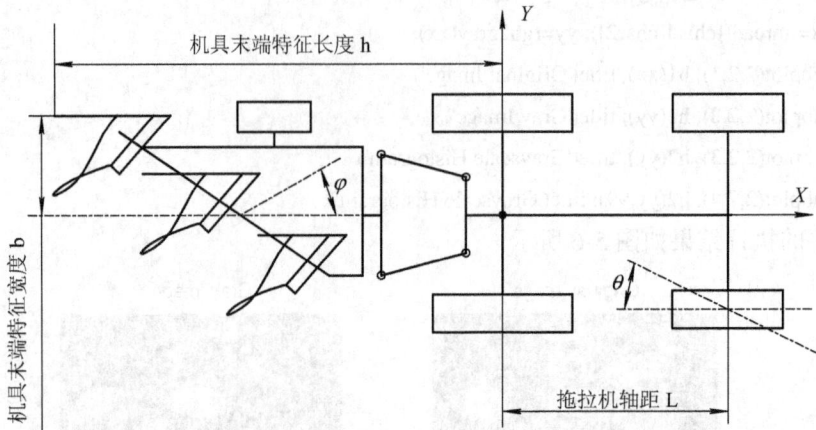

图 5-7　悬挂犁耕机组和转弯参数

解:悬挂跟踪方程 $F(\theta,\phi) \equiv 0$ 是一个隐函数方程,不能直接获得 $\phi = f(\theta)$ 的解析表达式。因此,拟采用数值解法求出 ϕ 与 θ 的 n 对观察值,再用多项式拟合求出 $\phi = f(\theta)$ 的近似函数关系。

算法流程设计如图 5-8 所示。

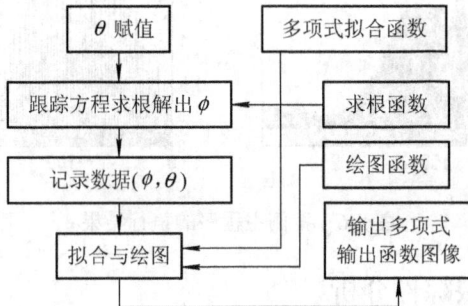

图 5-8　悬挂犁耕机组机具跟踪性分析程序的算法流程

编写悬挂跟踪方程 $F(\theta,\phi) \equiv 0$ 求根的 M-file 函数 myequation.m,即给定 θ 解出 ϕ。程序如下:

```
function [phi,fval]=myequation(theta)
    L=16*0.3048;h=10*0.3048;b=4*0.3048;
    n=length(theta); tol=1e-5;
    m=floor(pi/(2*tol));
    phi0=linspace(0,pi/2,m);
    phi=zeros(n,1);index=zeros(n,1);fval=zeros(n,1);
    for i=1:n;
    f0=((L+h)*cos(phi0)-b*sin(phi0))*sin(theta(i))-L*sin(theta(i)+phi0);
    [fval(i),index] =min(abs(f0));
    phi(i)=phi0(index);
```

end;

编写绘制 $\phi = f(\theta)$ 多项式函数图像和 (θ,ϕ) 数值计算结果的 M-file 函数 funplot.m。程序如下：

```
function funplot(theta,phi,theta1,phi1)
    h=plot(theta,phi,'or',theta1,phi1,'--b','LineWidth',2); box off;
    axis([min(theta) max(theta) min(phi) max(phi)]);
    xlabel('\theta /rad','FontSize',16,'FontName','Times');
    ylabel('\phi /rad','FontSize',16,'FontName','Times');
    set(gca,'FontSize',16,'FontName','Times');
```

编写主程序 myequationsolve.m，实现 (θ,ϕ) 数值计算与多项式拟合的比较。程序如下：

```
clc;clear all; close all;
format short e;
theta=[0:pi/20:pi/2]';
[phi,fval]=myequation(theta);
theta_phi_fval=[theta phi fval]
p=polyfit(theta,phi,5)
theta1=linspace(0,pi/2,150);
phi1=polyval(p,theta1);
funplot(theta,phi,theta1,phi1);
```

主程序的执行结果如下：

```
theta_phi_fval =
            0              0              0
    1.5708e-001    9.4931e-002    1.3701e-005
    3.1416e-001    1.8565e-001    1.8020e-005
    4.7124e-001    2.7530e-001    1.8139e-005
    6.2832e-001    3.6689e-001    2.3478e-005
    7.8540e-001    4.6364e-001    1.3445e-005
    9.4248e-001    5.6933e-001    1.5740e-005
    1.0996e+000    6.8854e-001    6.2926e-006
    1.2566e+000    8.2711e-001    6.8429e-006
    1.4137e+000    9.9202e-001    1.3536e-005
    1.5708e+000    1.1903e+000    7.9515e--006

p =
    1.9425e-001   -2.4428e-001    6.6197e-001   -2.0137e-003
```

(θ,ϕ) 解与函数 $\phi = f(\theta)$ 拟合多项式的比较如图 5-9 所示。

结论：表达函数 $\phi = f(\theta)$ 近似关系的拟合多项式为：

$$\phi = 1.9425 \times 10^{-1}\theta^3 - 2.4428 \times 10^{-1}\theta^2 + 6.6197 \times 10^{-1}\theta - 2.0137 \times 10^{-3}$$

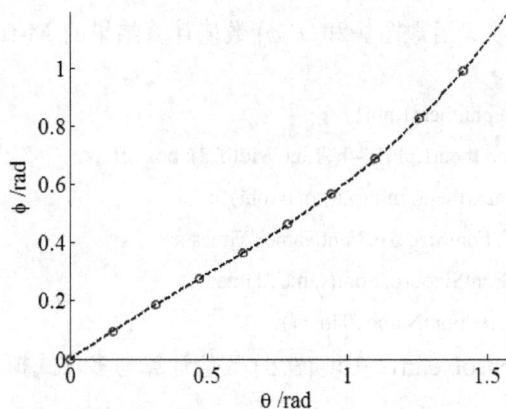

图 5-9 (θ,ϕ) 解与函数 $\phi = f(\theta)$ 拟合多项式的比较

上 机 报 告

(1) 掌握 MATLAB 程序的流程控制设计。
(2) 掌握 MATLAB 程序的结构设计与编程。
(3) 掌握 M-file 函数的结构设计与编程。
(4) 掌握图像灰度分布分析的算法设计与编程。
(5) 掌握悬挂机组机具跟踪性分析的算法设计与编程。

第6单元　*Simulink* 系统仿真

上机目的： 学会用 Simulink 进行系统仿真和解释结果，训练用仿真方式试验观测和优化设计产品的结构、参数和特性。了解 Simulink 模块库，掌握 Simulink 系统建模、M 编程、试验设计和仿真结果分析。

上机内容： Simulink 仿真及其运行机制，PID 电路仿真与参数整定，机构运动学仿真。模块的 M-file 函数编程和仿真结果分析。

操作约定： 用户实施 Simulink 仿真，主要包括 Model 窗口系统建模、Model 窗口仿真设置、Editor 窗口 M 编程、Model 窗口仿真运行、Command Window 数据结果观察和 Figure 窗口图形结果观察 6 类操作。

6.1　Simulink 仿真及其运行机制

Simulimk 环境主要由 Simulink Library Browser(模块库浏览器)、Model(模型窗口)两个工作窗口构成，在这个环境里完成系统建模、模块设置、仿真设置、仿真运行等工作。另外，必要时可能用到 Editor 窗口编写 M-file 函数或程序供仿真模型调用。仿真结果常常以变量形式输出到 Workspace 工作空间里，对它们的探讨分析需要在 Editor 窗口编程实现，在 Command Window 显示程序执行的数据结果，或在 Figure 窗口显示程序执行的图形结果，以便用户观察和分析。

6.1.1　Simulink 仿真操作方法之一

点击 MATLAB 操作界面左下角的 Start_Library Browser，如图 6-1 所示，打开模块库浏览器窗口。

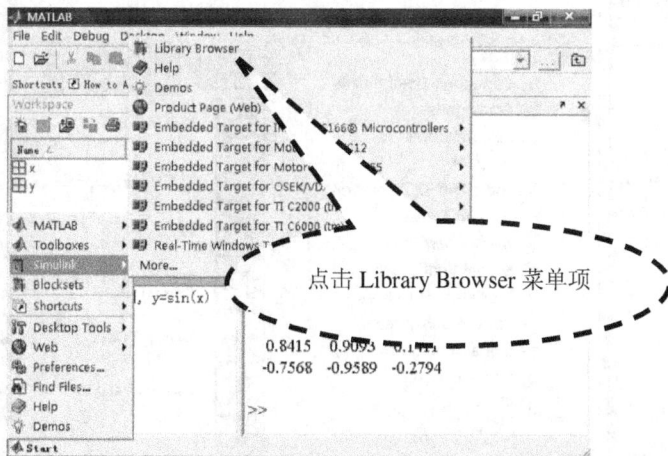

图 6-1　Library Browser 菜单项

也可点击 MATLAB 操作界面工具栏上的 Simulink 按钮，如图 6-2 所示，打开模块库浏览器窗口。

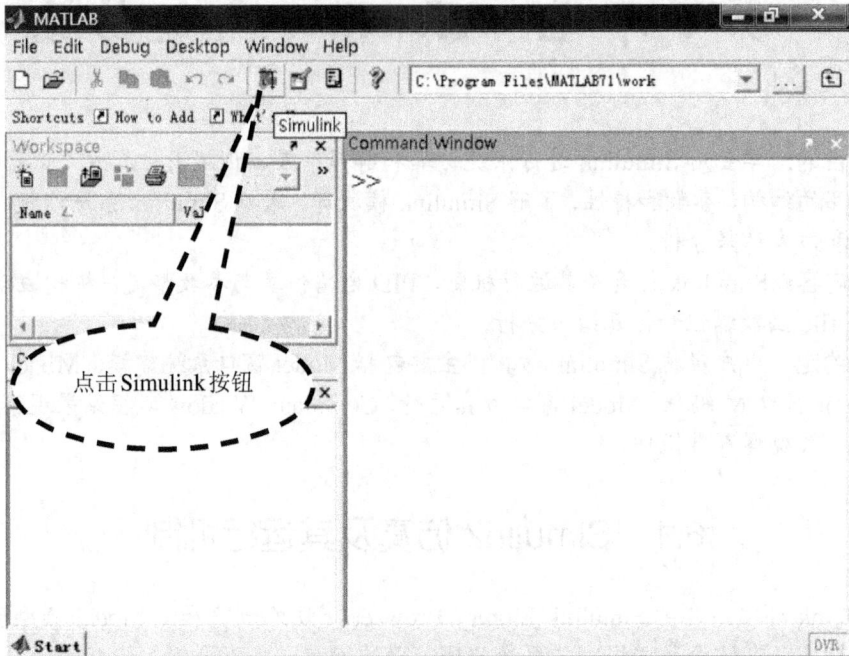

图 6-2　Simulink 按钮

模块库浏览器(Simulink Library Browser)窗口左面是模块库搜索树，右面是选定模块库中的各个模块图标和模块名，上面是标题栏、菜单栏、工具条和注释框，如图 6-3 所示。

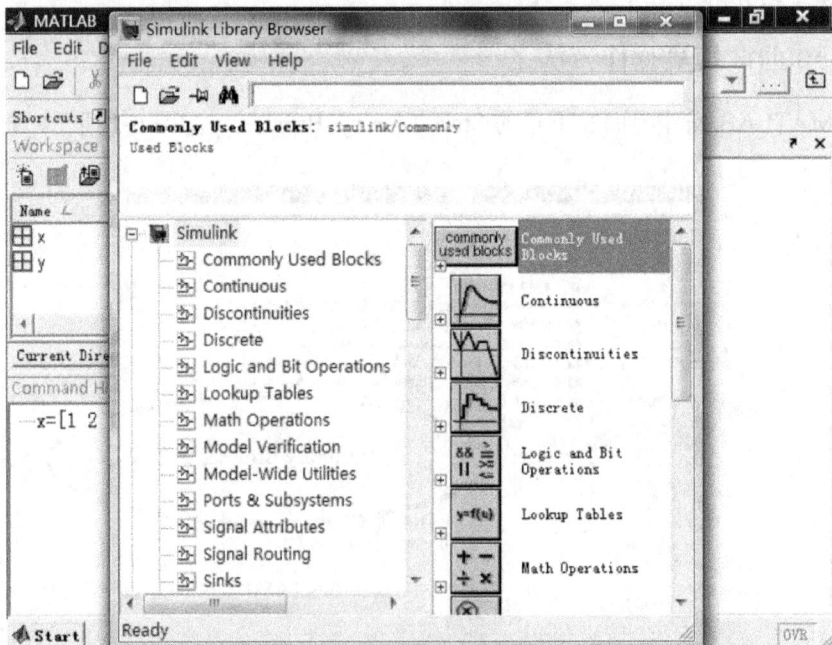

图 6-3　模块库浏览器界面

点击 Simulink Library Browser 窗口工具条上的 New 按钮，打开模型窗口 Model，该窗口标题栏上显示 untitled(未命名)，如图 6-4 所示。当把所建系统模型命名存盘后，标题栏上则会显示给定的存盘名。

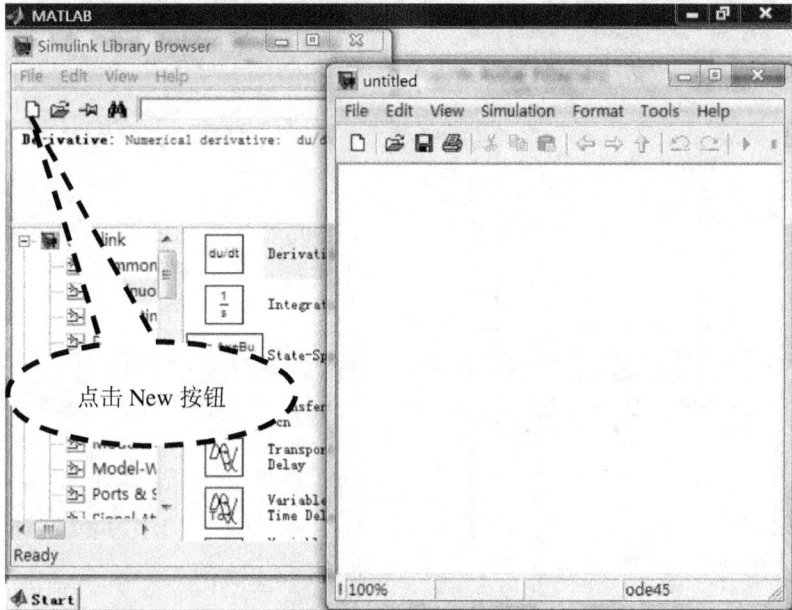

图 6-4　模型窗口 Model

选定模块库中的模块并拖放到 Model 窗口中释放，连线模块建立系统模型。点击 Model 窗口上 Simulation 菜单的 Configuration Parameters 菜单项，打开 Configuration Parameters 窗口并设置仿真参数，最后点击 Simulation 菜单的 Start 菜单项或工具条上的 Start 按钮执行仿真，如图 6-5 所示。

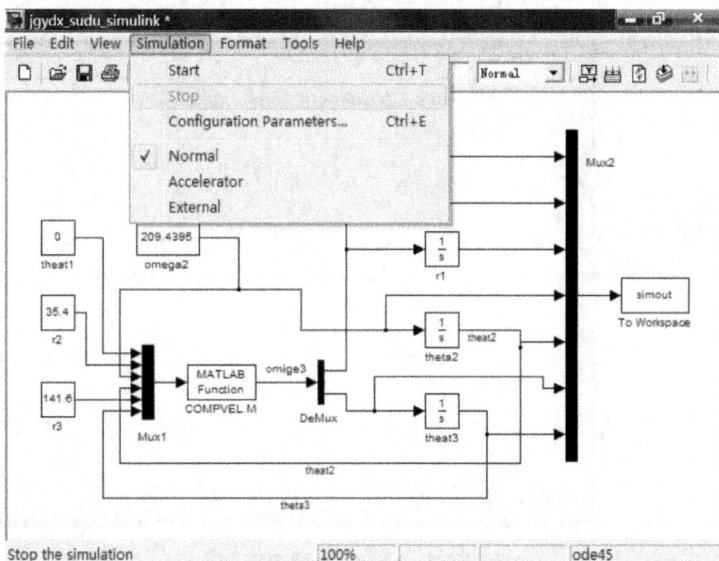

图 6-5　Simulation 菜单

6.1.2　Simulink 仿真操作方法之二

(1) 点击 MATLAB 操作界面 File_New_Model 菜单项，如图 6-6 所示。

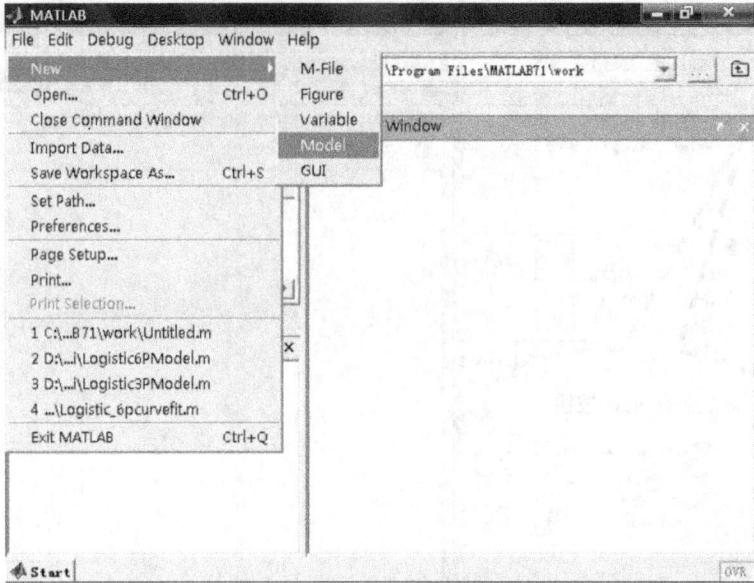

图 6-6　Model 菜单项

(2) 打开未命名 untitled 的 Model 模型窗口，该窗口是 Simulink 的建模环境，如图 6-7 所示。

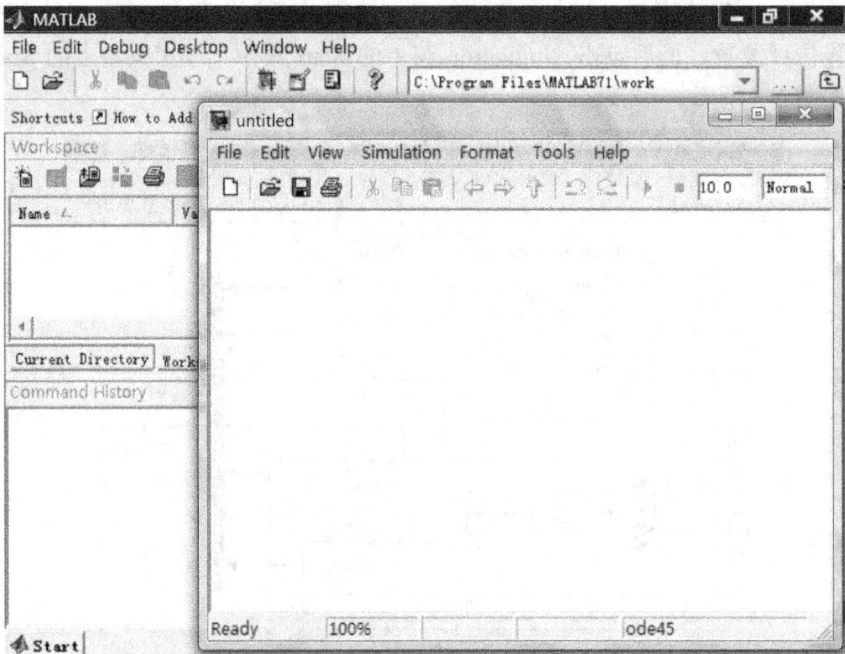

图 6-7　Model 模型窗口

(3) 点击未命名 untitled 模型窗口的 View_Library Browser，打开 Simulink Library Browser 窗口，后续的建模、仿真参数设置、仿真运行等操作与方法一相同。如图 6-8 所示。

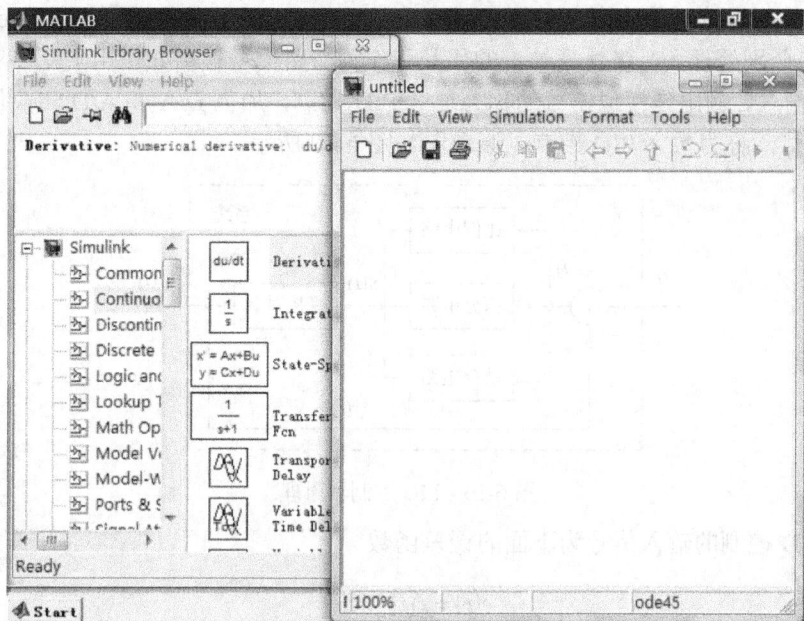

图 6-8　Simulink Library Browser 窗口

6.2　PID 控制器的参数整定

PID 控制器(简称 PID)是一种电子控制系统。通过系统仿真观测 PID 的电学响应和控制品质，可帮助实现产品的优化设计或电子器件的参数调节。所谓控制品质，一般借助阶跃信号激励下 PID 受控对象的响应被调控到平稳状态所用的调节时间和超调量来评价，其值愈小则受控对象的静态特性和动态特性愈好。图形如图 6-9 所示。

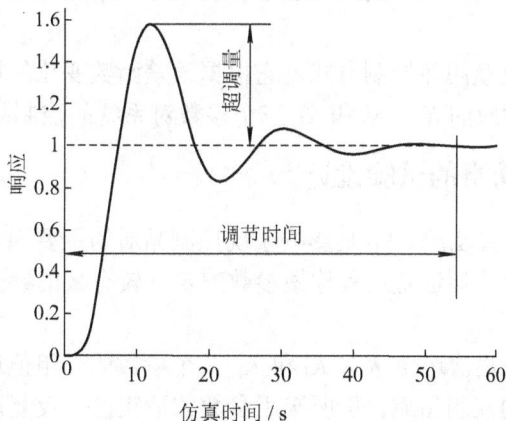

图 6-9　PID 受控对象响应的超调量和调节时间

6.2.1 PID 控制器原理

基准信号与受控对象响应之差经 Proportion(比例)、Integral(积分)和 Differentiation(微分)三条支路分别处理，三路处理结果的代数和作为一路信号输出并作用于受控对象，简称 PID 控制。输入、输出是模拟信号的称为连续 PID 控制，加上 D/A 和 A/D 转换使输入、输出为数字信号，称为数字 PID 控制。原理图如图 6-10 所示。

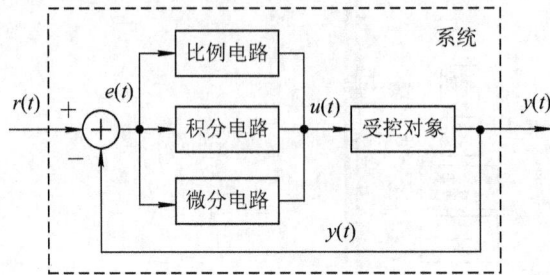

图 6-10　PID 控制器原理

连续 PID 控制的输入信号为下面的误差函数

$$e(t) = r(t) - y(t)$$

式中：$e(t)$为误差；$r(t)$为基准信号；$y(t)$为受控对象的响应。

连续 PID 控制的输出信号为下面的控制函数

$$u(t) = K_P \left[e(t) + \frac{1}{T_I} \int_0^t e(t)\,\mathrm{d}t + T_D \frac{\mathrm{d}}{\mathrm{d}t} e(t) \right]$$

$$= K_P e(t) + \frac{K_P}{T_I} \int_0^t e(t)\,\mathrm{d}t + K_P T_D \frac{\mathrm{d}}{\mathrm{d}t} e(t)$$

$$= K_P e(t) + K_I \int_0^t e(t)\,\mathrm{d}t + K_D \frac{\mathrm{d}}{\mathrm{d}t} e(t)$$

式中：$u(t)$为控制量；K_P为比例系数；K_I为积分系数；K_D为微分系数；T_I为积分时间；T_D为微分时间。

PID 控制采用负反馈闭环控制方式，它根据误差函数变化的幅度和速率实施比例、积分和微分控制，与之对应的 K_P、K_I 和 K_D 三个参数对系统的控制品质起决定性作用。

6.2.2 PID 控制器仿真的试验设计

PID 的三个参数 K_P、K_I 和 K_D 是影响系统控制品质的主要因素，仿真的目的就是搜寻选定它们的一组最优值，该选定过程称做参数整定。较有效的参数整定是采用响应面试验设计或试凑法。

所谓试凑法，就是逐次选定 K_P、K_I 和 K_D 三个参数的一组值进行系统仿真，每次仿真都依据系统响应表明的控制品质评价所选用参数的适宜性，反复试凑三个参数直至出现满意结果为止。此次仿真试验设计仅介绍试凑法，该法的参数整定策略采用"比例、积分、微分"三者顺序试验的方式。

第一步，比例系数 K_P 的整定。取 $K_I=0$ 和 $K_D=0$，由小到大变动比例系数 K_P 的值，逐次执行仿真并观察受控对象的响应，直到获得平均响应等于或略高于阶跃值 1 的振荡响应曲线，实现适宜的 P 控制。

第二步，积分系数 K_I 的整定。K_P 取第一步的整定值，取 $K_D=0$，由小到大变动积分系数 K_I 的值，逐次执行仿真并观察受控对象的响应，直到获得平均响应等于或略高于阶跃值 1 的振荡响应曲线，实现适宜的 PI 控制。

第三步，微分系数 K_D 的整定。K_P 和 K_I 分别取第一步和第二步的整定值，由小到大变动微分系数 K_D 的值，逐次执行仿真并观察受控对象的响应，直到获得较小超调量和较小调节时间的受控对象响应，实现适宜的 PID 控制。

第四步，微调三个参数 K_P、K_I 和 K_D 的值，直到获得满意的受控对象响应，参数整定结束。

注意，不同原理的系统具有不同的参数搜寻策略，故采用试凑法需针对性地进行设计。

6.2.3　PID 控制器仿真的系统建模

(1) 启动 Simulink Library Browser 和 Model 窗口，选定并拖拽模块到 Model 窗口。在 Sources 库中，为基准信号 $r(t)$ 选定 Step 模块(阶跃模块)。在 Commonly Used Blocks 库和 Math Operations 库中，为 K_P、K_I 和 K_D 选定 Gain 模块(比例模块)，为积分控制选定 Integrator 模块。在 Continuous 库中，为微分控制选定 Derivative 模块(微分模块)，为受控对象选定 Transfer Fcn 模块(传递函数模块)。在 Math Operations 库中，为三个控制分支的叠加输出选定 Add 模块(加法模块)，修改模块属性 List of signs 为"+++"，输入端子变为三个。在 Sinks 库中，选定 Scope(示波器)模块显示受控对象的响应波形，选定 To Workspace 模块输出时钟变量 tout 和受控对象响应 simout 到工作空间。连线各个模块，编辑修改模块或连线的标签，如图 6-11 所示。

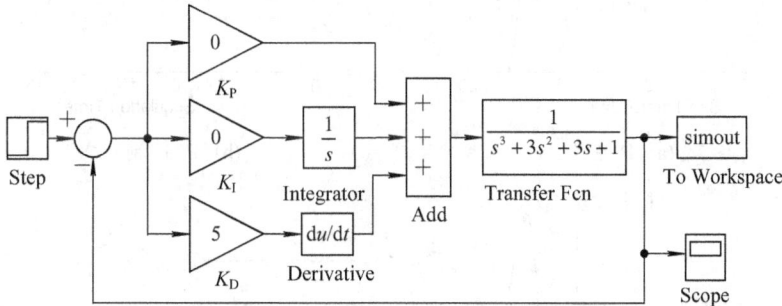

图 6-11　PID 控制器的 Simulink 系统模型

(2) 编辑修改模块的属性和参数。双击 Gain 模块打开 Function Block Parameters 窗口，在 Gain 编辑框里设置 K_P、K_I 和 K_D 三个系数的值。假定受控对象的传递函数为 $1/(s+1)^3$，双击 Transfer Fcn 模块，对应受控对象的传递函数修改模块参数 Denominator Coefficients 为[1 3 3 1]。双击 To Workspace 模块打开 Sink Block Parameters 窗口，在 Save format 下拉列表中选定 array 项。

(3) 设置系统模型的属性和参数。点击 Model 窗口_Simulation_Configuration Simulation Parameters，出现 Configuration Parameters 窗口。执行 Solve 页设置，在 Simulation time 项 Stop time 框键入 20，在 Solver options 项 Type 框选 Variable-step，在 Solver 框选 ode45 解法器。执行 Data Import_Export 页设置，在 Format 项选定 Arrary，其余缺省。

(4) 编程调用 To Workspace2 模块存储到 Workspace 中的变量 tout 和 simout 并绘制 plot 图。所编程序如下：

```
clc;close all;
h=plot(tout,simout,'--k'); box off;
axis([0 max(tout) min(simout) max(simout)]);
set(gca,'FontSize',16); set(h,'LineWidth',2);
xlabel('Simulation Time'); ylabel('Response');
legend('K_P=10.5,K_I=1.5,K_D=5')
```

6.2.4 PID 控制器仿真的结果与分析

系统建模成功之后，可点击 Model 窗口的 Simulation 中的 Start 项或工具条上的 Start simulation 按钮执行仿真并进行参数整定。按试凑法进行参数整定后的受控对象响应曲线如图 6-12 所示。

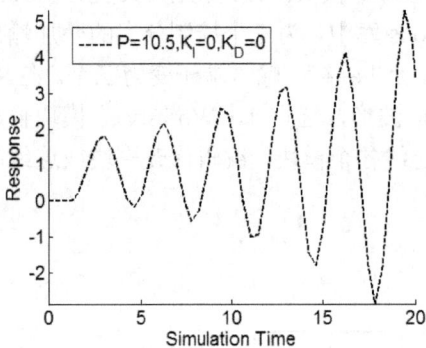

(a) P 控制

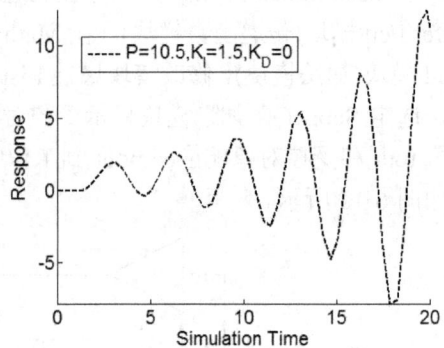

(b) PI 控制

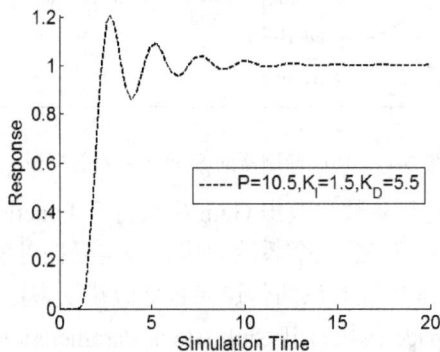

(c) PID 控制

图 6-12 K_P、K_I、K_D 三参数的整定过程与受控对象的响应

仿真结果表明，若采用 $K_P = 10.5$、$K_I = 0$ 及 $K_D = 0$ 的控制方式，即只有 P 控制起作用，则控制机制能迅速反应误差，从而减小稳态误差。但比例控制不能消除稳态误差，加大比例放大系数 K_P 会引起系统的不稳定(振荡)，K_P 愈大振荡愈剧烈。

若采用 $K_P = 0$、$K_I = 1.5$、$K_D = 0$ 的控制方式，即只有 I 控制起作用，则只要有误差，积分控制器就不断积累并输出控制量以消除误差。因此，只要有足够的时间，积分控制将能完全消除稳态误差而使系统误差归零。积分作用太强会使系统超调加大甚至出现振荡，K_I 愈大迟滞和振荡愈大。

若采用 $K_P = 0$、$K_I = 0$、$K_D = 5$ 的控制策略，即只有 D 控制起作用，则控制机制可使超调量减小并克服振荡，同时加快动态响应以减小调整时间，提高系统稳定性，改善其动态性能。K_D 愈大超调量愈小。

若采用 $K_P = 10.5$、$K_I = 1.5$、$K_D = 5.5$ 的控制方式，即全起作用的 PID 控制，则适当调整比例放大系数 K_P、积分放大系数 K_I 和微分放大系数 K_D，系统响应会得到良好而有效的控制，从而实现较小调节时间和超调量的快速稳定系统。

PID 控制参数对系统控制品质的影响不十分敏感，因而不同比例、积分和微分的组合可能达到相近的控制效果。在实际应用中，只要受控过程或受控对象的主要指标达到设计要求，相应的控制参数即可作为有效参数。参数整定的一组较优结果为 $K_P = 10.5$、$K_I = 1.5$ 和 $K_D = 5.5$。读者可尝试整定另外一组满足控制品质要求的 PID 控制参数。

6.3　机构运动学仿真

机构运动学仿真指模拟计算构件上任意点的位移、速度、加速度和构件上任意观测线的角位移、角速度、角加速度等六个运动学参数，用于为获得优良结构和特性的机构设计或修改。一般做法是，构件尺寸取若干个水平做试验设计，用 Simulink 仿真获得各个试验方案的响应结果，绘图展示响应的时变曲线，借助适宜的评价标准优化选定各个构件的尺寸。

机构运动学仿真的一般步骤是：

(1) 根据机构的技术原理绘制机构运动简图，在简图上建立适当的坐标系，并标出表示构件运动关系的闭环矢量，写出闭环矢量方程。

(2) 由闭环矢量方程写出坐标分量表达的机构位移矩阵方程；对时间求一阶导数，建立机构速度矩阵方程；再对时间求二阶导数，建立机构加速度矩阵方程。

(3) 确定机构原动件运动学变量的数学模型。

(4) 做系统仿真的试验设计。

(5) 利用上述矩阵方程和原动件数学模型在 Simulink 中建立系统模型，确定并设置积分模块的初始条件(即运动学变量在特定位置上的值)，设置模块或系统模型的其他属性和仿真参数。

(6) 执行 Simulink 仿真，获得各个运动学变量的时间序列值，计算其它欲考察变量的时间序列值，综合分析系统响应并对机构的结构和特性作出评价。

下面以曲柄滑块机构为例，学习用 Simulink 进行机构运动学仿真的基本过程。

6.3.1 机构运动简图与闭环矢量方程

用矢量表达构件，则各个矢量构成闭环矢量组，如图 6-13 所示。工作时，曲柄为原动件（某些机械的滑块为原动件，如发动机），滑块销 B 的运动轨迹与曲柄中心 O 在一条直线上，曲柄 OA 旋转通过曲柄销 A 驱动连杆 AB 运动，连杆通过滑块销 B 驱动滑块作直线运动。以曲柄中心 O 为原点建立坐标系 xOy，从曲柄中心 O 到曲柄销 A 建立矢量 $\boldsymbol{R}_2$，从曲柄销 A 到滑块销 B 建立矢量 $\boldsymbol{R}_3$，从曲柄中心 O 到滑块销 B 建立矢量 $\boldsymbol{R}_1$。机构矢量满足下面的闭环矢量方程：

$$\boldsymbol{R}_2 + \boldsymbol{R}_3 = \boldsymbol{R}_1 \tag{6-1}$$

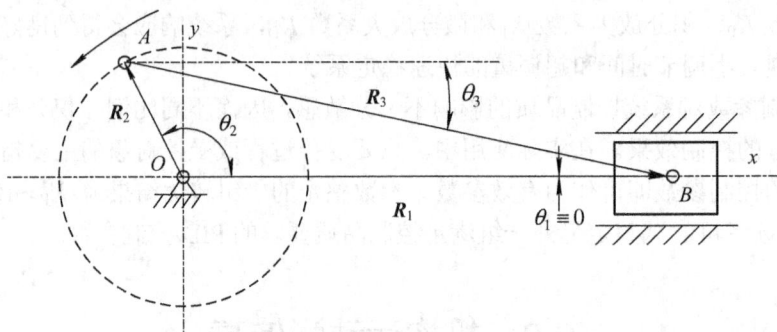

图 6-13　曲柄滑块机构的机构运动简图和闭环矢量

机构运动到任何位置，其机构矢量可用矢模（矢量长度）和矢角（矢量与 x 轴的夹角）表示。将各个矢量沿 x 轴和 y 轴分解为两个分量，则式(6-1)可表示为如下机构位移矩阵方程：

$$\begin{bmatrix} R_{2x} \\ R_{2y} \end{bmatrix} + \begin{bmatrix} R_{3x} \\ R_{3y} \end{bmatrix} = \begin{bmatrix} R_{1x} \\ R_{1y} \end{bmatrix} \tag{6-2}$$

6.3.2 位移、速度、加速度的矩阵方程

利用矢模和矢角将矢量向两个坐标轴投影，得到如下机构位移矩阵方程：

$$\begin{bmatrix} r_2 \cos\theta_2 \\ r_2 \sin\theta_2 \end{bmatrix} + \begin{bmatrix} r_3 \cos\theta_3 \\ r_3 \sin\theta_3 \end{bmatrix} = r_1 \begin{bmatrix} \cos\theta_1 \\ \sin\theta_1 \end{bmatrix} \tag{6-3}$$

式中，r_1、r_2、r_3 分别为矢量 $\boldsymbol{R}_1$、$\boldsymbol{R}_2$、$\boldsymbol{R}_3$ 的矢模，θ_1、θ_2、θ_3 分别为矢量 $\boldsymbol{R}_1$、$\boldsymbol{R}_2$、$\boldsymbol{R}_3$ 的矢角。将式(6-3)两端对时间求一阶导数，得机构速度矩阵方程：

$$\dot{\theta}_2 \begin{bmatrix} -r_2 \sin\theta_2 \\ r_2 \cos\theta_2 \end{bmatrix} + \dot{\theta}_3 \begin{bmatrix} -r_3 \sin\theta_3 \\ r_3 \cos\theta_3 \end{bmatrix} = \dot{r}_1 \begin{bmatrix} \cos\theta_1 \\ \sin\theta_1 \end{bmatrix} \tag{6-4}$$

式中，$\dot{r}_1$ 是线性位移 r_1 的一阶时间导数，即滑块运动的速度，值为正时表示沿 x 轴正向运

动，值为负时表示沿 x 轴负向运动；$\dot{\theta}_1$、$\dot{\theta}_2$、$\dot{\theta}_3$ 分别是角位移(矢角) θ_1、θ_2、θ_3 的一阶时间导数，其意义是矢量 $\boldsymbol{R}_1$、$\boldsymbol{R}_2$、$\boldsymbol{R}_3$ 旋转的角速度，逆时针为正，顺时针为负。

将式(6-4)对时间求一阶导数或将式(6-3)对时间求二阶导数，得如下机构加速度矩阵方程：

$$-\dot{\theta}_2^2\begin{bmatrix} r_2\cos\theta_2 \\ r_2\sin\theta_2 \end{bmatrix} + \ddot{\theta}_2\begin{bmatrix} -r_2\sin\theta_2 \\ r_2\cos\theta_2 \end{bmatrix} - \dot{\theta}_3^2\begin{bmatrix} r_3\cos\theta_3 \\ r_3\sin\theta_3 \end{bmatrix} + \ddot{\theta}_3\begin{bmatrix} -r_3\sin\theta_3 \\ r_3\cos\theta_3 \end{bmatrix} = \ddot{r}_1\begin{bmatrix} \cos\theta_1 \\ \sin\theta_1 \end{bmatrix} \tag{6-5}$$

式中，$\ddot{\theta}_1$、$\ddot{\theta}_2$、$\ddot{\theta}_3$ 分别是角位移 θ_1、θ_2、θ_3 的二阶时间导数，其意义是 $\boldsymbol{R}_1$、$\boldsymbol{R}_2$、$\boldsymbol{R}_3$ 三个矢量旋转的角加速度，逆时针为正，顺时针为负。

6.3.3　机构运动学仿真的试验设计

从系统视角看，机构尺寸参数 r_2、r_3 和原动构件运动参数 θ_2、$\dot{\theta}_2$、$\ddot{\theta}_2$ 是系统的输入，而滑块运动参数 r_1、$\dot{r}_1$、$\ddot{r}_1$ 和其余运动参数 θ_1、$\dot{\theta}_1$、$\ddot{\theta}_1$、θ_3、$\dot{\theta}_3$、$\ddot{\theta}_3$ 是系统的输出。从试验视角看，系统的输入是试验因素，系统的输出是系统响应，所有因素各取一个水平所形成的组合是一个试验处理。由于仿真的主要目的是改良机构的运动特性或优化机构的尺寸参数，故应选多个试验处理进行仿真，而试验处理的科学选择就是试验设计。

注意到 θ_2、$\dot{\theta}_2$、$\ddot{\theta}_2$ 之间存在积分关系，选定其中之一其余的就可以被确定，因此选定独立试验因素 r_2、r_3 和 $\ddot{\theta}_2$(或 θ_2、$\dot{\theta}_2$)进行三因素试验设计。表 6-1 和表 6-2 给出了因素各取三个水平的 3^{3-1} 部分析因设计，仅作为示例简要说明了试验设计内容，详细内容可参阅有关试验设计方面的书籍。

表 6-1　因素水平编码表

曲柄长度 r_2	连杆长度 r_3	曲柄加速度 $\ddot{\theta}_2$	水平编码
25.4	121.6	$30\sin\theta_2$	-1
35.4	141.6	0	0
45.4	161.6	$N(0,1000)$	$+1$

表 6-2　3^{3-1} 部分析因设计的编码表示

试验编号	曲柄长度 r_2	连杆长度 r_3	曲柄加速度 $\ddot{\theta}_2$
1	-1	-1	-1
2	-1	0	$+1$
3	-1	$+1$	0
4	0	-1	$+1$
5	0	0	0
6	0	$+1$	-1
7	$+1$	-1	0
8	$+1$	0	-1
9	$+1$	$+1$	$+1$

按试验设计，共需做 9 次仿真试验，后面仅讨论 5 号试验和 9 号试验的建模过程和仿真结果。

6.3.4 确定系统输入和初始条件

根据试验设计结果确定系统的输入，包括机构尺寸参数和原动件(曲柄)运动规律。以曲柄旋转起始位置(或其它便于分析计算的特殊位置)为仿真起点，计算机构在该特定位置上的运动学参数值，由此确定系统模块的仿真初始条件。

由于拟采用积分模块仿真位移、速度、加速度之间的积分关系，故仅考虑速度和位移的初始条件。初始条件必须是"机构运动学变量在某个真实位置上的正确值"，这一点是积分模块正确仿真的关键。考虑到滑块位移矢量的幅角 θ_1 为等于 0 或大于 0 的常量(对心或偏心机构)，推得其角速度和角加速度也恒为 0，系统建模时只需为 θ_1 选定一个常数模块。

综上，确定的系统输入和初始条件详见表 6-3。

表 6-3 5 号试验和 9 号试验系统模型的规定输入和初始条件

参数类型	机构运动学参数	参 数 值	
		5 号试验	9 号试验
规定输入	r_2/mm	35.4	45.4
	r_3/mm	141.6	161.6
	$\ddot{\theta}_2$/rad·s^{-2}	0	$N(0,1000)$
	r_1/mm	177	207
	$\dot{r}_1$/mm·s^{-1}	0	0
	θ_1/rad	0	0
初始条件	θ_2/rad	0	0
	$\dot{\theta}_2$/rad·s^{-1}	209.4395(2000 r/min)	209.4395(2000 r/min)
	θ_3/rad	0	0
	$\dot{\theta}_3$/rad·s^{-1}	–52.359 875	–58.840 058

6.3.5 Simulink 系统建模

仿真的目的是，实现滑块加速度 $\ddot{r}_1$、滑块速度 $\dot{r}_1$、滑块位移 r_1、曲柄角速度 $\dot{\theta}_2$、曲柄转角 θ_2、连杆角加速度 $\ddot{\theta}_3$、连杆角速度 $\dot{\theta}_2$、连杆角位移 θ_2 等运动学参数的时域仿真。

系统建模前，需要对式(6-5)所示的机构加速度矩阵方程进行变换，即将属于系统输出的加速度项 $\ddot{r}_1$ 和 $\ddot{\theta}_3$ 移到方程的左端，将属于系统输入的加速度项 $\ddot{\theta}_2$ 和其余项移到方程的右端，变换过程如下：

机构加速度矩阵方程移项：

$$\ddot{r}_1\begin{bmatrix}\cos\theta_1\\\sin\theta_1\end{bmatrix}-\ddot{\theta}_3\begin{bmatrix}-r_3\sin\theta_3\\r_3\cos\theta_3\end{bmatrix}=-\dot{\theta}_2^2\begin{bmatrix}r_2\cos\theta_2\\r_2\sin\theta_2\end{bmatrix}+\ddot{\theta}_2\begin{bmatrix}-r_2\sin\theta_2\\r_2\cos\theta_2\end{bmatrix}-\dot{\theta}_3^2\begin{bmatrix}r_3\cos\theta_3\\r_3\sin\theta_3\end{bmatrix}$$

两边均化为矩阵乘的形式：

$$\begin{bmatrix} \cos\theta_1 & r_3\sin\theta_3 \\ \sin\theta_1 & -r_3\cos\theta_3 \end{bmatrix} \cdot \begin{bmatrix} \ddot{r}_1 \\ \ddot{\theta}_3 \end{bmatrix} = \begin{bmatrix} -r_2\cos\theta_2 & -r_2\sin\theta_2 & -r_3\cos\theta_3 \\ -r_2\sin\theta_2 & r_2\cos\theta_2 & -r_3\sin\theta_3 \end{bmatrix} \cdot \begin{bmatrix} \dot{\theta}_2^2 \\ \ddot{\theta}_2 \\ \dot{\theta}_3^2 \end{bmatrix}$$

化为 Simulink 要求的形式(左边仅有属于系统输出的加速度项)：

$$\begin{bmatrix} \ddot{r}_1 \\ \ddot{\theta}_3 \end{bmatrix} = \begin{bmatrix} \cos\theta_1 & r_3\sin\theta_3 \\ \sin\theta_1 & -r_3\cos\theta_3 \end{bmatrix}^{-1} \cdot \begin{bmatrix} -r_2\cos\theta_2 & -r_2\sin\theta_2 & -r_3\cos\theta_3 \\ -r_2\sin\theta_2 & r_2\cos\theta_2 & -r_3\sin\theta_3 \end{bmatrix} \cdot \begin{bmatrix} \dot{\theta}_2^2 \\ \ddot{\theta}_2 \\ \dot{\theta}_3^2 \end{bmatrix} \tag{6-6}$$

打开 Simulink Library Browser 和 Model 窗口。利用 SimuLink Library Browser 搜索树选定模块库，选定适宜模块并拖拽到 Model 窗口，连线各个模块，编辑和修改模块属性，编辑模块和连线的标签。Simulink 的建模结果如图 6-14 所示。

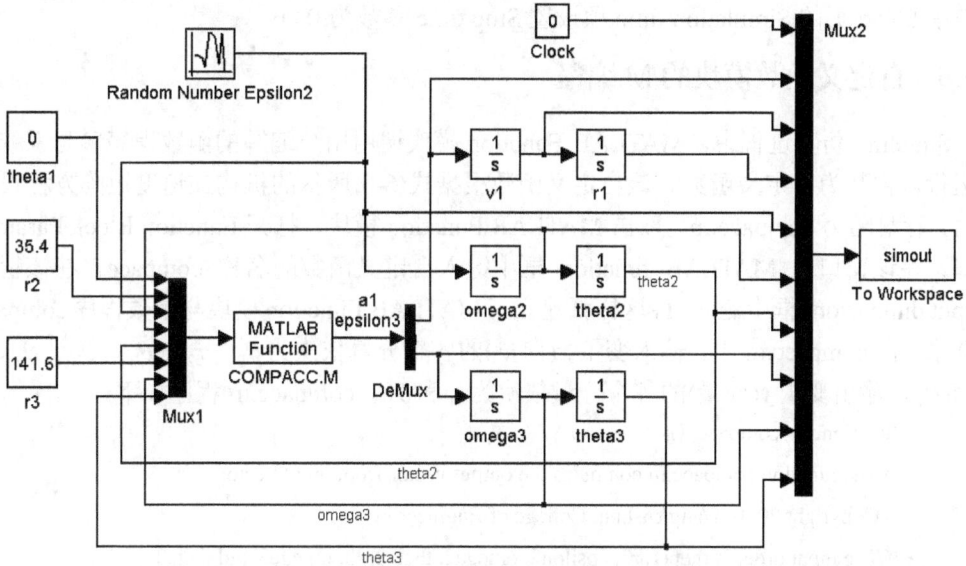

图 6-14　机构运动学仿真的 Simulink 系统模型

建模过程如下所述。在 Sources 库中，为时间历程选择 Clock 模块(时钟模块)。在 Commonly Used Blocks 库中，为曲柄加速度 $\ddot{\theta}_2$ 选定 Random Number 模块(正态随机变量)，为便于正确连线，标签改为 Random Number Epsilon2；为 θ_1、r_2 和 r_3 选定三个 Constant 模块(常量模块)，标签分别改为 theta1、r2 和 r3；为 $\dot{r}_1$ 和 r_1、$\dot{\theta}_2$ 和 θ_2、$\dot{\theta}_3$ 和 θ_3 等三组有积分关系的变量选定六个 Integrator 模块(积分模块)，标签依次改为 v1 和 r1、omega2 和 theta2、omega3 和 theta3。在 User-Defined Functions 库中，为机构加速度矩阵方程选定 MATLAB Function 模块(自定义函数模块)，为了便于识别，标签改为自定义函数的 M 文件名 COMPACC.M。由于 MATLAB Function 模块为向量输入和向量输出，与其它模块连接时需要输入输出的合成或分解，故在 Signal Routing 库为 MATLAB Function 模块的输入端子选定 Mux 模块(标量合成为向量，标签为 Mux1)，为其输出端子选定 DeMux 模块(向量分解为标量)，该模块的两个输出连线标签分别为 a1(代表 $\ddot{r}_1$)和 epsilon3(代表 $\ddot{\theta}_3$)。在 Signal Routing

库中选定 Mux 模块(标签为 Mux2)，在 Sinks 库中选定 To Workspace 模块，将多路仿真结果合成为向量输出并存储于 WorkSpace 内，它们是缺省时间变量 tout 和仿真结果向量 simout，可编程调用该变量呈现仿真结果的时变曲线。

执行 Simulink 前，需根据试验设计先设置系统输入和初始条件，所用数值详见表 6-3。对于 5 号试验，标签为 r2 和 r3 的 Constant 模块参数分别设为 35.4 和 141.6，Random Number 模块参数 Mean 和 Variance 都设为 0。对于 9 号试验，标签为 r2 和 r3 的 Constant 模块参数分别设为 45.4 和 161.6，Random Number 模块参数 Mean 和 Variance 分别设为 0 和 1000。

标签为 v1、r1、omega2、theta2、omega3、theta3 的 6 个积分模块，在输入变量积分后分别输出变量 $\dot{r}_1$、r_1、$\dot{\theta}_2$、θ_2、$\dot{\theta}_3$ 和 θ_3。双击它们打开 Function Block Parameters 窗口。对于 5 号试验，在 Initial condition 框中分别键入初始值 0、177、209.4395、0、–52.359 875 和 0。对于 9 号试验，在 Initial condition 框中分别键入初始值 0、207、209.4395、0、–58.840 058 和 0。

因机构是周期运动，选择两个周期仿真足够。由曲柄转速 $\dot{\theta}_2$ 计算所需仿真时间为 0.06 s，点击 Model 窗口的 Simulation 中的 Configuration Parameters 命令，在 Configuration Parameters 窗口中 Solve 页的 Simulation time 项设置 Stop time 参数为 0.06。

6.3.6　自定义函数模块的 M 编程

Simulink 仿真过程中，MATLAB Function 模块调用用户编写的函数程序参与系统模型的运行，称其为自定义函数。该自定义函数根据式(6-6)所示的机构加速度矩阵方程设计和编写，存盘名为 compacc.m。双击 MATLAB Function 模块，打开 Function Block Parameters 窗口，在该窗口的 MATLAB function 框中键入自定义函数的名称 compacc，在该窗口的 Output dimensions 框中键入–1，这样就建立了 MATLAB Function 模块与函数程序 compacc.m 的联系。在 compacc.m 中，输入变量 x(向量)的各个分量依次为 θ_1、r_2、$\ddot{\theta}_2$、$\dot{\theta}_2$、θ_2、r_3、$\dot{\theta}_3$ 和 θ_3，输出变量 y(向量)的各个分量依次为 $\ddot{r}_1$ 和 $\ddot{\theta}_3$。compacc.m 程序如下：

```
function y = compacc(x);
%The function compacc.m computes the output vector from input vector
%Copyright 2010, WangYushun, College of Engineering
%The input order is theta1, r2, epsilon2, omega2, theta2, r3, omega3 and theta3
%The output order is a1 and epsilon3
r3_theta13=[cos(x(1))    x(6)*sin(x(8)); sin(x(1))   -x(6)*cos(x(8))];
r3_theta13=inv(r3_theta13);
r23_theta23=[-x(2)*cos(x(5))   -x(2)*sin(x(5))   -x(6)*cos(x(8));
                -x(2)*sin(x(5))   x(2)*cos(x(5))   -x(6)*sin(x(8))];
omega23=[x(4)^2; x(3); x(7)^2];
y = r3_theta13*r23_theta23*omega23;
```

6.3.7　仿真结果分析和系统评价

点击 Simulation_Start 项或工具条上的 Start 按钮执行仿真，WorkSpace 中变量 tout 和 simout 记录了机构运动时间和机构运动学变量的仿真结果(数值序列)。编写如下程序绘制仿真结果的时变曲线：

```
close all; clc;
figure,plot(simout(:,1),simout(:,2)/1000);grid;
xlabel('时间 s','FontSize',14,'FontName','Times');
ylabel('滑块加速度 m/s^2','FontSize',14,'FontName','Times');
figure,plot(simout(:,1),simout(:,3)/1000); box off;
xlabel('时间 s','FontSize',14,'FontName','Times');
ylabel('滑块速度 m/s','FontSize',14,'FontName','Times');
figure,plot(simout(:,1),simout(:,4)/1000); box off;
xlabel('时间 s','FontSize',14,'FontName','Times');
ylabel('滑块位移 m','FontSize',14,'FontName','Times');
figure,plot(simout(:,1),simout(:,5)); box off;
xlabel('时间 s','FontSize',14,'FontName','Times');
ylabel('曲柄角加速度 rad/s^2','FontSize',14,'FontName','Times');
figure,plot(simout(:,1),simout(:,6)); box off;
xlabel('时间 s','FontSize',14,'FontName','Times');
ylabel('曲柄角速度 rad/s','FontSize',14,'FontName','Times');
figure,plot(simout(:,1),simout(:,7)); box off;
xlabel('时间 s','FontSize',14,'FontName','Times');
ylabel('曲柄转角 rad','FontSize',14,'FontName','Times');
figure,plot(simout(:,1),simout(:,8)); box off;
xlabel('时间 s','FontSize',14,'FontName','Times');
ylabel('连杆角加速度 rad/s^2','FontSize',14,'FontName','Times');
figure,plot(simout(:,1),simout(:,9)); box off;
xlabel('时间 s','FontSize',14,'FontName','Times');
ylabel('连杆角速度 rad/s','FontSize',14,'FontName','Times');
figure,plot(simout(:,1),simout(:,10)); box off;
xlabel('时间 s','FontSize',14,'FontName','Times');
ylabel('连杆角位移 rad','FontSize',14,'FontName','Times');
```

曲柄角加速度曲线如图 6-15 所示。

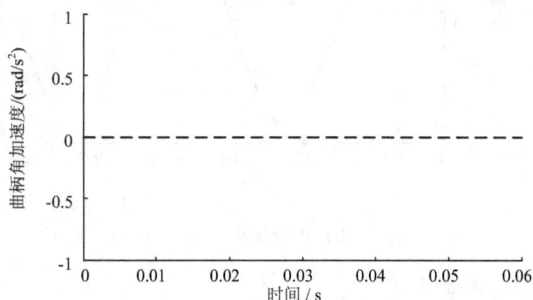

(a) 5 号试验

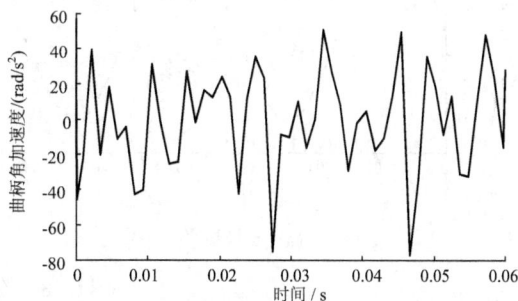

(b) 9 号试验

图 6-15　曲柄角加速度

曲柄角速度曲线如图 6-16 所示。

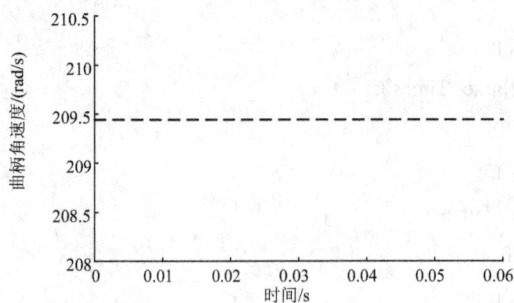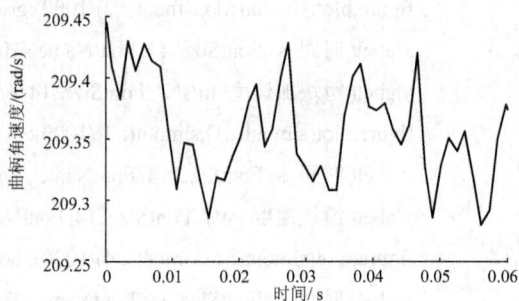

(a) 5 号试验   (b) 9 号试验

图 6-16   曲柄角速度

曲柄角位移曲线如图 6-17 所示。

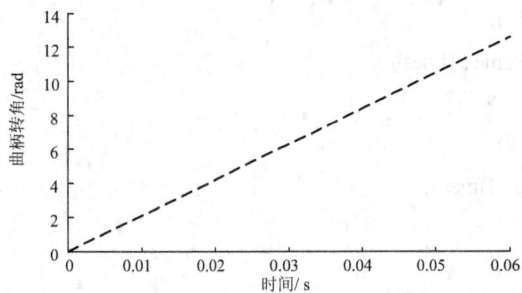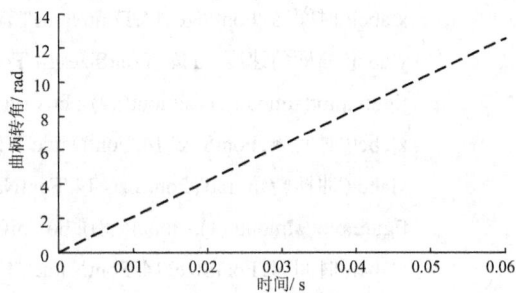

(a) 5 号试验   (b) 9 号试验

图 6-17   曲柄角位移(曲柄转角)

连杆角加速度曲线如图 6-18 所示。

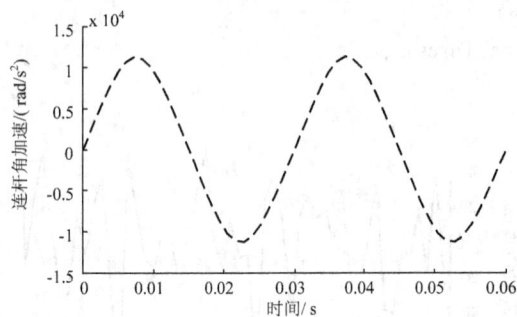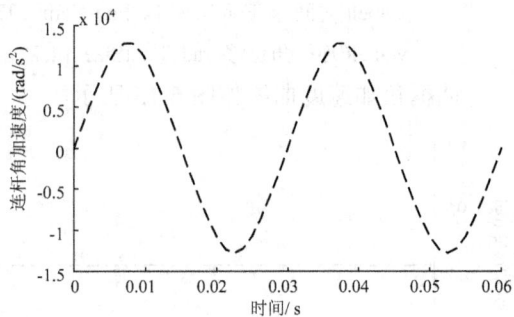

(a) 5 号试验   (b) 9 号试验

图 6-18   连杆角加速度

连杆角速度曲线如图 6-19 所示。

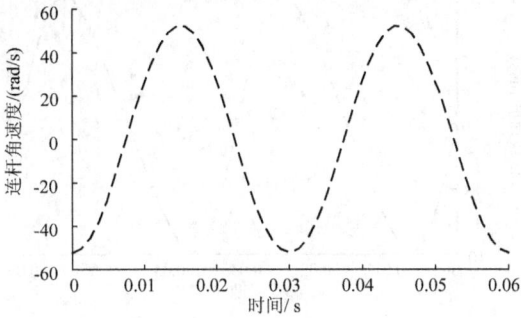 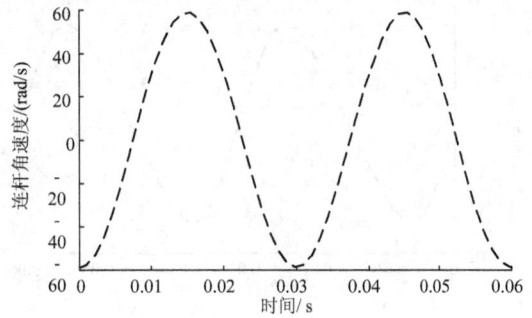

(a) 5 号试验　　　　　　　　　　　(b) 9 号试验

图 6-19　连杆角速度

连杆角位移曲线如图 6-20 所示。

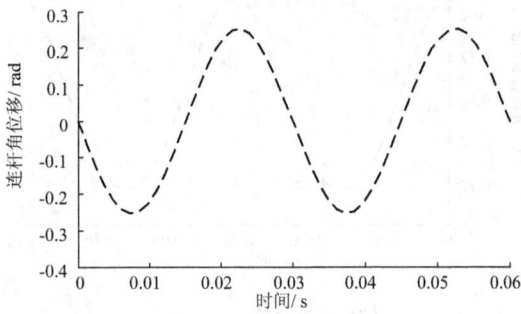 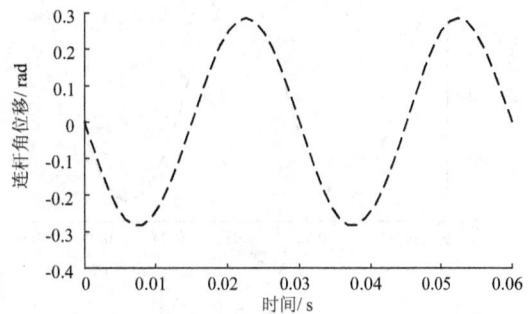

(a) 5 号试验　　　　　　　　　　　(b) 9 号试验

图 6-20　连杆角位移

滑块加速度曲线如图 6-21 所示。

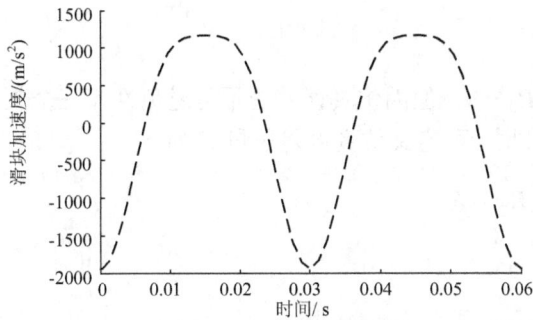 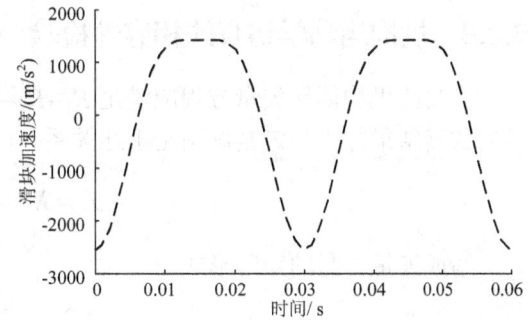

(a) 5 号试验　　　　　　　　　　　(b) 9 号试验

图 6-21　滑块加速度

滑块速度曲线如图 6-22 所示。

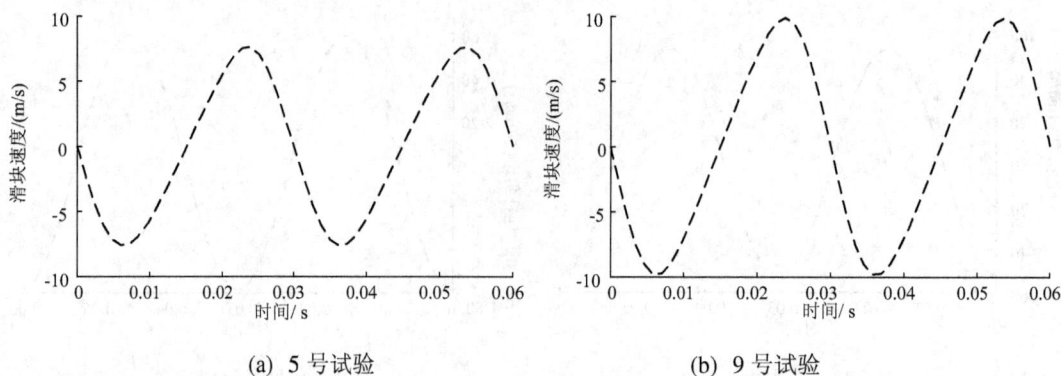

(a) 5 号试验   (b) 9 号试验

图 6-22 滑块速度

滑块位移曲线如图 6-23 所示。

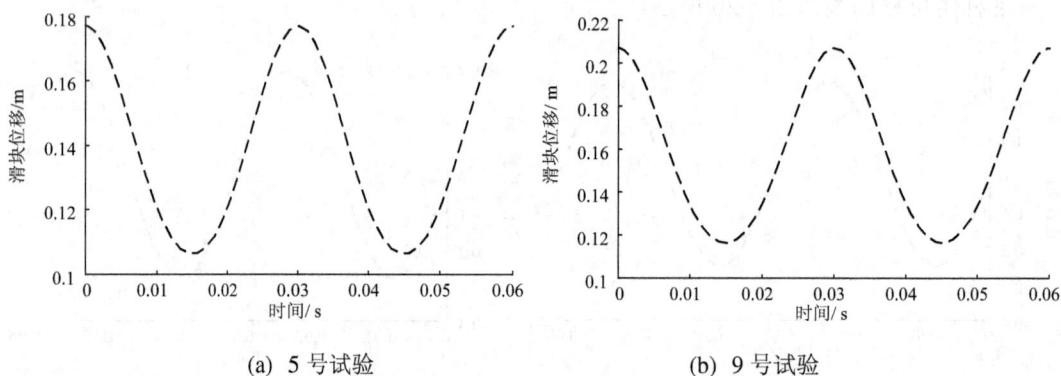

(a) 5 号试验   (b) 9 号试验

图 6-23 滑块位移

仿真结果表明，曲柄半径较小且转速稳定，可获得较小的滑块速度和加速度。曲柄半径较大且转速不稳定，则会产生较大的滑块速度和加速度。较大的加速度会对机构产生较大的附加动载荷，极其有害。

6.3.8 机构运动学仿真的相容性检验

真实的机构闭环矢量方程应满足 $\boldsymbol{R}_1 - \boldsymbol{R}_2 - \boldsymbol{R}_3 = \boldsymbol{0}$，但因仿真误差的不可避免性，三个矢量的仿真结果却不一定精确满足上述关系。因此，可定义仿真误差矢量 $\boldsymbol{E}$ 如下：

$$\boldsymbol{E} = \boldsymbol{R}_1 - \boldsymbol{R}_2 - \boldsymbol{R}_3$$

写成矢量分量的矩阵形式：

$$\boldsymbol{E} = r_1 \begin{bmatrix} \cos\theta_1 \\ \sin\theta_1 \end{bmatrix} - r_2 \begin{bmatrix} \cos\theta_2 \\ \sin\theta_2 \end{bmatrix} - r_3 \begin{bmatrix} \cos\theta_3 \\ \sin\theta_3 \end{bmatrix}$$

误差矢量的模即为所考察的仿真误差 e：

$$e = \|\boldsymbol{E}\| = \left\| r_1 \begin{bmatrix} \cos\theta_1 \\ \sin\theta_1 \end{bmatrix} - r_2 \begin{bmatrix} \cos\theta_2 \\ \sin\theta_2 \end{bmatrix} - r_3 \begin{bmatrix} \cos\theta_3 \\ \sin\theta_3 \end{bmatrix} \right\| \tag{6-7}$$

式(6-7)反映误差幅值的大小，可通过考察该幅值检验仿真结果是否达到仿真精度的要求，即检验仿真结果的相容性或仿真模型的合理性。

为检验仿真结果的相容性，在上述系统模型中添加 Mux3 模块、MATLAB Function 模块和 Scope 模块，并扩展 To Workspace 模块的输入端为 11 路，用它记录误差幅值的时间序列。扩展的 Simulink 系统模型如图 6-24 所示。

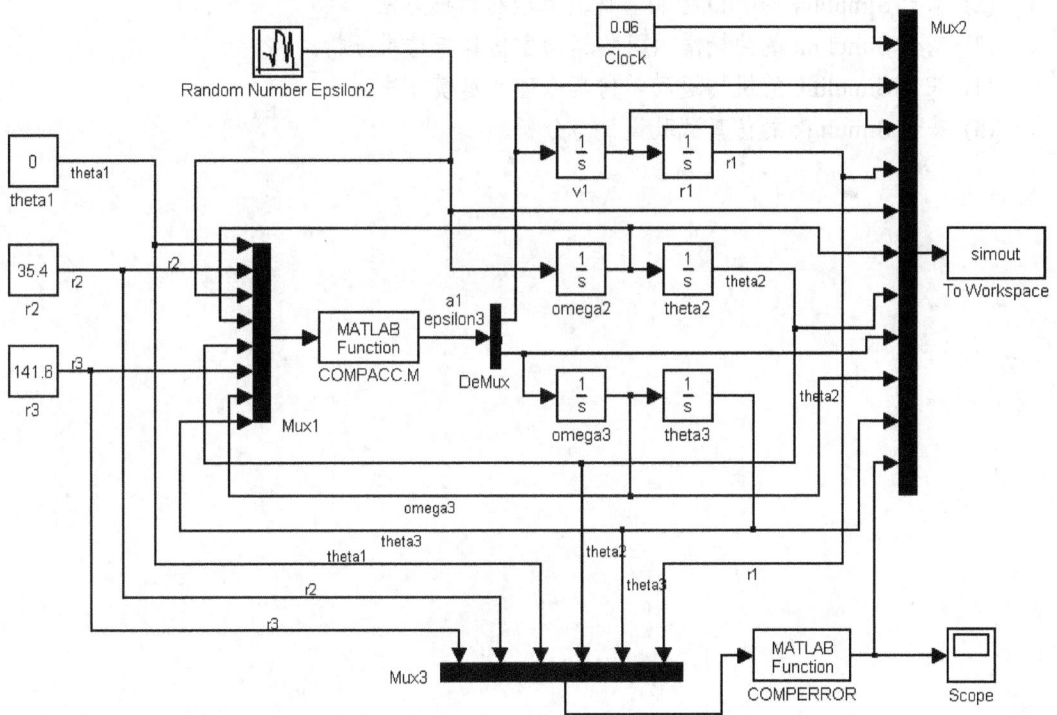

图 6-24　含相容性检验的 Simulink 系统模型

按式(6-7)为 MATLAB Function 模块 COMPERROR 编写对应的自定义函数 comperror.m 如下：

```
function error=comperror(x);
%The function compacc.m computes the simulation error from R1, R2 and R3
%Copyright 2012, WangYushun, College of Engineering
%The input order is r3, r2, theat1, theat2, theat3 and r1
%The output is |E|
theat11=[cos(x(3));sin(x(3))];
theat22=[cos(x(4));sin(x(4))];
theat33=[cos(x(5));sin(x(5))];
E=x(6)*theat11-x(2)*theat22-x(1)*theat33;
```

error=norm(E);

执行仿真后，双击 Scope 示波器模块或编程绘图，可观察仿真误差幅值的时变曲线。如果相容性误差接近于 0 且数值较小，则说明仿真效果较好。

上 机 报 告

(1) 基于 Simulink 的 PID 控制器仿真与参数整定。

(2) 基于 Simulink 的 PID 控制器仿真原理和建模方法。

(3) 基于 Simulink 的曲柄滑块机构运动学仿真与结果分析。

(4) 基于 Simulink 的机构运动学仿真原理和建模方法。

(5) 基于 Simulink 的仿真试验设计与分析。

第 7 单元　*MATLAB* 统计分析

上机目的：了解 MATLAB 的 Statistcs Toolbox 工具箱，了解试验统计分析的 M-file 函数。

上机内容：统计分析函数，概率分布，描述统计，假设检验，方差分析，回归分析。

操作约定：用户执行统计分析任务，主要包括 Editor 窗口编程、Command Window 数据结果观察和 Figure 窗口图形结果观察 3 类操作。

7.1　MATLAB 统计学函数

单变量数据样本用一个列向量表示，多变量数据样本用一个矩阵表示，Statistcs Toolbox 统计工具箱的 MATLAB 统计学函数，在处理数据时默认矩阵的一列是一个变量的样本。表 7-1 和表 7-2 中统计学函数的用法格式请用 help 命令查询。

表 7-1　常用 MATLAB 统计学函数

函数名	统计功能	函数名	统计功能
anova1	单向分组方差分析（ANOVA）	normspec	求正态分布区间概率
anova2	两向分组方差分析（ANOVA）	normstat	正态分布均值和方差
anovan	n 向分组方差分析（ANOVA）	pdf	给定分布的概率密度
binocdf	二项分布分布函数	poisscdf	泊松分布分布函数
binofit	二项分布拟合的参数估计	poissfit	泊松分布拟合的参数估计
binoinv	二项分布 p 分位数	poissinv	泊松分布 p 分位数
binopdf	二项分布概率密度	poisspdf	泊松分布概率密度
binornd	产生二项分布伪随机数	poissrnd	产生泊松分布伪随机数
binostat	二项分布均值和方差	poisstat	泊松分布均值和方差
cdf	给定分布的分布函数	polyfit	多项式拟合
chi2cdf	χ^2 分布分布函数	polyval	求多项式值
chi2inv	χ^2 分布 p 分位数	prctile	求百分位数
chi2pdf	χ^2 分布概率密度	random	给定分布的伪随机数
chi2rnd	产生 χ^2 分布伪随机数	range	求样本极差
chi2stat	χ^2 分布均值和方差	regress	多元线性回归
corrcoef	求相关系数	skewness	求样本偏度
cov	求协差阵	std	求样本标准差

函数名	统计功能	函数名	统计功能
fcdf	F 分布分布函数	tabulate	单样本频数和百分率
finv	F 分布 p 分位数	tblread	从文件导入频数数据
fpdf	F 分布概率密度	tblwrite	将频数数据写入文件
frnd	产生 F 分布伪随机数	tcdf	t 分布分布函数
fstat	F 分布均值和方差	tinv	t 分布 p 分位数
icdf	给定分布的 p 分位数	tpdf	t 分布概率密度
kurtosis	求样本峰度	trnd	产生 t 分布伪随机数
mean	求样本均值	tstat	t 分布均值和方差
median	求样本中值	ttest	单样本均值 t 检验
mle	最大似然估计	ttest2	两样本均值差 t 检验
moment	求 k 阶中心矩	unifcdf	连续均匀分布分布函数
multcompare	均值多重比较	unifinv	连续均匀分布 p 分位数
nlinfit	高斯牛顿法非线性最小二乘拟合	unifit	均匀分布拟合的参数估计
nlparci	非线性模型参数的置信区间	unifpdf	连续均匀分布概率密度
nlpredci	非线性模型预测的置信区间	unifrnd	产生连续均匀分布伪随机数
normcdf	正态分布分布函数	unifstat	连续均匀分布均值和方差
normfit	正态分布拟合的参数估计	var	求样本方差
norminv	正态分布 p 分位数	zscore	求变量标准化值
normpdf	正态分布概率密度	ztest	方差已知均值 z 检验
normrnd	产生正态分布伪随机数	max 和 min	求最大值和最小值

表 7-2　绘图和交互式 MATLAB 统计学函数

函数名	统计功能	函数名	统计功能
disttool	交互式图解概率密度和分布函数	polytool	交互式图解多项式函数
errorbar	绘误差条	qqplot	两样本分位数图(qq 图)
fsurfht	交互式图解函数等值线	randtool	交互式图解伪随机数
hist	绘直方图	refcurve	在当前图上添加多项式曲线
histfit	直方图与拟合的正态曲线	regstats	交互式图解回归诊断
lsline	在 plot 图上添加最小二乘直线	stepwise	交互式环境逐步回归
nlintool	交互式图解非线性最小二乘拟合	surfht	交互式等值线图
normplot	正态性检验概率图		

7.2　概　率　分　布

已知概率分布类型和分布参数，编程计算：(1) 概率密度；(2) 分布函数；(3) 分位数；(4) 伪随机数。

7.2.1　二项分布(Binomial distribution)

【例 7.1】　已知变量 X 服从二项分布 $B(n, p)$，其中分布参数 $n = 6$，$p = 0.65$，试计算它的概率密度、分布函数和分位数，生成伪随机数并对相应总体的成功概率 p 进行估计，绘制二项分布概率密度图。

二项分布 $B(n, p)$ 的概率密度函数：

$$f(x) = \binom{n}{x} p^x (1-p)^{n-x}$$

MATLAB 计算程序如下：

```
n=6; p=0.65;                          %设置分布参数，试验重复 n 和成功概率 p
falpha=[1 0.975 0.95 0.05 0.025 0]';  %指定多个分位数尾概率 falpha
x=[0 1 2 3 4 5 6]';                   %指定随机变量 X 的观察值 x
alpha=0.05;                           %设置区间估计的置信度 1-alpha
nn=5; mm=1;                           %指定伪随机数的行数 nn 列数 mm
x_fx_Fx=[x binopdf(x,n,p) binocdf(x,n,p)]   %观察值 x 处的概率密度和分布函数
x_alpha_Fx=[binoinv(1-falpha,n,p) falpha 1-falpha]   %分位数尾概率分布函数
[mean var]=binostat(n,p)              %概率分布的期望 mean 和方差 var
xrnd=binornd(n,p,nn,mm);              %产生 nn 行 mm 列的伪随机数 xrnd
[pmle,pci]=binofit(xrnd,n,alpha);     %参数 p 的最大似然估计 pmle 和置信区间 pci
xrnd_pmle_pci=[xrnd pmle pci]         %xrnd、pmle 和 pci 的结果汇总
bar(x,binopdf(x,n,p),'k')
```

续程序：

```
xlabel('观察值  x','FontSize',14,'FontName','Times');
ylabel('概率密度  f(x)','FontSize',14,'FontName','Times');
```

程序执行的结果：

```
x_fx_Fx =
        0      0.0018      0.0018
   1.0000      0.0205      0.0223
   2.0000      0.0951      0.1174
   3.0000      0.2355      0.3529
   4.0000      0.3280      0.6809
   5.0000      0.2437      0.9246
   6.0000      0.0754      1.0000
x_alpha_Fx =
        0      1.0000           0
   2.0000      0.9750      0.0250
   2.0000      0.9500      0.0500
   6.0000      0.0500      0.9500
```

6.0000	0.0250	0.9750
6.0000	0	1.0000

mean =   3.9000

var =   1.3650

xrnd_pmle_pci =

3.0000	0.5000	0.1181	0.8819
2.0000	0.3333	0.0433	0.7772
5.0000	0.8333	0.3588	0.9958
3.0000	0.5000	0.1181	0.8819
3.0000	0.5000	0.1181	0.8819

二项分布 $B(6, 0.65)$ 的概率密度如图 7-1 所示。

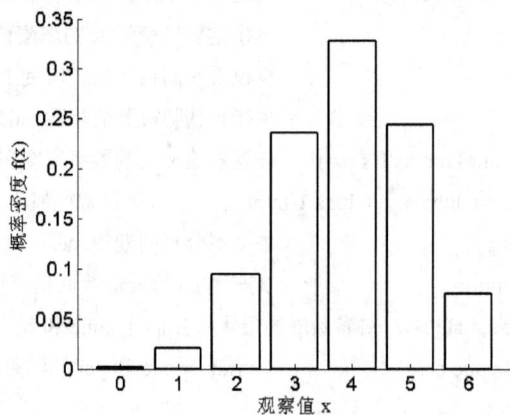

图 7-1   二项分布 $B(6, 0.65)$ 的概率密度

7.2.2   0-1 分布

【例 7.2】   已知变量 X 服从 0-1 分布，其中 $p=0.65$，试计算它的概率密度、分布函数和分位数，生成伪随机数并对相应总体的成功概率 p 进行估计，绘制 0-1 分布概率密度图。

0-1 分布 $B(1, p)$ 的概率密度函数：

$$f(x) = p^x (1-p)^{1-x}$$

由统计学原理可知，0-1 分布是分布参数 $n=1$ 的二项分布，即 $B(1, p)$。

MATLAB 编程计算思路如下：

只需对【例 7.1】程序做部分修改就可完成【例 7.2】。即令 n=1 和 x=[0 1]'。程序中 p=0.65、alpha=0.05、nn=5、mm=1 和 falpha=[1 0.975 0.95 0.05 0.025 0]，在本例中保留，若有不同要求可对其修改，其余部分不需要修改。

程序执行的结果如下：

x_fx_Fx =

0	0.3500	0.3500

```
         1.0000      0.6500      1.0000
x_alpha_Fx =
              0      1.0000           0
              0      0.9750      0.0250
              0      0.9500      0.0500
         1.0000      0.0500      0.9500
         1.0000      0.0250      0.9750
         1.0000           0      1.0000
mean =      0.6500
var =       0.2275
xrnd_pmle_pci =
              0           0           0      0.9750
         1.0000      1.0000      0.0250      1.0000
              0           0           0      0.9750
         1.0000      1.0000      0.0250      1.0000
         1.0000      1.0000      0.0250      1.0000
```

成功概率 $p = 0.65$ 时 0-1 分布的概率密度如图 7-2 所示。

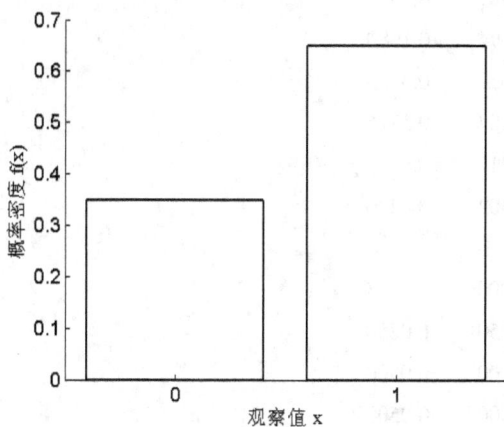

图 7-2　成功概率 $p=0.65$ 时 0-1 分布的概率密度

7.2.3　泊松分布(Poisson distribution)

【例 7.3】　已知变量 X 服从泊松分布 $P(\lambda)$，其中 $\lambda=4.55$，试计算它的概率密度、分布函数和分位数，生成伪随机数，并对相应的总体参数 λ 进行估计，绘制泊松分布概率密度图。

泊松分布 $P(\lambda)$ 的概率密度

$$f(x) = \frac{\lambda^x}{x!} e^{-\lambda}$$

MATLAB 计算程序如下：

```
lambda=4.55;              %设置分布参数
alpha=0.05;               %设置区间估计的置信度 1-alpha
falpha=[1 0.975 0.95 0.05 0.025 0]';      %指定分位数尾概率 falpha
x=[0 1 2 3 4 5 6]';                       %指定随机变量 X 的观察值 x
nn=1;mm=9;                                %指定伪随机数的行数 nn 列数 mm
x_fx_Fx=[x poisspdf(x,lambda) poisscdf(x,lambda)]      %x、概率密度和分布函数
x_alpha_Fx=[poissinv(1-falpha,lambda) falpha 1-falpha]    %分位数和分布函数
[mean var]=poisstat(lambda)              %概率分布的期望 mean 和方差 var
xrnd=poissrnd(lambda,nn,mm)              %产生 nn 行 mm 列的伪随机数 xrnd
[lambda_mle,lambda_ci]=poissfit(xrnd,alpha)         %lambda 最大似然估计和置信区间
bar(x,poisspdf(x,lambda),'k')
xlabel('观察值  x','FontSize',14,'FontName','Times');
ylabel('概率密度  f(x)','FontSize',14,'FontName','Times');
```

程序执行的结果如下：

```
x_fx_Fx =
         0    0.0106    0.0106
    1.0000    0.0481    0.0586
    2.0000    0.1094    0.1680
    3.0000    0.1659    0.3339
    4.0000    0.1887    0.5226
    5.0000    0.1717    0.6944
    6.0000    0.1302    0.8246
x_alpha_Fx =
         0    1.0000         0
    1.0000    0.9750    0.0250
    1.0000    0.9500    0.0500
    8.0000    0.0500    0.9500
    9.0000    0.0250    0.9750
       Inf         0    1.0000
mean =    4.5500
var =    4.5500
xrnd =   3    3    6    7    3    5    8    6    3
lambda_mle =    4.8889
lambda_ci =    3.5523    6.5631
```

$\lambda = 4.55$ 时泊松分布 $P(\lambda)$ 的概率密度如图 7-3 所示。

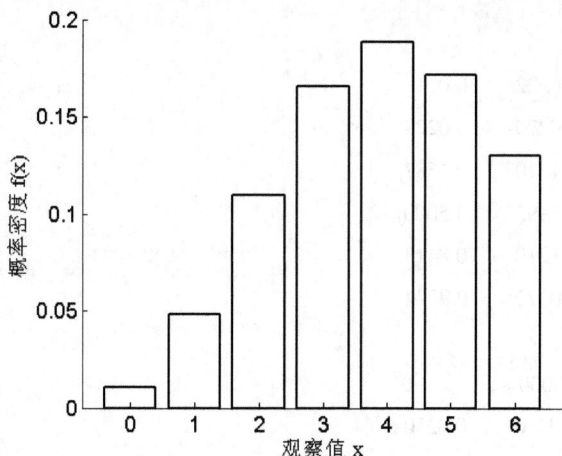

图 7-3　$\lambda=4.55$ 时泊松分布 $P(\lambda)$ 的概率密度

7.2.4　正态分布(Normal distribution)

【例 7.4】　已知变量 X 服从正态分布 $N(\mu, \sigma^2)$，其中 $\mu=7$，$\sigma^2=4$，试计算它的概率密度、分布函数、分位数和随机变量在区间(3、9)内取值的概率，生成伪随机数并对相应的总体参数 μ 和 σ^2 进行估计，最后绘制正态分布概率密度图。

正态分布 $N(\mu, \sigma^2)$ 的概率密度函数：

$$f(x)=\frac{1}{\sqrt{2\pi\sigma^2}}e^{-\frac{1}{2}\left(\frac{x-\mu}{\sigma}\right)^2}$$

MATLAB 计算程序如下：

```
miu=7;sigma=2;                    %设置分布参数均值 miu 和标准差 sigma
alpha=0.05;                       %设置区间估计的置信度 1-alpha
falpha=[1 0.975 0.95 0.05 0.025 0]';   %指定分位数尾概率 falpha
x=[1 3 5 7 9 11]';                %指定随机变量 X 的观察值 x
nn=1;mm=5;                        %指定伪随机数的行数 nn 列数 mm
x_fx_Fx=[x normpdf(x,miu,sigma) normcdf(x,miu,sigma)]
x_alpha_Fx=[norminv(1-falpha,miu,sigma) falpha 1-falpha]
[mean var]=normstat(miu,sigma)    %概率分布的期望 mean 和方差 var
xrnd=normrnd(miu,sigma,nn,mm)     %产生 nn 行 mm 列的伪随机数 xrnd
[mean,s]=normfit(xrnd,alpha)      %参数的最大似然估计和置信区间
p=normspec([3 9],miu,sigma)       %区间(3,9)取值的正态分布概率
x=0:0.01:14;                      %指定绘制概率密度图时随机变量 X 的观察值 x
figure,plot(x,normpdf(x,miu,sigma),'k')  %绘制概率密度图
xlabel('观察值  x','FontSize',14,'FontName','Times');
ylabel('概率密度  f(x)','FontSize',14,'FontName','Times');
```

程序执行的结果如下：

```
x_fx_Fx =
    1.0000    0.0022    0.0013
    3.0000    0.0270    0.0228
    5.0000    0.1210    0.1587
    7.0000    0.1995    0.5000
    9.0000    0.1210    0.8413
   11.0000    0.0270    0.9772
x_alpha_Fx =
     -Inf     1.0000        0
   3.0801     0.9750    0.0250
   3.7103     0.9500    0.0500
  10.2897     0.0500    0.9500
  10.9199     0.0250    0.9750
      Inf          0    1.0000
mean =      7
var =       4
xrnd =     9.3817    4.5951    6.9604    6.6866    3.7918
mean =     6.2831
s =        2.1954
p =        0.8186
```

正态分布 $N(7, 4)$ 在区间(3, 9)取值的概率如图 7-4 所示。

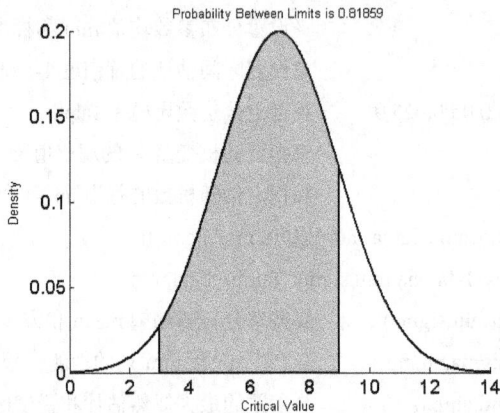

图 7-4　正态分布 $N(7, 4)$ 在区间(3, 9)取值的概率

正态分布 $N(7, 4)$ 的概率密度如图 7-5 所示。

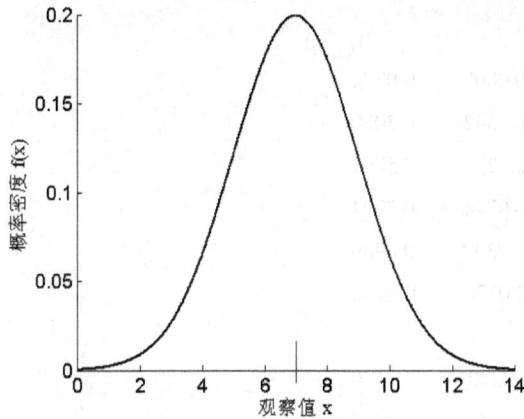

图 7-5　正态分布 $N(7,4)$的概率密度

7.2.5　χ^2 分布(Chi-square distribution)

【例 7.5】　已知变量 X 服从自由度为 df 的 χ^2 分布，即 $X \sim \chi^2(\text{df})$，其中 df = 5，试计算它的概率密度、分布函数和分位数，生成伪随机数并对相应的总体参数 μ 和 σ^2 进行估计，绘制 χ^2 分布概率密度图。

χ^2 分布 $\chi^2(\text{df})$的概率密度函数，图形如图 7-6 所示。

$$f\left(x;\text{df}\right)=\chi^2(x;\text{df})=\begin{cases}\dfrac{1}{2^{\text{df}/2}\,\Gamma\left(\text{df}/2\right)}x^{\frac{\text{df}}{2}-1}e^{-\frac{x}{2}},\ x>0\\[2mm]0,\quad x\leqslant 0\end{cases}$$

MATLAB 计算程序如下：

```
df=5;                              %设置分布参数
alpha=0.05;                        %设置区间估计的置信度 1-alpha
falpha=[1 0.975 0.95 0.05 0.025 0]';   %指定分位数尾概率 falpha
x=[1 3 5 7 9 11]';                 %指定随机变量 X 的观察值 x
nn=1;mm=5;                         %指定伪随机数的行数 nn 列数 mm
x_fx_Fx=[x chi2pdf(x,df) chi2cdf(x,df)]   %观察值 x 处的概率密度和分布函数
x_alpha_Fx=[chi2inv(1-falpha,df) falpha 1-falpha]   %分位数、尾概率和分布函数
[mean var]=chi2stat(df)            %概率分布的期望 mean 和方差 var
xrnd=chi2rnd(df,nn,mm)             %产生 nn 行 mm 列的伪随机数 xrnd
x=0:0.01:15;                       %指定绘制概率密度图时随机变量 X 的观察值 x
figure,plot(x,chi2pdf(x,df),'k')   %绘制概率密度图
xlabel('观察值  x','FontSize',14,'FontName','Times');
ylabel('概率密度  f(x)','FontSize',14,'FontName','Times');
```

程序执行的结果如下：

```
x_fx_Fx =
    1.0000    0.0807    0.0374
    3.0000    0.1542    0.3000
    5.0000    0.1220    0.5841
    7.0000    0.0744    0.7794
    9.0000    0.0399    0.8909
   11.0000    0.0198    0.9486
x_alpha_Fx =
         0    1.0000         0
    0.8312    0.9750    0.0250
    1.1455    0.9500    0.0500
   11.0705    0.0500    0.9500
   12.8325    0.0250    0.9750
       Inf         0    1.0000
mean =      5
var =      10
xrnd =    7.7796    3.7141    1.6057    5.3049    3.4861
```

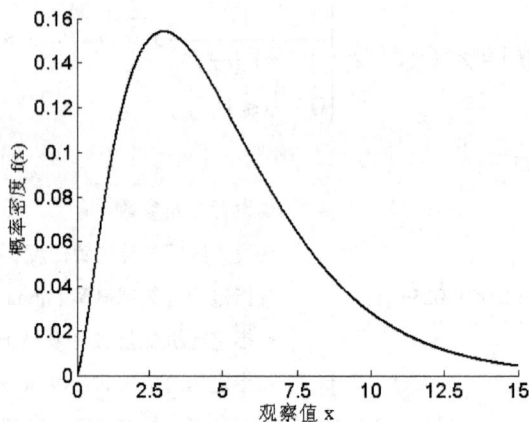

图 7-6　自由度 df=5 时的 $\chi^2(df)$ 分布概率密度

7.2.6　t 分布(Student's t distribution)

【例 7.6】　已知变量 X 服从自由度为 df 的 t 分布，即 $X\sim t(df)$，其中 df=5，试计算它的概率密度、分布函数和分位数，生成伪随机数并对相应的总体参数 μ 和 σ^2 进行估计，绘制 t 分布概率密度图。

t 分布 $t(df)$ 的概率密度函数：

$$f(x;\text{df})=\frac{\Gamma\left(\dfrac{\text{df}+1}{2}\right)}{\Gamma\left(\dfrac{\text{df}}{2}\right)\sqrt{\text{df}\cdot\pi}}\left(1+\frac{x^2}{\text{df}}\right)^{-\frac{\text{df}+1}{2}},\ -\infty<x<+\infty$$

MATLAB 计算程序如下：

```
df=5;   %设置分布参数
alpha=0.05;   %设置区间估计的置信度 1-alpha
falpha=[1 0.975 0.95 0.05 0.025 0]';   %指定分位数尾概率 falpha
x=[-3 -2 -1 0 1 2 3]';   %指定随机变量 X 的观察值 x
nn=1;mm=5;   %指定伪随机数的行数 nn 列数 mm
x_fx_Fx=[x tpdf(x,df) tcdf(x,df)]   %观察值 x 处的概率密度和分布函数
x_alpha_Fx=[tinv(1-falpha,df) falpha 1-falpha]   %分位数、尾概率和分布函数
[mean var]=tstat(df)   %概率分布的期望 mean 和方差 var
xrnd=trnd(df,nn,mm)   %产生 nn 行 mm 列的伪随机数 xrnd
x=-3.5:0.01:3.5;   %指定绘制概率密度图时随机变量 X 的观察值 x
figure, plot(x,tpdf(x,df),'k')   %绘制概率密度图
xlabel('观察值  x','FontSize',14,'FontName','Times');
ylabel('概率密度  f(x)','FontSize',14,'FontName','Times');
```

程序执行的结果如下：

```
x_fx_Fx =
     -3.0000    0.0173    0.0150
     -2.0000    0.0651    0.0510
     -1.0000    0.2197    0.1816
           0    0.3796    0.5000
      1.0000    0.2197    0.8184
      2.0000    0.0651    0.9490
      3.0000    0.0173    0.9850
x_alpha_Fx =
       -Inf    1.0000         0
    -2.5706    0.9750    0.0250
    -2.0150    0.9500    0.0500
     2.0150    0.0500    0.9500
     2.5706    0.0250    0.9750
        Inf         0    1.0000
mean =      0
var =     1.6667
xrnd =     0.0258    2.7128    1.7459    -0.5986    -3.4894
```

自由度 df = 5 时的 $t(\text{df})$ 分布概率密度如图 7-7 所示。

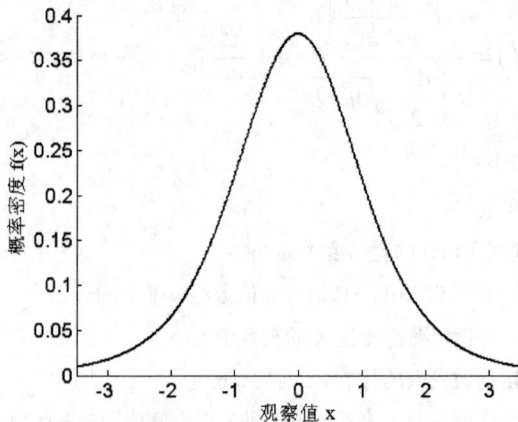

图 7-7   自由度 df =5 时的 t(df)分布概率密度

7.2.7 F 分布(F distribution)

【例 7.7】   已知变量 X 服从 F 分布 $F(\mathrm{d}f_1, \mathrm{d}f_2)$，其中 d$f_1$ =5 和 df_2 =9。试计算它的概率密度、分布函数和分位数，生成伪随机数并对相应的总体参数μ 和σ^2 进行估计，绘制 F 分布概率密度图。

F 分布 $F(\mathrm{d}f_1, \mathrm{d}f_2)$的概率密度函数：

$$f(x;\mathrm{d}f_1,\mathrm{d}f_2)=\begin{cases}\dfrac{\Gamma\left(\dfrac{\mathrm{d}f_1+\mathrm{d}f_2}{2}\right)}{\Gamma\left(\dfrac{\mathrm{d}f_1}{2}\right)\Gamma\left(\dfrac{\mathrm{d}f_2}{2}\right)}\cdot\dfrac{\mathrm{d}f_1}{\mathrm{d}f_2}\cdot\left(\dfrac{\mathrm{d}f_1}{\mathrm{d}f_2}x\right)^{\frac{\mathrm{d}f_1}{2}-1}\left(1+\dfrac{\mathrm{d}f_1}{\mathrm{d}f_2}x\right)^{-\frac{\mathrm{d}f_1+\mathrm{d}f_2}{2}}, & x>0\\[2ex]0, & x\leqslant 0\end{cases}$$

MATLAB 计算程序如下：

```
df1=5;df2=9;                              %设置分布参数
alpha=0.05;                               %设置区间估计的置信度 1-alpha
falpha=[1 0.975 0.95 0.05 0.025 0]';      %指定分位数尾概率 falpha
x=[1 2 3 4 5]';                           %指定随机变量 X 的观察值 x
nn=1;mm=5;                                %指定伪随机数的行数 nn 列数 mm
x_fx_Fx=[x fpdf(x,df1,df2) fcdf(x,df1,df2)]   %观察值 x 处的概率密度和分布函数
x_alpha_Fx=[finv(1-falpha,df1,df2) falpha 1-falpha]   %分位数、尾概率和分布函数
[mean var]=fstat(df1,df2)                 %概率分布的期望 mean 和方差 var
xrnd=frnd(df1,df2,nn,mm)                  %产生 nn 行 mm 列的伪随机数 xrnd
x=0:0.01:5;                               %指定绘制概率密度图时随机变量 X 的观察值 x
figure,plot(x,fpdf(x,df1,df2),'k')        %绘制概率密度图
xlabel('观察值  x','FontSize',14,'FontName','Times');
ylabel('概率密度  f(x)','FontSize',14,'FontName','Times');
```

程序执行的结果如下：

```
x_fx_Fx =
        1.0000      0.4860      0.5305
        2.0000      0.1621      0.8273
        3.0000      0.0580      0.9275
        4.0000      0.0238      0.9655
        5.0000      0.0109      0.9819
x_alpha_Fx =
             0      1.0000           0
        0.1497      0.9750      0.0250
        0.2095      0.9500      0.0500
        3.4817      0.0500      0.9500
        4.4844      0.0250      0.9750
           Inf           0      1.0000
mean =       1.2857
var =        1.5869
xrnd =     0.3183      1.1099      1.8546      0.3580      0.1741
```

自由度 $df_1 = 5$ 和 $df_2 = 9$ 的 $F(df_1, df_2)$ 分布概率密度如图 7-8 所示。

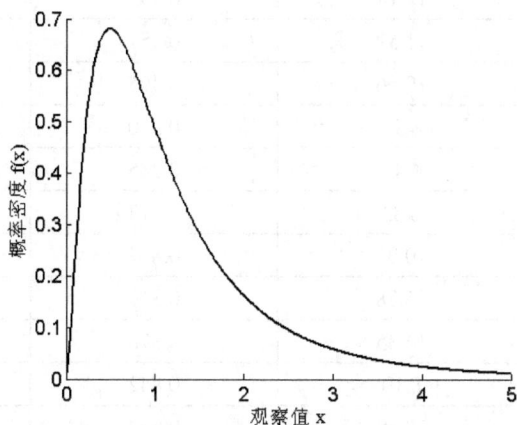

图 7-8　自由度 $df_1 = 5$ 和 $df_2 = 9$ 的 $F(df_1, df_2)$ 分布概率密度

7.3　描　述　统　计

编程计算变量观测样本的最大值、最小值、极差、50%极差、百分位数、中值、均值、方差、标准差、变异系数、相关系数、偏度和峰度等统计量值，绘制变量样本的频数分布直方图。

【例 7.8】　园艺家观测了一个月某温室的室外日均温（outdoorMT）、室外日温差（outdoorDIFF）、热辐射（radiantHEAT）和室内日均温（indoorMT），观测结果见表 7-3。试对观测数据作描述统计计算。

表7-3 温室四月份室外日均温、室外日温差、热辐射和室内日均温的观测结果

outdoorMT	outdoorDIFF	radiantHEAT	indoorMT
0.62	10.58	0.591	11.28
-0.59	8.43	0.347	9.40
0.68	8.28	0.528	11.06
-1.65	2.49	0.187	7.54
-4.04	10.38	0.537	7.51
-4.01	8.49	0.766	10.12
-3.71	5.56	0.193	6.71
-1.93	12.31	0.696	10.14
-1.07	8.45	0.471	9.46
-1.45	3.16	0.244	7.76
-1.27	1.70	0.07	6.97
-4.39	7.36	0.522	6.82
-7.97	7.20	0.677	6.48
-7.17	14.37	0.661	6.93
-6.25	11.14	0.543	5.70
-3.51	11.51	0.551	7.50
-4.48	10.66	0.495	5.74
-3.86	8.96	0.350	6.43
-1.95	4.44	0.285	7.87
-5.33	6.83	0.777	7.56
-5.13	10.01	0.804	6.37
-5.95	16.28	0.819	5.77
-5.56	14.35	0.870	7.96
-7.49	8.10	0.842	6.50
-9.06	13.59	0.632	5.16
-7.62	11.97	0.325	4.23
-5.49	14.63	0.640	6.45
-2.67	9.53	0.794	8.40
0.12	8.30	0.848	9.99
0.25	16.34	0.69	10.05
-0.57	13.29	0.692	10.49

将表7-3按所示排列格式输入 Excel 并存盘为 greenhouse.xls，一列是一个变量的样本，一行是一组观测数据，它们是同一时间的测定结果。

MATLAB 描述统计程序如下：

```
clc; close all; clear all;
file='D:\Users\My Matlab Files\greenhouse.xls';    %指定Excel数据文件的全路径
```

```
[data text]=xlsread(file);                %读取数据文件
xmax=max(data)                            %计算样本最大值
xmin=min(data)                            %计算样本最小值
xrange=range(data)                        %计算样本极差
xpercent=prctile(data,[25 50 75])         %计算样本百分率分割的分位数值
xmedian=median(data)                      %计算样本中值
xmean=mean(data)                          %计算样本均值
xvar=var(data)                            %计算样本方差
xstd=std(data)                            %计算样本标准差
xcv=100*xstd./xmean                       %计算样本变异系数
xskewness=skewness(data)                  %计算样本偏度
xkurtosis=kurtosis(data)                  %计算样本峰度
xcov=cov(data)                            %计算4变量协差阵
xcorrceof=corrcoef(data)                  %计算4变量相关阵
```

续程序(不绘图可省略)：

```
x1=linspace(xmin(1),xmax(1),5);
x2=linspace(xmin(2),xmax(2),5);
x3=linspace(xmin(3),xmax(3),5);
x4=linspace(xmin(4),xmax(4),5);
subplot(2,2,1),hist(data(:,1),x1)
xlabel('outdoorMT','FontSize',14,'FontName','Times');
ylabel('frequency','FontSize',14,'FontName','Times');
subplot(2,2,2),hist(data(:,2),x2)
xlabel('outdoorDIFF','FontSize',14,'FontName','Times');
ylabel('frequency','FontSize',14,'FontName','Times');
subplot(2,2,3),hist(data(:,3),x3)
xlabel('radiatHEAT','FontSize',14,'FontName','Times');
ylabel('frequency','FontSize',14,'FontName','Times');
subplot(2,2,4),hist(data(:,4),x4)
xlabel('indoorMT','FontSize',14,'FontName','Times');
ylabel('frequency','FontSize',14,'FontName','Times');
```

程序执行的结果如下：

```
xmax =      0.6800    16.3400     0.8700    11.2800
xmin =     -9.0600     1.7000     0.0700     4.2300
xrange =    9.7400    14.6400     0.8000     7.0500
xpercent =

           -5.5425     7.5450     0.3802     6.4575

           -3.8600     9.5300     0.5910     7.5100

           -1.3150    12.2250     0.7485     9.4450
```

xmedian =   −3.8600   9.5300   0.5910   7.5100

xmean =   −3.6290   9.6352   0.5628   7.7532

xvar =   7.6573   14.5953   0.0489   3.3963

xstd =   2.7672   3.8204   0.2212   1.8429

xcv =   −76.2514   39.6504   39.3057   23.7696

xskewness =   −0.1250   −0.1948   −0.5206   0.3268

xkurtosis =   1.9803   2.5206   2.2807   2.1785

xcov =

   7.6573   −3.0170   −0.1612   4.1571

   −3.0170   14.5953   0.5232   −0.2211

   −0.1612   0.5232   0.0489   0.0730

   4.1571   −0.2211   0.0730   3.3963

xcorrceof =

   1.0000   −0.2854   −0.2634   0.8152

   −0.2854   1.0000   0.6190   −0.0314

   −0.2634   0.6190   1.0000   0.1790

   0.8152   −0.0314   0.1790   1.0000

续程序执行的结果如图 7-9 所示。

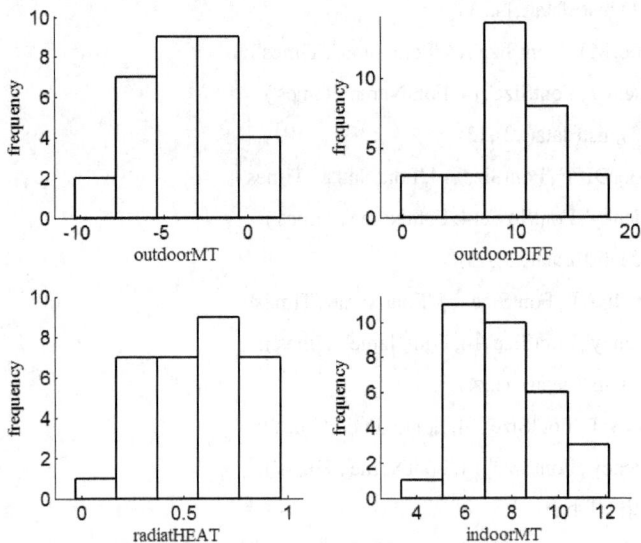

图 7-9   四个样本的频数分布直方图

7.4 假设检验

MATLAB 编程实现下述假设检验：① 单变量样本均值 Z 检验；② 单变量样本均值 t

检验；③ 单变量样本方差 χ^2 检验；④ 成对数据均值差 t 检验；⑤ 两独立样本均值差 t 检验；⑥ 两独立样本方差比 F 检验；⑦ 单变量样本分布拟合 χ^2 检验；⑧ $n \times m$ 列联表分析(独立性检验)。

7.4.1　单变量样本均值 z 检验

【例 7.9】　从一批 10 欧姆规格的电阻产品中随机抽取 10 个电阻并测定其电阻值，结果为：

$$9.9 \quad 10.1 \quad 10.2 \quad 9.7 \quad 9.9 \quad 9.9 \quad 10 \quad 10.5 \quad 10.1 \quad 10.2$$

若总体标准差 $\sigma = 0.2$，试检验总体均值 $\mu = 10$ 的假设。

MATLAB 均值 z 检验程序如下：

```
x=[9.9 10.1 10.2 9.7 9.9 9.9 10 10.5 10.1 10.2]';    %用向量表示单变量样本
miu=10;sigma=0.2;                                     %方差已知，提出均值假设
alpha=0.05;                                           %设立检验水平
[h, p_miu, ci_miu, z_value]=ztest(x,miu,sigma,alpha,'left')     %左方 Z 检验
[h, p_miu, ci_miu, z_value]=ztest(x,miu,sigma,alpha,'both')     %双侧 Z 检验
[h, p_miu, ci_miu, z_value]=ztest(x,miu,sigma,alpha,'right')    %右方 Z 检验
```

程序执行的结果如下：

```
h =
        0
p_miu =    0.7854
ci_miu =        -Inf    10.1540
z_value =    0.7906
h =
        0
p_miu =    0.4292
ci_miu =    9.9260    10.1740
z_value =    0.7906
h =
        0
p_miu =    0.2146
ci_miu =    9.9460          Inf
z_value =    0.7906
```

7.4.2　单变量样本均值 t 检验

【例 7.10】　从一批 10 欧姆规格的电阻产品中随机抽取 10 个电阻并测定其电阻值，结果为：

$$9.9 \quad 10.1 \quad 10.2 \quad 9.7 \quad 9.9 \quad 9.9 \quad 10 \quad 10.5 \quad 10.1 \quad 10.2$$

若总体标准差未知，试检验总体均值 $\mu = 10$ 的假设。

MATLAB 均值 t 检验程序如下：

```
x=[9.9 10.1 10.2 9.7 9.9 9.9 10 10.5 10.1 10.2]';   %用向量表示单变量样本
miu=10;               %提出均值假设
alpha=0.05;           %设立检验水平
```

```
[h, p_miu, ci_miu, t_stats]=ttest(x, miu, alpha,'left')        %左侧 t 检验
[h, p_miu, ci_miu, t_stats]=ttest(x, miu, alpha,'both')        %双侧 t 检验
[h, p_miu, ci_miu, t_stats]=ttest(x, miu, alpha,'right')       %右方 t 检验
```

程序执行的结果如下：

```
h =        0
p_miu =        0.7525
ci_miu =        -Inf        10.1789
t_stats =
        tstat: 0.7111
        df: 9
        sd: 0.2224
h =        0
p_miu =        0.4951
ci_miu =        9.8909        10.2091
t_stats =
        tstat: 0.7111
        df: 9
        sd: 0.2224
h =        0
p_miu =        0.2475
ci_miu =        9.9211                Inf
t_stats =
        tstat: 0.7111
        df: 9
        sd: 0.2224
```

7.4.3 单变量样本方差 χ^2 检验

【例 7.11】 从一批 10 欧姆规格的电阻产品中随机抽取 10 个电阻并测定其电阻值，结果为

9.9   10.1   10.2   9.7   9.9   9.9   10   10.5   10.1   10.2

试检验总体方差 $\sigma^2 = 0.04$ 的假设。

MATLAB 方差 χ^2 检验程序如下：

```
x=[9.9 10.1 10.2 9.7 9.9 9.9 10 10.5 10.1 10.2]';    %用向量表示单变量样本
xvar=0.04;                                            %提出方差假设
alpha=0.05;                                           %设立检验水平
[H,P,CI,STATS]=vartest(x,xvar,alpha,'left')          %左方方差卡方检验
[H,P,CI,STATS]=vartest(x,xvar,alpha,'both')          %双侧方差卡方检验
[H,P,CI,STATS]=vartest(x,xvar,alpha,'right')         %右方方差卡方检验
```

程序执行的结果如下：

H =　　　0

P =　　　0.7328

CI =　　　　　0　　　0.1338

STATS =　　　chisqstat: 11.1250　　　　　df: 9

H =　　　0

P =　　　0.5345

CI =　　　0.0234　　　0.1648

STATS =　　　chisqstat: 11.1250　　　　　df: 9

H =　　　0

P =　　　0.2672

CI =　　　0.0263　　　　Inf

STATS =　　　chisqstat: 11.1250　　　　　df: 9

7.4.4　成对数据均值差 t 检验

【例 7.12】　表 7-4 为采用 A、B 两种方法同时测定 12 个铁矿石标本的含铁量，试检验均值差等于 0 的假设。

表 7-4　铁矿石含铁量的测定结果

A	38.25	31.68	26.24	41.29	44.81	46.37	35.42	38.41	42.68	46.71	29.20	30.76
B	38.27	31.71	26.22	41.33	44.80	46.39	35.46	38.39	42.72	46.76	29.18	30.79

MATLAB 均值差 t 检验程序如下：

```
x=[38.25 31.68 26.24 41.29 44.81 46.37 35.42 38.41 42.68 46.71 29.20 30.76];
y=[38.27 31.71 26.22 41.33 44.80 46.39 35.46 38.39 42.72 46.76 29.18 30.79];
d=x-y                        %计算 A、B 两种方法测定的含铁量差值
miu=0;                       %提出均值假设 miu=0
alpha=0.05;                  %设立检验水平
[h, p_miu, ci_miu, t_stats]=ttest(d, miu, alpha,'left')     %均值差左侧 t 检验
[h, p_miu, ci_miu, t_stats]=ttest(d, miu, alpha,'both')     %均值差双侧 t 检验
[h, p_miu, ci_miu, t_stats]=ttest(d, miu, alpha,'right')    %均值差右方 t 检验
```

程序执行的结果如下：

h =　　　1

p_miu =　　　0.0269

ci_miu =　　　　−Inf　　　−0.0028

t_stats =

　　　tstat: −2.1589

　　　　df: 11

　　　　sd: 0.0267

h =　　　0

p_miu =　　　0.0538

ci_miu =　　　−0.0337　　　0.0003

```
t_stats =
      tstat: −2.1589
        df: 11
        sd: 0.0267
  h =      0
  p_miu =      0.9731
  ci_miu =    −0.0305          Inf
  t_stats =
      tstat: −2.1589
        df: 11
        sd: 0.0267
```

7.4.5 两独立样本方差比 *F* 检验

【例 7.13】 随机选取 8 人服用 A 药，随机选取另外 6 人服用 B 药，2 小时后测得每人的血液药浓度，结果详见表 7-5。试完成：① 检验两样本的总体方差是否相同；② 检验两样本的总体均值是否相同。

表 7-5 服药后 2 小时血液药浓度的测定结果

服用 A 药的 8 人	1.23	1.42	1.41	1.62	1.55	1.51	1.60	1.76
服用 B 药的 6 人	1.76	1.41	1.87	1.49	1.67	1.81		

MATLAB 方差比 F 检验程序如下：

```
clc; clear all; close all;
x=[1.23 1.42 1.41 1.62 1.55 1.51 1.60 1.76];       %服用 A 药样本
y=[1.76 1.41 1.87 1.49 1.67 1.81];                 %服用 B 药样本
alpha=0.05;                                         %选定检验水平
[H,P,CI,STATS]=vartest2(x,y,alpha,'left')          %方差比左方F检验
[H,P,CI,STATS]=vartest2(x,y,alpha,'both')          %方差比双侧F检验
[H,P,CI,STATS]=vartest2(x,y,alpha,'right')         %方差比右方F检验
```

程序执行的结果如下：

```
  H =      0
  P =      0.3626
  CI =        0      3.0579
  STATS =      fstat: 0.7699      df1: 7      df2: 5
  H =      0
  P =      0.7253
  CI =      0.1124      4.0693
  STATS =      fstat: 0.7699      df1: 7      df2: 5
  H =      0
  P =      0.6374
  CI =      0.1579          Inf
```

7.4.6　两独立样本均值差 *t* 检验

MATLAB 均值差 *t* 检验程序如下：

```
clc; clear all; close all;
x=[1.23 1.42 1.41 1.62 1.55 1.51 1.60 1.76];    %服用 A 药样本
y=[1.76 1.41 1.87 1.49 1.67 1.81];              %服用 B 药样本
alpha=0.05;                                     %选定检验水平
[H,P,CI,STSTS]=ttest2(x, y, alpha, 'left')      %方差相等均值差左方 t 检验
[H,P,CI,STSTS]=ttest2(x, y, alpha, 'both')      %方差相等均值差双侧 t 检验
[H,P,CI,STSTS]=ttest2(x, y, alpha, 'right')     %方差相等均值差右方 t 检验
```

程序执行的结果如下：

```
H =        0
P =        0.0581
CI =       −Inf        0.0082
STSTS =        tstat: −1.6934        df: 12        sd: 0.1704
H =        0
P =        0.1162
CI =       −0.3563        0.0447
STSTS =        tstat: −1.6934        df: 12        sd: 0.1704
H =        0
P =        0.9419
CI =       −0.3199        Inf
STSTS =        tstat: −1.6934        df: 12        sd: 0.1704
```

7.4.7　单变量频数样本分布拟合 χ^2 检验

【例 7.14】　在孟德尔豌豆试验中，观测到(黄，圆)、(黄，非圆)、(绿，圆)和(绿，非圆)四种性状的豌豆数目分别为 315、101、108 和 32，试在 0.05 水平上检验孟德尔理论中"9:3:3:1"的比例是否成立。

MATLAB 频数样本分布拟合 χ^2 检验程序如下：

```
alpha=0.05;
k=[9 3 3 1];                          %孟德尔比例
freq=[315 101 108 32];                %观测频数
e_freq=sum(freq)*k/sum(k);            %期望频数
chi2stats=sum((freq-e_freq).^2./e_freq)   %计算卡方统计量值
df=length(freq)-1                     %计算卡方统计量自由度
p_chi2=1-chi2cdf(chi2stats, df)       %计算检验显著性 P 值
```

程序执行的结果如下：

```
chi2stats =        0.4700
```

df =   3

p_chi2 =   0.9254

【例 7.15】   表 7-6 给出了汽车修理公司 250 天里每天接收汽车数的频数分布，试检验每天接收汽车数是否服从泊松分布。

表 7-6   每天接收汽车数及频数分布

汽车数	0	1	2	3	4	5	6	7	8	9	10
频数	2	8	21	31	44	48	39	22	17	13	5

MATLAB 检验程序如下：

```
alpha=0.05;                              %设定检验水平
x=0:10;                                  %每天接收汽车数
freq=[2 8 21 31 44 48 39 22 17 13 5];    %接收汽车数的观测频数
lamda=sum(x.*freq)/sum(freq);            %估计泊松分布参数
e_freq=poisspdf(x, lamda)*sum(freq);     %期望频数
chi2stats=sum((freq-e_freq).^2./e_freq)  %计算卡方统计量观察值
df=length(freq)-2                        %计算卡方统计量自由度
p_poisson_fit=1-chi2cdf(chi2stats, df)   %计算抽样观测事件的概率
```

程序执行的结果如下：

```
chi2stats =    3.5416
df =        9
p_poisson_fit =        0.9389
```

7.4.8   单变量观测样本分布拟合χ^2检验

【例 7.16】   某班 36 名同学的数理统计成绩分别为 66.0、82.0、60.5、92.1、71.1、70.0、90.4、86.6、47.2、51.0、50.1、78.6、83.4、81.8、85.6、80.3、72.7、74.5、89.9、75.4、71.5、70.1、43.5、60.3、80.7、82.2、69.4、80.5、65.0、90.6、84.2、61.6、76.1、84.9、42.8、82.8，试按组距 10 分组统计频数，并检验总体是否服从正态分布。

MATLAB 单变量观测样本分布拟合χ^2检验程序如下：

```
alpha=0.05;                                         %设定检验水平
x=[66.0 82.0 60.5 92.1 71.1 70.0 90.4 86.6 47.2 51.0 50.1 78.6...
    83.4 81.8 85.6 80.3 72.7 74.5 89.9 75.4 71.5 70.1 43.5 60.3...
    80.7 82.2 69.4 80.5 65.0 90.6 84.2 61.6 76.1 84.9 42.8 82.8];   %成绩数据
center=45:10:95;                                    %指定组中值
zuxian=linspace(40,100,7);                          %指定组限
zushu=7;                                            %指定组数
[h,p,stats]=chi2gof(x,'ctrs',center)               %按指定组中值分组统计频数并检验
[h,p,stats]=chi2gof(x,'edges',zuxian)              %按指定组限分组统计频数并检验
[h,p,stats]=chi2gof(x,'nbins',zushu)               %按指定组数分组统计频数并检验
hist(x,center);                                     %绘制直方图
```

xlabel('成绩 x','FontSize',14,'FontName','Times');
ylabel('频数 n(x)','FontSize',14,'FontName','Times');

程序执行的结果如下:

h = 　　0

p = 　　0.0814

stats =

　　chi2stat: 3.0358

　　　　df: 1

　　edges: [40.0000 60.0000 70.0000 80.0000 100.0000]

　　　　O: [5 7 8 16]

　　　　E: [6.0457 8.6295 10.1558 11.1690]

h = 　　0

p = 　　0.0735

stats =

　　chi2stat: 3.2033

　　　　df: 1

　　edges: [40 60 70 80 100]

　　　　O: [5 6 9 16]

　　　　E: [6.0457 8.6295 10.1558 11.1690]

h = 　　0

p = 　　0.0884

stats =

　　chi2stat: 4.8525

　　　　df: 2

　　edges: [42.8000 63.9286 70.9714 78.0143 85.0571 92.1000]

　　　　O: [8 5 6 11 6]

　　　　E: [8.9821 6.6899 7.2598 6.0885 6.9797]

成绩的频数分布直方图如图 7-10 所示。

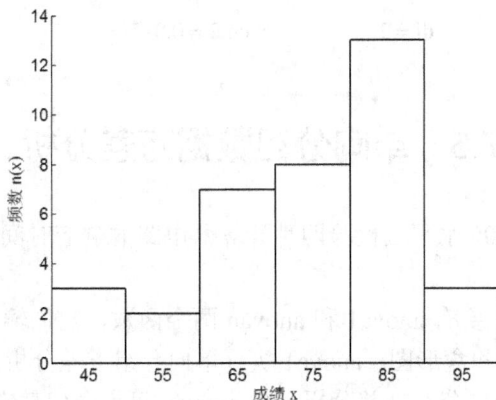

图 7-10　成绩的频数分布直方图

7.4.9　n×m 列联表分析(频数独立性x^2检验)

【例 7.17】　某工厂抽查三种配方的产品质量，结果见表 7-7。试在 0.05 水平上检验三种配方的产品质量是否有差异。

表 7-7　三种配方产品的质量抽检结果

	配方 1	配方 2	配方 3
合格品	63	47	65
废品	16	7	3

MATLAB 2×3 列联表分析程序如下：

```
x=[63 47 65;16 7 3]                      %创建列联表对应的频数矩阵，列和行有特定意义
x_total=sum(sum(x));                     %列联表总频数
n_total=size(x,1)*size(x,2);             %列联表元素总数
freq_x=x/sum(sum(x));                    %列联表频率矩阵
p_colevent=sum(freq_x,1);                %列事件概率估计
p_rowevent=sum(freq_x,2);                %行事件概率估计
p_matrix=p_rowevent*p_colevent;          %假定列、行事件独立，列联表概率矩阵估计
x_est=x_total*p_matrix                   %频数矩阵期望
chi2stats=sum(sum((x-x_est).^2./x_est))  %卡方统计量观察值
df=(size(x,1)-1)*(size(x,2)-1)           %卡方统计量自由度
p_chi2=1-chi2cdf(chi2stats,df)           %卡方检验抽样观测事件的概率
```

程序执行的结果如下：

```
x =
      63    47    65
      16     7     3
x_est =
      68.7811    47.0149    59.2040
      10.2189     6.9851     8.7960
chi2stats = 8.1431        df = 2        p_chi2 = 0.0171
```

7.5　单向分组数据方差分析

【例 7.18】　试在 0.05 水平上检验四种计算器电路的响应时间是否有差异，数据见表 7-8。

MATLAB 方差分析主要有 anova1 和 anovan 两个函数，它们输出显著性检验 P 值、方差分析表、方差分析表图和盒形图。anova1 执行单向分组方差分析；anovan 执行 n 向分组方差分析；anova2 执行两向分组方差分析，但 anovan 可完全代替它。

表 7-8　四种计算器电路响应时间的随机抽测结果

类型 I	类型 II	类型 III	类型 IV
19	20	16	18
22	21	15	22
20	33	18	19
18	27	26	
15	40	17	

MATLAB 检验程序如下：

```
x=[19 22 20 18 15 20 21 33 27 40 16 15 18 26 17 18 22 19];    %响应变量值
group={'a1','a1','a1','a1','a1','a2','a2','a2','a2','a2','a3','a3',...
       'a3','a3','a3','a4','a4','a4'};                        %因素水平
[p,table]=anova1(x,group,'off')                               %显著性检验 P 值和方差分析表
```

程序执行的结果如下：

```
p =
    0.0359
table =
```

'Source'	'SS'	'df'	'MS'	'F'	'Prob>F'
'Groups'	[318.9778]	[3]	[106.3259]	[3.7641]	[0.0359]
'Error'	[395.4667]	[14]	[28.2476]	[]	[]
'Total'	[714.4444]	[17]	[]	[]	[]

7.6　线　性　回　归

MATLAB 线性回归主要有 regress 多元线性回归、stepwisefit 逐步回归、ridge 岭回归等。

7.6.1　多元线性回归

【例 7.19】　考察表 7-3，研究因果关系并确定自变量和响应变量，试采用下述指定变量完成回归分析：① 室内日均温(indoorMT)作响应变量，室外日均温(outdoorMT)、室外日温差(outdoorDIFF)和热辐射(radiantHEAT)分别作自变量，实施一元线性回归；② 热辐射(radiantHEAT)作响应变量，室外日均温(outdoorMT)作自变量，实施一元线性回归；③ 室内日均温(indoorMT)作响应变量，其余变量作自变量，实施三元线性回归。

MATLAB 一元线性回归和三元线性回归程序如下：

```
clc; close all; clear all;
file='D:\Users\My Matlab Files\greenhouse.xls';    %指定Excel数据文件的全路径
[data text]=xlsread(file);                         %读取数据文件
x1=data(:,1); x2=data(:,2); x3=data(:,3); y=data(:,4);
[beita, beitaCI, error, errorCI, RFPS] =regress(y,[ones(size(x1)) x1], 0.05)
```

[beita, beitaCI, error, errorCI, RFPS] =regress(y,[ones(size(x2)) x2], 0.05)

[beita, beitaCI, error, errorCI, RFPS] =regress(y,[ones(size(x3)) x3], 0.05)

[beita, beitaCI, error, errorCI, RFPS] =regress(x3,[ones(size(x2)) x2], 0.05)

[beita, beitaCI, error, errorCI, RFPS] =regress(y,[ones(size(x1)) x1 x2 x3], 0.05)

subplot(2,2,1), plot(x1,y,'+')   %绘制(x1,y)散点图

lsline   %为散点图添加最小二乘拟合直线

subplot(2,2,2), plot(x2,y,'*')   %绘制(x2,y)散点图

lsline   %为散点图添加最小二乘拟合直线

subplot(2,2,3), plot(x3,y,'o')   %绘制(x3,y)散点图

lsline   %为散点图添加最小二乘拟合直线

subplot(2,2,4), plot(x2,x3,'p')   %绘制(x2,x3)散点图

lsline   %为散点图添加最小二乘拟合直线

程序执行的部分结果如下：

beita =

    9.7234

    0.5429

RFPS =

    0.6645   57.4365   0.0000   1.1788

beita =

    7.8992

    −0.0151

RFPS =

    0.0010   0.0286   0.8668   3.5100

beita =

    6.9138

    1.4916

RFPS =

    0.0321   0.9604   0.3352   3.4008

beita =

    0.2174

    0.0358

RFPS =

    0.3832   18.0171   0.0002   0.0312

beita =

    8.0854

    0.6129

    −0.0232

    3.7588

RFPS =

　　0.8325　　44.7227　　0.0000　　0.6322

程序执行的绘图结果如图 7-11 所示。

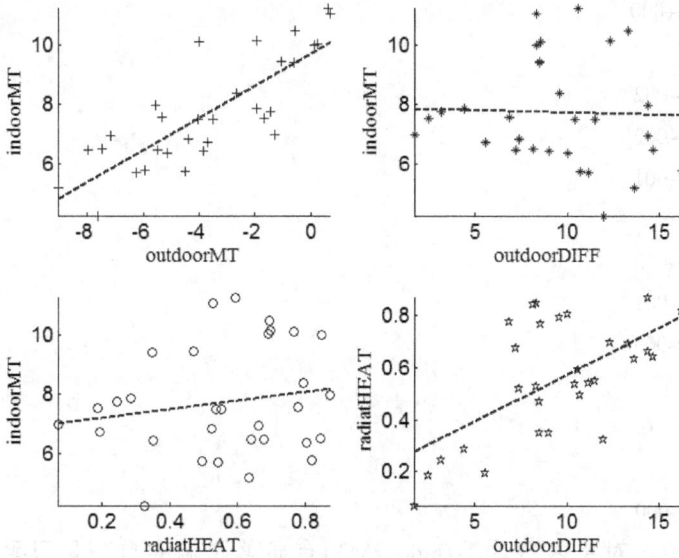

图 7-11　散点图和最小二乘拟合直线

7.6.2　逐步回归

【例 7.20】　考察表 7-3，室内日均温(indoorMT)作响应变量，其余变量作自变量，对三元线性回归执行逐步回归。

MATLAB 多元线性逐步回归程序如下：

```
file='D:\Users\My Matlab Files\greenhouse.xls';    %指定Excel数据文件的全路径
[data text]=xlsread(file);                         %读取数据文件
x1=data(:,1); x2=data(:,2); x3=data(:,3); y=data(:,4);
X=[x1 x2 x3];
[b, stderr, pval, inmodel, stats]=stepwisefit(X,y)
jieju=stats.intercept                              %逐步回归的截距
```

程序执行的部分结果如下：

Initial columns included:　none

Step 1, added column 1, p=2.35285e-008

Step 2, added column 3, p=1.38159e-005

Final columns included:　1　3

'Coeff'	'Std.Err.'	'Status'	'P'
[6.1711e−001]	[5.3621e−002]	'In'	[3.9680e−012]
[-2.3189e−002]	[4.9026e−002]	'Out'	[6.4001e−001]
[3.5248e+000]	[6.7074e−001]	'In'	[1.3816e−005]

b =

　　6.1711e−001

　−2.3189e−002

　　3.5248e+000

stderr =

　　5.3621e−002

　　4.9026e−002

　　6.7074e−001

pval =

　　3.9680e−012

　　6.4001e−001

　　1.3816e−005

inmodel =

　　1　　0　　1

jieju =

　　8.0090e+000

逐步回归表明，对室内日均温(indoorMT)有显著影响的自变量只剩下室外日均温(outdoorMT)和热辐射(radiantHEAT)。

室外日均温、热辐射两效应的室内日均温回归平面及试验数据点如图 7-12 所示。

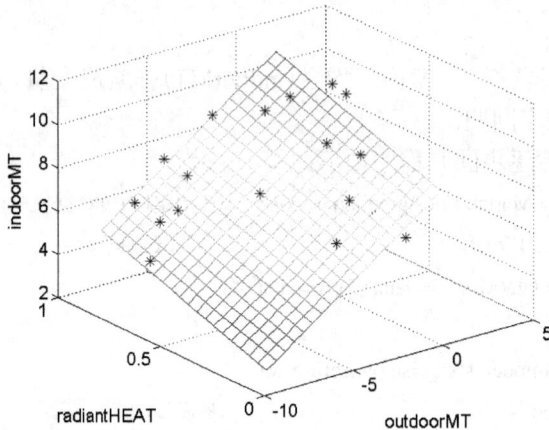

图 7-12　室外日均温、热辐射两效应的室内日均温回归平面及试验数据点

7.7　非 线 性 回 归

MATLAB 的 nlinfit 函数采用高斯牛顿法最小二乘拟合实现非线性回归。

7.7.1　一元非线性回归

【例 7.21】　为考察水稻品种 IR72 的籽粒平均粒重 y(毫克)与开花后天数 x 的关系，测定了两变量的 9 对数据，详见表 7-9。

表 7-9　水稻品种 IR72 的性状观测

x	0	3	6	9	12	15	18	21	24
y	0.30	0.72	3.31	9.71	13.09	16.85	17.79	18.23	18.43

为试验测定数据拟合一个 Logistic 生长模型，即：

$$y = \frac{k}{1 + ae^{-bx}}，（参数 k、a、b 均大于零）$$

将 Logistic 拟合模型编写为 M-file 函数 logisticmodel.m。程序如下：

```
function y=logisticmodel(beta, x);
fenmu=1+beta(2)*exp(-beta(3)*x);
y=beta(1)./fenmu;
```

非线性回归主程序如下：

```
x=[0 3 6 9 12 15 18 21 24];                    %测定的开花后天数
y=[0.30 0.72 3.31 9.71 13.09 16.85 17.79 18.23 18.43];    %测定的籽粒平均粒重
beta0=ones(3,1);
[beta, r, J, COVB, mse] = nlinfit(x, y, @logisticmodel, beta0)
```

主程序执行的部分结果如下：

```
beta =
    1.8280e+001            参数 k 的回归结果
    4.8221e+001            参数 a 的回归结果
    4.1987e-001            参数 b 的回归结果
mse =
    3.7331e-001            回归误差均方
```

编程绘图比较回归结果和试验测定数据。如图 7-13 所示。

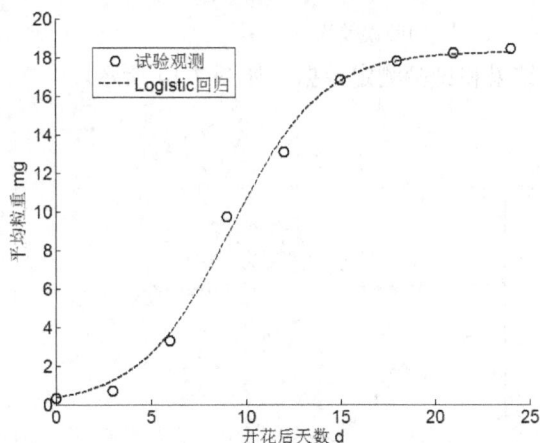

图 7-13　平均粒重与开花后天数的 Logistic 回归曲线和试验数据点

7.7.2　多元非线性回归

【例 7.22】　考察表 7-3，根据逐步回归的结果选室内日均温(indoorMT)作响应变量，选室外日均温(outdoorMT)和热辐射(radiantHEAT)作自变量,选用二元二次多项式(二次响应面)作拟合模型,试做室内日均温的二元非线性回归。拟合模型为:

$$y = b_0 + b_1 x_1 + b_2 x_2 + b_3 x_1 x_2 + b_4 x_1^2 + b_5 x_2^2$$

将拟合模型编写为 M-file 函数 response_surf.m。程序如下:

```
function y=response_surf(beta, x)
y=beta(1)+beta(2)*x(:,1)+beta(3)*x(:,2)+beta(4)*x(:,1).*x(:,2)...
    +beta(5)*x(:,1).^2+beta(6)*x(:,2).^2;
```

非线性回归主程序如下:

```
file='D:\Users\My Matlab Files\greenhouse.xls';    %指定Excel数据文件的全路径
[data text]=xlsread(file);                          %读取数据文件
x1=data(:,1); x2=data(:,2); x3=data(:,3); y=data(:,4);   %确定响应变量和自变量
x=[x1 x3];
beta0=zeros(6,1);
[beta, r, J, COVB, mse] = nlinfit(x, y, @response_surf, beta0)
```

主程序执行的部分结果如下:

```
beta =

    7.9901e+000         b_0 的回归结果
    1.0776e+000         b_1 的回归结果
    7.0623e+000         b_2 的回归结果
   −4.3689e−001         b_3 的回归结果
    2.5427e−002         b_4 的回归结果
   −4.9013e+000         b_5 的回归结果

mse =

    5.6556e−001         回归误差均方
```

编程绘图比较回归结果和试验测定数据。如图 7-14 所示。

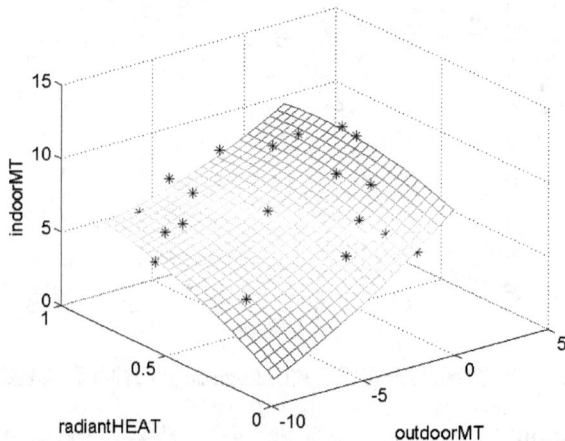

图 7-14　室外日均温、热辐射两效应的室内日均温响应面及试验数据点

上 机 报 告

(1) 用 MATLAB 编程实现随机变量的概率密度、分布函数、分位数、区间概率等计算。

(2) 用 MATLAB 编程实现描述统计计算、绘柱形图或直方图。

(3) 用 MATLAB 编程实现单变量样本的均值、方差、方差比等检验。

(4) 用 MATLAB 编程实现单变量样本分布拟合检验。

(5) 用 MATLAB 编程实现单向分组数据方差分析。

(6) 用 MATLAB 编程实现线性回归分析。

(7) 用 MATLAB 编程实现非线性回归分析。

第8单元　*MATLAB 优化设计*

上机目的: 了解 MATLAB 的 Optimization Toolbox 工具箱，了解主要优化解算函数及其使用格式，掌握目标函数、Gradient 矩阵、Jacobian 矩阵、Hessian 矩阵、约束条件等的 M-file 函数编程，掌握优化问题的主程序设计和编程，培养应用 MATLAB 优化工具箱解决优化问题的能力。

上机内容: 线性规划，二次规划，无约束非线性规划，约束非线性规划，最小二乘规划，解非线性方程组。

操作约定: 用户的优化设计任务主要包括优化建模、Editor 窗口编程、Command Window 数据结果观察和 Figure 窗口图形结果观察 4 类操作。

8.1　解优化问题的 MATLAB 程序结构及其运行机制

解优化问题的 MATLAB 程序具有如图 8-1 所示的结构。

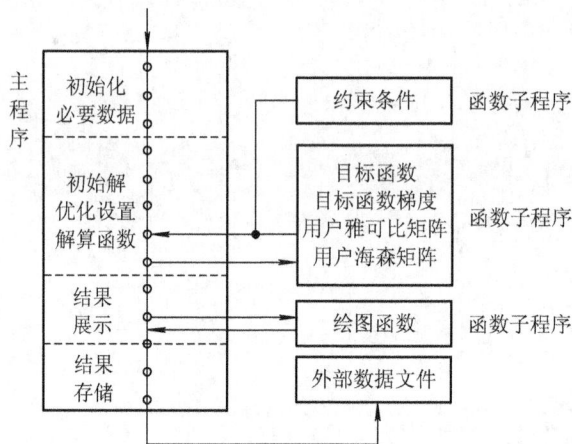

图 8-1　解优化问题的 MATLAB 程序结构和数据流

主程序至少包括必要数据、初始解、优化设置和解算函数四个部分。必要数据是需预先赋值的优化模型常量参数；初始解是设计变量的初始指定值；优化设置由 optimset 函数实现，它控制解算函数的算法、设计变量允差、目标函数允差、约束条件允差等；解算函数亦称优化解法器，是优化工具箱提供的 M-file 函数，它完成特定的优化模型解法。

优化设置举例见表 8-1。

表 8-1　优化设置语句及其含义

优化设置语句	缺省值	含　　义
options = optimset('TolX',1e-4)	1e-6	解向量 X 的迭代允差
options = optimset('TolFun',1e-8)	1e-6	目标函数的迭代允差
options = optimset('TolCon',1e-4)	1e-6	约束函数的迭代允差
options = optimset('MaxIter',500)	NaN	允许的最大迭代次数
options = optimset('GradObj','on')	off	指定用目标函数子程序计算的梯度
options = optimset('Jacobian','on')	off	指定用目标函数子程序计算的雅可比阵
options = optimset('Hessian','on')	off	指定用目标函数子程序计算的海森阵

注：其余优化设置和用法请使用 Help 命令查询。

8.2　线性规划(Linear Programming)

线性规划的 MATLAB 标准型如下所示，它采用 Optimization Toolbox_linprog 函数解算。

$$\text{MIN}: f(X) = C^{\mathrm{T}} X$$

$$s.t. \begin{cases} AX \leqslant b \\ A_{\mathrm{eq}} \cdot X = b_{\mathrm{eq}} \\ l_{\mathrm{b}} \leqslant X \geqslant u_{\mathrm{b}} \end{cases}$$

【例 8.1】　解下面的线性规划问题

$$\text{MAX}: f(X) = 4x_1 + 5x_2 + x_3$$

$$s.t. \begin{cases} 3x_1 + 2x_2 + x_3 \geqslant 17 \\ 2x_1 + x_2 \leqslant 9 \\ x_1 + x_2 + x_3 = 10 \\ x_1, x_2, x_3 \geqslant 0 \end{cases}$$

首先将原线性规划问题转换为线性规划的 MATLAB 标准型，如下所示：

$$\text{MIN}: Y = -f(X) = -4x_1 - 5x_2 - x_3$$

$$s.t. \begin{cases} -3x_1 - 2x_2 - x_3 \leqslant -17 \\ 2x_1 + x_2 \leqslant 9 \\ x_1 + x_2 + x_3 = 10 \\ x_1, x_2, x_3 \geqslant 0 \end{cases} \Rightarrow \quad \text{MIN}: Y = C^{\mathrm{T}} X \quad s.t. \begin{cases} AX \leqslant b \\ A_{\mathrm{eq}} \cdot X = B_{\mathrm{eq}} \\ l_{\mathrm{b}} \leqslant X \leqslant u_{\mathrm{b}} \end{cases}$$

其中：$A = \begin{bmatrix} -3 & -2 & -1 \\ 2 & 1 & 0 \end{bmatrix}; b = \begin{bmatrix} -17 \\ 9 \end{bmatrix}; A_{\mathrm{eq}} = \begin{bmatrix} 1 & 1 & 1 \end{bmatrix}; beq = 10; X = \begin{bmatrix} x_1 \\ x_2 \\ x_3 \end{bmatrix}; l_{\mathrm{b}} = \begin{bmatrix} 0 \\ 0 \\ 0 \end{bmatrix}; u_{\mathrm{b}} = []$ 。

MATLAB 解线性规划程序如下：

```
clc; clear all; close all;
C=[-4 -5 -1]; A=[-3 -2 -1;2 1 0]; b=[-17;10]; Aeq=[1 1 1]; beq=10;    %必要数据
lb=[0;0;0]; ub=[ ];                                                    %必要数据
X0=[0;0;0];                                                            %初始解
options=optimset('TolX',1e-7, 'TolFun',1e-7, 'TolCon',1e-7);          %优化设置
[X,Y,exitflag,output,lambda] = linprog(C,A,b,Aeq,beq,lb,ub,X0,options) %解算
```

程序执行的部分结果如下：

```
X =
     0.0000
    10.0000
     0.0000
Y =           -50.0000
exitflag =       1
```

问题的最优解 X 和最优值 Y 分别为

$$X = \begin{bmatrix} 0 \\ 10 \\ 0 \end{bmatrix}, \quad f(X) = -Y = 50$$

【例 8.2】 某厂生产 CP1、CP2、CP3 三种产品，均需 A、B 两道工序加工。设 A 工序可在设备 A_1 或 A_2 上完成，B 工序可在设备 B_1、B_2 或 B_3 上完成。已知产品 CP1 可在 A、B 任何一种设备上加工；产品 CP2 可在任何规格的 A 设备上加工，但完成 B 工序时，只能在 B_1 设备上加工；产品 CP3 只能在 A_2 与 B_2 设备上加工。加工单位产品所需工序时间及其它各项数据见表 8-2。试建立问题的线性规划模型，求解使该厂获利最大的最优生产规划。

表 8-2　与产品加工、设备能力和销售等有关的数据

设　备	产品台时消耗/(小时/件)			设备台时能力 /小时	设备加工费 /(元/小时)
	CP1	CP2	CP3		
A_1	5	10		6000	0.05
A_2	7	9	12	10 000	0.03
B_1	6	8		4000	0.06
B_2	4		11	7000	0.11
B_3	7			4000	0.05
原料费/(元/件)	0.25	0.35	0.50		
售价/(元/件)	1.25	2.00	2.80		

(1) 建立问题的线性规划模型，步骤如下：

确定设计变量：

x_1——A_1 加工的 CP1 件数　　x_6——A_1 加工的 CP2 件数　　x_9——A_2 加工的 CP3 件数

x_2——A_2 加工的 CP1 件数　　x_7——A_2 加工的 CP2 件数　　x_{10}——B_2 加工的 CP3 件数

x_3——B_1 加工的 CP1 件数　　x_8——B_1 加工的 CP2 件数

x_4——B_2 加工的 CP1 件数

x_5——B_2 加工的 CP1 件数

确定目标函数（总利润）：

$$
\begin{aligned}
f(X) &= (1.25-0.25-0.05\times5)x_1+(1.25-0.25-0.03\times7)x_2 \\
&\quad +(-0.06\times6)x_3+(-0.11\times4)x_4 \\
&\quad +(-0.05\times7)x_5+(2-0.35-0.05\times10)x_6 \\
&\quad +(2-0.35-0.03\times9)x_7+(-0.06\times8)x_8 \\
&\quad +(2.8-0.5-0.03\times12)x_9+(-0.11\times11)x_{10} \\
&= 0.75x_1+0.79x_2-0.36x_3-0.44x_4-0.35x_5+1.15x_6 \\
&\quad +1.38x_7-0.48x_8+1.94x_9-1.21x_{10}
\end{aligned}
$$

确定线性规划模型：

$$
\begin{aligned}
\text{MAX}: f(X) = &\ 0.75x_1+0.79x_2-0.36x_3-0.44x_4-0.35x_5 \\
&+1.15x_6+1.38x_7-0.48x_8+1.94x_9-1.21x_{10}
\end{aligned}
$$

$$
s.t. \begin{cases}
5x_1+10x_6 \leqslant 6000 \\
7x_2+9x_7+12x_9 \leqslant 10\,000 \\
6x_3+8x_8 \leqslant 4000 \\
4x_4+11x_{10} \leqslant 7000 \\
5x_5 \leqslant 4000 \\
x_1+x_2-x_3-x_4-x_5=0 \\
x_6+x_7-x_8=0 \\
x_9-x_{10}=0 \\
0 \leqslant x_1,x_2,x_3,x_4,x_5,x_6,x_7,x_8,x_9,x_{10}
\end{cases}
$$

(2) 将原线性规划问题转换为线性规划的 MATLAB 标准型：

$$
\begin{aligned}
f(X) = &\ 0.75x_1+0.79x_2-0.36x_3-0.44x_4-0.35x_5 \\
&+1.15x_6+1.38x_7-0.48x_8+1.94x_9-1.21x_{10}
\end{aligned}
$$

$\text{MIN}: Y=-f(X)$

$$
s.t. \begin{cases}
5x_1+10x_6 \leqslant 6000 \\
7x_2+9x_7+12x_9 \leqslant 10\,000 \\
6x_3+8x_8 \leqslant 4000 \\
4x_4+11x_{10} \leqslant 7000 \\
5x_5 \leqslant 4000 \\
0 \leqslant x_1,x_2,x_3,x_4,x_5,x_6,x_7,x_8,x_9,x_{10}
\end{cases}
$$

$\Rightarrow$

$\text{MIN}: Y=\boldsymbol{C}^{\mathrm{T}}\boldsymbol{X}$

$$
s.t. \begin{cases}
\boldsymbol{A}\boldsymbol{X} \leqslant \boldsymbol{b} \\
\boldsymbol{A}_{\mathrm{eq}} \cdot \boldsymbol{X} = \boldsymbol{b}_{\mathrm{eq}} \\
\boldsymbol{l}_{\mathrm{b}} \leqslant \boldsymbol{X} \leqslant \boldsymbol{u}_{\mathrm{b}}
\end{cases}
$$

(3) MATLAB 解线性规划程序如下：

```
clc; clear all; close all;
C=[-0.75 -0.79 -0.64 -0.56 -0.65 -1.15 -1.38 -1.17 -1.94 -1.09];        %必要数据
A=[5 0 0 0 0 10 0 0 0 0;0 7 0 0 0 0 9 0 12 0;0 0 6 0 0 0 0 8 0 0;
     0 0 0 4 0 0 0 0 0 11;0 0 0 0 5 0 0 0 0 0];                         %必要数据
b=[6000;10000;4000;7000;4000];                                         %必要数据
Aeq=[1 1 -1 -1  -1 0 0 0 0 0;0 0 0 0 0 1 1 -1 0 0;0 0 0 0 0 0 0 0 1 -1];  %必要数据
beq=[0;0;0];                                                           %必要数据
lb=[0;0;0;0;0;0;0;0;0;0]; ub=[ ];                                      %必要数据
X0=[0;0;0;0;0;0;0;0;0;0];                                              %初始解
options=optimset('TolX',1e-7,'TolFun',1e-7, 'TolCon',1e-7);            %优化设置
[X,Y,exitflag,output,lambda] = linprog(C,A,b,Aeq,beq,lb,ub,x0,options) %解算
xCP1=X(1)+ X(2)
xCP2=X(6)+ X(7)
xCP3=X(9)
fval=-Y
```

(4) 程序执行的部分结果如下:

```
Optimization terminated.
X =   1.0e+003 *
      1.2000
      0.2300
      0.0000
      0.8586
      0.5714
      0.0000
      0.5000
      0.5000
      0.3241
      0.3241
Y =        -4.6017e+003
exitflag =        1
xCP1 =   1.4300e+003      产品 1 总件数
xCP2 =   500.0000         产品 2 总件数
xCP3 =   324.1379         产品 3 总件数
fval =   1.1906e+003      总利润
```

8.3 二 次 规 划

采用 Optimization Toolbox_quadprog 函数可解算如下所示的 MATLAB 标准型二次

规划。

$$MIN: f(X) = \frac{1}{2}X^\mathrm{T} H(X)X + C^\mathrm{T} X$$

$$s.t. \begin{cases} AX \leqslant b \\ A_{eq}X = b_{eq} \\ l_b \leqslant X \leqslant u_b \end{cases}$$

【例 8.3】　试求解下面的二次规划

$$MIN: f(X) = \frac{1}{2}x_1^2 + x_2^2 - x_1 x_2 - 2x_1 - 6x_2$$

$$s.t. \begin{cases} x_1 + x_2 \leqslant 2 \\ x_1 - 2x_2 \geqslant -2 \\ 2x_1 + x_2 \leqslant 3 \\ 0 \leqslant x_1, x_2 \end{cases}$$

首先将原二次规划问题转换为二次规划的 MATLAB 标准型，如下所示：

$$MIN: f(X) = \frac{1}{2}x_1^2 + x_2^2 - x_1 x_2 - 2x_1 - 6x_2$$

$$s.t. \begin{cases} x_1 + x_2 \leqslant 2 \\ -x_1 + 2x_2 \leqslant 2 \\ 2x_1 + x_2 \leqslant 3 \\ 0 \leqslant x_1, x_2 \end{cases}$$

$$\Rightarrow$$

$$MIN: f(X) = \frac{1}{2}X^\mathrm{T} H(X)X + C^\mathrm{T} X$$

$$s.t. \begin{cases} AX \leqslant b \\ A_{eq}X = b_{eq} \\ l_b \leqslant X \leqslant u_b \end{cases}$$

其中：$C = \begin{bmatrix} -2 \\ -6 \end{bmatrix}$; $A = \begin{bmatrix} 1 & 1 \\ -1 & 2 \\ 2 & 1 \end{bmatrix}$; $b = \begin{bmatrix} 2 \\ 2 \\ 3 \end{bmatrix}$; $A_{eq} = []$; $beq = []$; $X = \begin{bmatrix} x_1 \\ x_2 \end{bmatrix}$; $l_b = \begin{bmatrix} 0 \\ 0 \end{bmatrix}$; $u_b = []$。

海森矩阵：

$$H(X) = \begin{bmatrix} 1 & -1 \\ -1 & 2 \end{bmatrix}; \quad \frac{\partial^2 f(X)}{\partial x_1^2} = 1; \quad \frac{\partial^2 f(X)}{\partial x_2^2} = 2; \quad \frac{\partial^2 f(X)}{\partial x_1 x_2} = \frac{\partial^2 f(X)}{\partial x_2 x_1} = -1$$

采用 Optimization Toolbox_quadprog 函数编程求解二次规划。程序如下：

```
clc; clear all; close all;
H=[1 -1;-1 2]; C=[-2; -6]; A=[1 1;-1 2;2 1]; b=[2;2;3];        %必要数据
Aeq=[ ]; beq=[ ]; lb=[0;0]; ub=[ ];                           %必要数据
X0=[0;0];                                                     %初始解
options=optimset('TolX',1e-7, 'TolFun',1e-7, 'TolCon',1e-7);   %优化设置
[X,Y,exitflag,output,lambda]=quadprog(H,C,A,b,Aeq,beq,lb,ub,X0,options)
```

程序执行的部分结果如下：

Optimization terminated.

X =　　　　　　　　　　最优解

0.6667

1.3333

Y =   −8.2222   最优值

exitflag =   1

8.4 无约束非线性规划

(Unconstrained Nonlinear Minimization)

欧氏空间 E^n、n 元自变量 X、目标函数 $f(X)$ 无约束非线性规划的 MATLAB 标准型为：

$$\text{MIN}: f(X), X \in E^n$$

8.4.1 无约束非线性规划的单纯形解法

用 Optimization Toolbox_fminsearch 函数可实现无约束非线性规划的单纯形解法。

【例 8.4】 求解下面函数的极小点和极小值

$$f(X) = 100(x_2 - x_1^2)^2 + \left(\sqrt{2} - x_1\right)^2$$

采用 Optimization Toolbox_fminsearch 函数编程求解无约束非线性规划。程序如下：

```
clc; clear all; close all;
fun=@(x)100*(x(2)-x(1)^2)^2+(sqrt(2)-x(1))^2;        %目标函数
X0=[0;0];                                            %初始解
options=optimset('TolX',1e-7, 'TolFun',1e-7);        %优化设置
[X,Fx,exitflag,output] = fminsearch(fun,X0,options)  %解算
```

程序执行的部分结果如下：

X =   极小点

　　1.4142

　　2.0000

Fx =   9.3621e-016   极小值

exitflag =   1

8.4.2 无约束非线性规划的梯度解法

用 Optimization Toolbox_fminunc 函数可实现无约束非线性规划的梯度解法，它需要调用计算目标函数和梯度的 M-file 函数，故要先完成目标函数和梯度计算的 M-file 函数编程。

【例 8.5】 求解下面的无约束非线性规划

$$\text{MIN}: f(X) = 3x_1^2 + 2x_1x_2 + x_2^2$$

$$X \in E^2$$

梯度计算公式：

$$\nabla f(X) = \frac{\partial f(X)}{\partial X} = \begin{pmatrix} \dfrac{\partial f(X)}{\partial x_1} \\[2mm] \dfrac{\partial f(X)}{\partial x_2} \end{pmatrix} = \begin{pmatrix} 6x_1 + 2x_2 \\ 2x_1 + 2x_2 \end{pmatrix}$$

首先为目标函数和梯度计算编写一个 M-file 函数 uncfun.m。程序如下：

```
function [f,g] = uncfun(x)
f = 3*x(1)^2 + 2*x(1)*x(2) + x(2)^2;
if nargout > 1  %若输出多于1
    g(1) = 6*x(1)+2*x(2);
    g(2) = 2*x(1)+2*x(2);
end
```

采用 Optimization Toolbox_fminunc 函数编程调用 uncfun 并求解无约束非线性规划。程序如下：

```
X0=[0;0];   %初始解
options=optimset('GradObj','on','TolX',1e-7, 'TolFun',1e-7);        %优化设置
[X1,Fx1,exitflag,output,grad] = fminunc(@uncfun,X0)                 %缺省设置解算
[X2,Fx2,exitflag,output,grad] = fminunc(@uncfun,X0,options)         %用户设置解算
```

程序执行的部分结果如下：

```
X1 =    1.0e-005 *
    0.2675
    -0.2231
Fx1 =   1.4509e-011
exitflag =        1
grad =   1.0e-004 *
    0.1163
    0.0087
X2 =    1.0e-022 *
    -0.1323
         0
Fx2 =   5.2549e-046
exitflag =        1
grad =   1.0e-022 *
    -0.7941
    -0.2647
```

8.4.3　无约束非线性规划的最速下降解法

用 Optimization Toolbox_fminunc 函数可实现无约束非线性规划的最速下降解法。steepdesc 最速下降法需通过优化设置启用。

【例 8.6】 用最速下降法求解下面的无约束非线性规划，选定初始解 $X_0 = [0;0]$

$$\text{MIN}: f(X) = x_1^2 + 2x_2^2 - 2x_1x_2 - 3x_2$$
$$X \in E^2$$

采用 Optimization Toolbox_fminunc 函数可实现最速下降法解无约束非线性规划。程序如下：

```
clc; clear all; close all;
X0=[0;0];    %初始解
uncfun=@(x) x(1)^2+2*x(2)^2-2*x(1)*x(2)-3*x(2);     %目标函数
options = optimset('LargeScale', 'off' , 'HessUpdate', 'steepdesc',…
'MaxFunEvals',270);                              %优化设置
[X,Fx,exitflg] = fminunc(uncfun,X0,options)      %用最速下降法解算
```

程序执行的结果如下：

```
X =
    1.5000
    1.5000
Fx =    −2.2500
exitflg =     1
```

8.4.4 无约束非线性规划的 DFP 变尺度解法

用 Optimization Toolbox_fminunc 函数可实现 DFP 拟牛顿变尺度法解无约束非线性规划。DFP 需通过优化设置启用。

【例 8.7】 用 DFP 求解下面的非线性规划，选定初始解 $X_0 = [4,0]$。

$$\text{MIN}: f(X) = -\frac{1}{x_1^2 + x_2^2 + 2}$$

采用 Optimization Toolbox_fminunc 函数可实现 DFP 拟牛顿法编程求解无约束非线性规划。程序如下：

```
clc; clear all; close all;
X0=[4;0];                                    %初始解
uncfun=@(x) −1./(x(1)^2+x(2)^2+2);           %目标函数
options = optimset('LargeScale', 'off' , 'HessUpdate', 'dfp');   %优化设置
[X,Fx,exitflg] = fminunc(uncfun,X0,options)   %用DFP法解算
```

程序执行的结果如下：

```
X =    1.0e-006 *
    −0.7840
         0
Fx =    −0.5000
exitflg =     1
```

8.4.5　无约束非线性规划的 BFGS 变尺度解法

用 Optimization Toolbox_fminunc 函数可实现 BFGS 法解无约束非线性规划。BFGS 法需通过优化设置启用。

【例 8.8】　用 BFGS 法求解下面的非线性规划，选定初始解 $X_0 = [4,0]$。

$$\text{MIN}: f(X) = -\frac{1}{x_1^2 + x_2^2 + 2}$$

采用 Optimization Toolbox_fminunc 函数可实现 BFGS 法编程求解无约束非线性规划。程序如下：

```
clc; clear all; close all;
X0=[4;0];                                              %初始解
uncfun=@(x) -1./(x(1)^2+x(2)^2+2);                     %目标函数
options = optimset('LargeScale', 'off', 'HessUpdate', 'bfgs');   %优化设置
[X,Fx,exitflg] = fminunc(uncfun,X0,options)           %用BFGS法解算
```

程序执行的结果如下：

```
X =    1.0e-006 *
      -0.7840
           0
Fx =    -0.5000
exitflg =        1
```

8.5　约束非线性规划

可用 Optimization Toolbox_fminbnd 函数求解约束一元非线性规划问题。
可用 Optimization Toolbox_fmincon 函数求解约束多元非线性规划问题。
可用 Optimization Toolbox_fminimax 函数求解约束多元非线性最大最小化问题。
可用 Optimization Toolbox_fgoalattain 函数求解约束多元多目标规划问题。
可用 Optimization Toolbox_fseminf 函数求解约束多元半无限规划问题。

8.5.1　约束一元非线性规划

约束一元非线性规划求解某区间上一元非线性函数的最小化问题，它的 MATLAB 标准型为：

$$\text{MIN}: f(x)$$
$$s.t. \quad lb \leqslant x \leqslant ub$$

【例 8.9】　求解下面的约束一元非线性规划问题

$$\text{MIN}: f(x) = (x-1.5)^2 + 0.2x^3$$
$$s.t. \quad 0 \leq x \leq 3$$

采用 Optimization Toolbox_fminbnd 函数编程求解约束一元非线性规划。程序如下：

```
clc; clear all; close all;
objfun=@(x) (x-1.5)^2+0.2*x^3;                          %目标函数
options=optimset('TolX',1e-7, 'TolFun',1e-7, 'TolCon',1e-7);   %优化设置
[X,Fx,exitflg] = fminbnd(objfun, 0, 3, options)        %解算
```

程序执行的结果如下：

```
X =
      1.1222
Fx =
      0.4254
exitflg =        1
```

8.5.2 约束多元非线性规划

约束多元非线性规划问题的 MATLAB 标准型为：

$$\text{MIN}: f(X)$$

$$s.t. \begin{cases} c(X) \leq 0; & \text{非线性不等式约束} \\ c_{eq}(X) = 0; & \text{非线性等式约束} \\ A_X \leq b; & \text{线性不等式约束} \\ A_{eq}X = b_{eq}; & \text{线性等式约束} \\ l_b \leq X \leq u_b; & \text{设计变量区间约束} \end{cases}$$

【例 8.10】 求解下面的约束多元非线性规划问题，初始解选定 $X_0 = [10;10;10]$。

$$\text{MAX}: \quad f(X) = x_1 x_2 x_3$$
$$s.t. \quad 0 \leq x_1 + 2x_2 + 2x_3 \leq 72$$

首先将约束多元非线性规划问题转换为 MATLAB 标准型。

$$\text{MIN}: \quad Y = -f(X) = -x_1 x_2 x_3$$
$$s.t. \begin{cases} -x_1 - 2x_2 - 2x_3 \leq 0 \\ x_1 + 2x_2 + 2x_3 \leq 72 \end{cases} \Rightarrow \quad \begin{array}{l} \text{MIN}: \quad Y = -x_1 x_2 x_3 \\ s.t. \quad AX \leq b \end{array}$$

其中：

$$A = \begin{bmatrix} -1 & -2 & -2 \\ 1 & 2 & 2 \end{bmatrix}; \quad b = \begin{bmatrix} 0 \\ 72 \end{bmatrix}$$

采用 Optimization Toolbox_fmincon 函数编程求解约束多元非线性规划。程序如下：

```
clc; clear all; close all;
```

```
objfun=@(x) -x(1)*x(2)*x(3);                                    %目标函数
X0=[10;10;10];                                                   %初始解
A=[-1 -2 -2;1 2 2]; b=[0;72];                                    %必要数据
options = optimset('TolX',1e-7, 'TolFun',1e-7, 'TolCon',1e-7);  %优化设置
[X, Y, exitflg] = fmincon(objfun, X0, A, b, [], [], [], [], [], options)  %解算
```

程序执行的结果如下：

```
Active inequalities (to within options.TolCon = 1e-007):
    lower       upper      ineqlin    ineqnonlin
                              2
X =
    24.0000
    12.0000
    12.0000
Y =      −3.4560e+003
exitflg =      5
```

8.5.3　约束多元最大最小规划

最大最小规划是指实现约束多元非线性向量函数的最大分量最小化，它的 MATLAB 标准型为：

$$\text{MIN: } \underset{i}{\text{MAX}}\, F_i(X)$$

$$s.t.\begin{cases} c(X) \leq 0; & \text{非线性不等式约束} \\ c_{eq}(X) = 0; & \text{非线性等式约束} \\ AX \leq b; & \text{线性不等式约束} \\ A_{eq}X = b_{eq}; & \text{线性等式约束} \\ l_b \leq X \leq u_b; & \text{设计变量区间约束} \end{cases}$$

【例 8.11】　求解下面的最大最小规划，初始解选定 $X_0 = [0.1;0.1]$。

$$\text{MIN}\quad \underset{i}{\text{MAX}}\, F(X) = \left[f_1(X), f_2(X), f_3(X), f_4(X), f_5(X) \right]$$

其中

$$f_1(X) = 2x_1^2 + x_2^2 - 48x_1 - 40x_2 + 304$$
$$f_2(X) = -x_1^2 - 3x_2^2$$
$$f_3(X) = x_1 + 3x_2 - 18$$
$$f_4(X) = -x_1 - x_2$$
$$f_5(X) = x_1 + x_2 - 8$$

例 8.11 的最大最小化问题无约束，本身已是 MATLAB 标准型，无需模型转换。

首先将目标函数编写成 M-file 函数 minmaxobj.m。程序如下：

```
function f=minmaxobj(x);
f(1)= 2*x(1)^2+x(2)^2-48*x(1)-40*x(2)+304;
f(2)= -x(1)^2 - 3*x(2)^2;
f(3)= x(1) + 3*x(2) -18;
f(4)= -x(1)- x(2);
f(5)= x(1) + x(2) - 8;
```

采用 Optimization Toolbox_fminimax 函数编程调用 minmaxobj 并求解最大最小规划。程序如下：

```
clc; clear all; close all;
x0 = [0.1; 0.1];                                          %初始解
options=optimset('TolX',1e-7,'TolFun',1e-7,'TolCon',1e-7);    %优化设置
format short e;
[x,fval,maxfval,exitflag] = fminimax(@minmaxobj,x0,[],[],[],[],[],[],options)
```

程序执行的结果如下：

```
Active inequalities (to within options.TolCon = 1e-007):          %起作用约束
     lower        upper        ineqlin      ineqnonlin
                                              1
                                              5
x =                         %最优解
    4.0000e+000
    4.0000e+000
fval =
    4.9454e-011 -6.4000e+001 -2.0000e+000 -8.0000e+000 -1.5445e-012      %目标函数值
maxfval =    4.9454e-011              %最大目标函数值
exitflag =        4
```

8.5.4 约束多元多目标规划

多目标规划问题是让非线性向量函数(多目标)整体上与期望目标的差异最小，它的 MATLAB 标准型为：

$$\mathop{\text{MIN}}_{X,Y} \gamma$$

$$s.t. \begin{cases} F(X) - \text{weight} \cdot \gamma \leqslant \text{goal} & \\ c(X) \leqslant 0; & \text{非线性不等式约束} \\ c_{eq}(X) = 0; & \text{非线性等式约束} \\ A_X \leqslant b; & \text{线性不等式约束} \\ A_{eq}X = b_{eq}; & \text{线性等式约束} \\ l_b \leqslant X \leqslant u_b; & \text{设计变量区间约束} \end{cases}$$

【例 8.12】 例 8.11 最大最小规划问题采用多目标规划模型求解，初始解仍选定 $X_0 =$

[0.1;0.1]。

确定目标函数向量 F(X)的目标值向量 goal 和目标权重向量 weight：

$$
goal = \begin{bmatrix} 0 \\ 0 \\ 0 \\ 0 \\ 0 \end{bmatrix}; \quad weight = \begin{bmatrix} 1 \\ 1 \\ 1 \\ 1 \\ 1 \end{bmatrix}
$$

先将目标函数编写成 M-file 函数 multgoalobj.m。程序如下：

```
function f=multgoalobj(x);
f(1)= 2*x(1)^2+x(2)^2-48*x(1)-40*x(2)+304;
f(2)= -x(1)^2 - 3*x(2)^2;
f(3)= x(1) + 3*x(2) -18;
f(4)= -x(1)- x(2);
f(5)= x(1) + x(2) - 8;
```

采用 Optimization Toolbox_fgoalattain 函数编程调用 multgoalobj 并求解多目标规划。程序如下：

```
clc; clear all; close all;
x0 = [0.1;0.1];          %初始解
goal=[0 0 0 0 0]';        %目标值
weight=goal+1;           %目标权重，选定权重相同
options=optimset('TolX',1e-7,'TolFun',1e-7,'TolCon',1e-7);   %优化设置
format short e;
[x,fval,attainfactor,exitflag] = fgoalattain(@minmaxobj,x0,goal,weight,...
                    [],[],[],[],[],[],[],options)
```

程序执行的结果如下：

```
Active inequalities (to within options.TolCon = 1e-007):       %起作用约束
   lower       upper      ineqlin     ineqnonlin
                                          1
                                          5
   x =                     %最优解
     4.0000e+000
     4.0000e+000
   fval =    5.2978e-011  -6.4000e+001  -2.0000e+000  -8.0000e+000  -1.6502e-012
   attainfactor =      -1.7365e-012       %松弛因子值
   exitflag =           5
```

8.6 最小二乘规划

若约束多元非线性规划的目标函数是设计变量函数的平方和，则此类非线性规划问题称做最小二乘规划。

8.6.1 非线性方程最小二乘规划

响应变量的测定值 Ydata 与它的估计值 $f(X)$ 之差称做误差，自变量 X 的 n 点测试就会产生 n 个误差。采用 Optimization Toolbox_lsqcurvefit 函数编程实现非线性方程最小二乘规划，即实现 n 个误差平方和的最小化，它的 MATLAB 标准型为：

$$\underset{\beta}{\text{MIN}} \left\| F(\beta, \text{Xdata}) - \text{Ydata} \right\|_2^2 = \underset{\beta}{\text{MIN}} \sum_{i=1}^{n} \sum_{j=1}^{m} \left[F(\beta, \text{Xdata})_{ij} - \text{Ydata}_{ij} \right]^2$$

其中

$$\begin{cases} \beta - p+1 \text{ 维模型参数，包括 } \beta_0; \\ \text{Xdata} - n \times p \text{ 维自变量样本(试验数据);} \\ \text{Ydata} - n \times 1 \text{ 维响应变量样本(试验数据);} \\ F(\beta, \text{Xdata}) - n \times 1 \text{ 维响应变量估计值。} \end{cases}$$

响应变量 Y 与自变量 X 的关系可表示为下面的响应模型：

$$Y = F(\beta, X) + \varepsilon \begin{cases} Y \text{ 是 1 维响应变量} \\ X \text{ 是 } p \text{ 维自变量} \\ \beta \text{ 是 } p+1 \text{ 维模型参数} \\ \varepsilon \text{ 是误差} \end{cases}$$

【例 8.13】 为考察水稻品种 IR72 的籽粒平均粒重 y(毫克)与开花后天数 x 的关系，测定了两变量的 9 对数据，详见表 8-3。

表 8-3 水稻品种 IR72 的性状观测

x	0	3	6	9	12	15	18	21	24
y	0.30	0.72	3.31	9.71	13.09	16.85	17.79	18.23	18.43

为试验测定数据拟合一个 Logistic 生长模型，即：

$$y = \frac{k}{1 + ae^{-bx}}, \text{ (参数 } k \text{、} a \text{、} b \text{ 均大于零)}$$

采用 lsqcurvefit 函数的其他案例，可考察第 4 单元中 4.4.2 小节的一元函数最小二乘拟合问题和第 7 单元中 7.7.1 小节的一元非线性回归问题。

样本数据和模型参数表为下面的向量：

$$\text{Xdata} = \begin{bmatrix} 0 \\ 3 \\ 6 \\ 9 \\ 12 \\ 15 \\ 18 \\ 21 \\ 24 \end{bmatrix}; \text{Ydata} = \begin{bmatrix} 0.30 \\ 0.72 \\ 3.31 \\ 9.71 \\ 13.09 \\ 16.85 \\ 17.79 \\ 18.23 \\ 18.43 \end{bmatrix}; \boldsymbol{\beta} = \begin{bmatrix} k \\ a \\ b \end{bmatrix}$$

Logistic 生长模型对参数 β 的偏导数表示为梯度 $\boldsymbol{G}$ 的转置向量：

$$\boldsymbol{G}^{\mathrm{T}} = \begin{bmatrix} \dfrac{\partial y}{\partial k} & \dfrac{\partial y}{\partial a} & \dfrac{\partial y}{\partial b} \end{bmatrix}$$

n 个试验观测上的偏导数向量表示为 Jacobian 矩阵：

$$\begin{aligned} \frac{\partial y}{\partial k} &= \frac{1}{1+ae^{-bx}} \\ \frac{\partial y}{\partial a} &= -\frac{k \cdot e^{-bx}}{\left(1+ae^{-bx}\right)^2} \\ \frac{\partial y}{\partial b} &= \frac{k \cdot a \cdot x \cdot e^{-bx}}{\left(1+ae^{-bx}\right)^2} \end{aligned} \Rightarrow J = \begin{bmatrix} \dfrac{\partial y_1}{\partial k} & \dfrac{\partial y_1}{\partial a} & \dfrac{\partial y_1}{\partial b} \\ \dfrac{\partial y_2}{\partial k} & \dfrac{\partial y_2}{\partial a} & \dfrac{\partial y_2}{\partial b} \\ \vdots & \vdots & \vdots \\ \dfrac{\partial y_n}{\partial k} & \dfrac{\partial y_n}{\partial a} & \dfrac{\partial y_n}{\partial b} \end{bmatrix}_{n\times 3}$$

将目标函数和 Jacobian 矩阵编写成 M-file 函数 IR72objfun.m。程序如下：

```
function [F,J] = IR72objfun(beta,xdata)
    fenmu=1+ beta(2)*exp(-beta(3)*xdata);
    F = beta(1)./fenmu;
    if nargout > 1;    % Jacobian of the function evaluated at beta
        yk=1./fenmu;
        ya=- beta(1)*exp(-beta(3)*xdata)./fenmu.^2;
        yb= beta(1)* beta(2)*xdata.*exp(-beta(3)*xdata)./fenmu.^2;
        J = [yk ya yb];
    end;
```

采用 Optimization Toolbox_lsqcurvefit 函数编程调用 IR72objfun 并求解最小二乘规划。程序如下：

```
clc; clear all;
xdata = [0 3 6 9 12 15 18 21 24]';
ydata = [0.3 0.72 3.31 9.71 13.09 16.85 17.79 18.23 18.43]';
beta0 = [1,1,1]'; % Starting guess
lb=[0 0 0]'; ub=[];
```

options=optimset('GradObj','on','TolX',1e-7,'TolFun',1e-7,'TolCon',1e-7);

[beta,resnorm,residual,exitflag] = ...

                   lsqcurvefit(@IR72objfun,beta0,xdata,ydata,lb,ub,options)

程序执行的部分结果如下:

Optimization terminated: relative function value changing by less than OPTIONS.TolFun.

beta =

   1.8280e+001

   4.8221e+001

   4.1987e−001

resnorm =   2.2398e+000

exitflag =   3

平均粒重与开花后天数关系的 Logistic 生长模型拟合如图 8-2 所示。

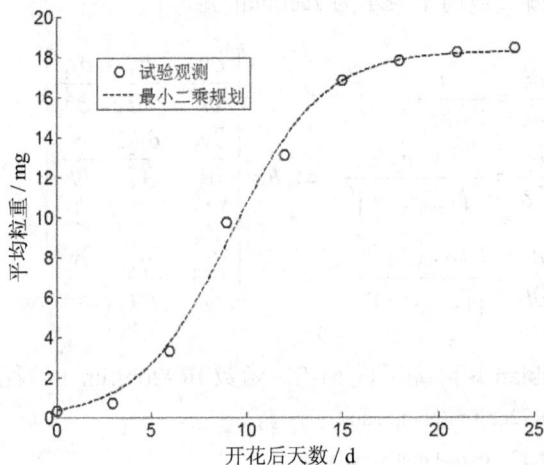

图 8-2　平均粒重与开花后天数关系的 Logistic 生长模型拟合

8.6.2　非线性方程组最小二乘规划

采用 Optimization Toolbox_lsqnonlin 函数可编程实现非线性方程组或向量函数的最小二乘规划, 问题的 MATLAB 标准型为:

$$\mathop{MIN}_{X}\left\|F(X)\right\|_2^2 = \mathop{MIN}_{X}\left[f_1(X)^2 + f_2(X)^2 + \cdots + f_m(X)^2 \right]$$

其中, $F(X) = \begin{bmatrix} f_1(X) \\ f_2(X) \\ \vdots \\ f_m(X) \end{bmatrix}_{m\times 1}$ 为非线性函数组或向量函数。

【例 8.14】　求解下面的非线性方程组最小二乘规划:

$$\text{MIN}_X \left\| F\left(X\right) \right\|_2^2 = \text{MIN}_X \sum_{i=1}^{10} \left(2 + 2i - e^{ix_1} - e^{ix_2}\right)^2$$

其中

$$\begin{cases} F_i\left(X\right) = 2 + 2i - e^{ix_1} - e^{ix_2} \\ i = 1, 2, \cdots, 10; X = \begin{bmatrix} x_1 \\ x_2 \end{bmatrix} \end{cases}$$

Jacobian 矩阵的计算：

$$\left. \begin{aligned} J\left(i,j\right) &= \frac{\partial f_i\left(X\right)}{\partial x_j} \\ i &= 1, 2, \cdots, 10; j = 1, 2 \end{aligned} \right\} \Rightarrow \begin{aligned} J\left(i,1\right) &= \frac{\partial F_i\left(X\right)}{\partial x_1} = -ie^{ix_1} \\ J\left(i,2\right) &= \frac{\partial F_i\left(X\right)}{\partial x_2} = -ie^{ix_2} \end{aligned} \Rightarrow J = \begin{pmatrix} -e^{x_1} & -e^{x_2} \\ -2e^{2x_1} & -2e^{2x_2} \\ \vdots & \vdots \\ -10e^{10x_1} & -10e^{10x_2} \end{pmatrix}$$

将目标函数和 Jacobian 矩阵的计算编写成 M-file 函数 nonlinobjfun.m。程序如下：

```
function [F J] = nonlinobjfun(x);
    i = [1:10]';
    F = 2 + 2*i-exp(i*x(1))-exp(i*x(2));
if nargout > 1;    % two output arguments
    for i=1:10;
        for j=1:2;
            J(i,j) = -i*exp(i*x(j));
        end;
    end; %Jacobian of the function evaluated at x
end;
```

采用 Optimization Toolbox_lsqnonlin 函数编程调用 nonlinobjfun 并求解最小二乘规划。程序如下：

```
clc; clear all;
options = optimset('Jacobian','on','TolX',1e-7,'TolFun',1e-7);
x0 = [0.3;0.4];    % Starting guess
[x,resnorm,residual,exitflag] = lsqnonlin(@nonlinobjfun,x0,[],[],options)
```

程序执行的部分结果如下：

```
Optimization terminated: norm of the current step is less than OPTIONS.TolX.
x =
    0.2578
    0.2578
resnorm =
    124.3622
exitflag =     2
```

8.6.3 线性方程组约束最小二乘规划

采用 Optimization Toolbox_lsqlin 函数可编程实现线性方程组约束最小二乘规划，常用于求取约束或无约束超定线性方程组的最小二乘解。问题的 MATLAB 标准型为：

$$\begin{bmatrix} c_{11} & c_{12} & \cdots & c_{1n} \\ c_{21} & c_{22} & \vdots & c_{2n} \\ \vdots & \vdots & \cdots & \vdots \\ c_{m1} & c_{m2} & \cdots & c_{mn} \end{bmatrix} \cdot \begin{bmatrix} x_1 \\ x_2 \\ \vdots \\ x_n \end{bmatrix} = \begin{bmatrix} d_1 \\ d_2 \\ \vdots \\ d_m \end{bmatrix} \Rightarrow CX = d \Rightarrow \underset{X}{\text{MIN}} \|C \cdot X - d\|_2^2 \quad s.t. \begin{cases} A \cdot X \leqslant b \\ A_{eq} \cdot X = b_{eq} \\ l_b \leqslant X \leqslant u_b \end{cases}$$

【例 8.15】 求解下面的线性方程组约束最小二乘规划：

$$C \cdot X = d$$
$$s.t. \begin{cases} A \cdot X \leqslant b \\ l_b \leqslant X \leqslant u_b \end{cases}$$

其中

$$C = \begin{bmatrix} 0.9501 & 0.7620 & 0.6153 & 0.4057 \\ 0.2311 & 0.4564 & 0.7919 & 0.9354 \\ 0.6068 & 0.0185 & 0.9218 & 0.9169 \\ 0.4859 & 0.8214 & 0.7382 & 0.4102 \\ 0.8912 & 0.4447 & 0.1762 & 0.8936 \end{bmatrix}; d = \begin{bmatrix} 0.0578 \\ 0.3528 \\ 0.8131 \\ 0.0098 \\ 0.1388 \end{bmatrix}; l_b = -\begin{bmatrix} 0.1 \\ 0.1 \\ 0.1 \\ 0.1 \end{bmatrix}; u_b = \begin{bmatrix} 2 \\ 2 \\ 2 \\ 2 \end{bmatrix}$$

$$A = \begin{bmatrix} 0.2027 & 0.2721 & 0.7467 & 0.4659 \\ 0.1987 & 0.1988 & 0.4450 & 0.4186 \\ 0.6037 & 0.0152 & 0.9318 & 0.8462 \end{bmatrix}; b = \begin{bmatrix} 0.5251 \\ 0.2026 \\ 0.6721 \end{bmatrix}$$

采用 Optimization Toolbox_lsqlin 函数编程求解线性方程组约束最小二乘规划。程序如下：

```
clc; clear all;
C = [0.9501      0.7620      0.6153      0.4057
     0.2311      0.4564      0.7919      0.9354
     0.6068      0.0185      0.9218      0.9169
     0.4859      0.8214      0.7382      0.4102
     0.8912      0.4447      0.1762      0.8936];
d = [0.0578   0.3528   0.8131   0.0098   0.1388]';
lb = -0.1*ones(4,1); ub = 2*ones(4,1);
A =[0.2027      0.2721      0.7467      0.4659
    0.1987      0.1988      0.4450      0.4186
    0.6037      0.0152      0.9318      0.8462];
b =[0.5251   0.2026   0.6721]';
options = optimset('LargeScale','off','TolX',1e-7,'TolFun',1e-7,'TolCon',1e-7);
```

[x,resnorm,residual,exitflag] = lsqlin(C,d,A,b,[ ],[ ],lb,ub,[ ],options)

程序执行的部分结果如下：

```
Optimization terminated.
x =
    −0.1000
    −0.1000
     0.2152
     0.3502
resnorm =      0.1672
exitflag =        1
```

8.6.4 线性方程组非负最小二乘规划

采用 Optimization Toolbox_lsqnonneg 函数可编程实现线性方程组非负最小二乘规划，常用于求取超定线性方程组的非负约束最小二乘解。问题的 MATLAB 标准型为：

$$\mathop{\mathrm{MIN}}\limits_{X}\left\|\boldsymbol{C}\cdot\boldsymbol{X}-\boldsymbol{d}\right\|_{2}^{2}$$
$$s.t.\quad \boldsymbol{X}\geqslant 0$$

【例 8.16】　求下面二元线性方程组的非负最小二乘解，即求 $X\geqslant 0$ 的最小二乘解。

$$\boldsymbol{C}\cdot\boldsymbol{X}=\boldsymbol{d}$$

其中

$$\boldsymbol{C}=\begin{pmatrix}0.0372 & 0.2869\\ 0.6861 & 0.7071\\ 0.6233 & 0.6245\\ 0.6344 & 0.6170\end{pmatrix};\boldsymbol{d}=\begin{pmatrix}0.8587\\ 0.1781\\ 0.0747\\ 0.8405\end{pmatrix}$$

采用 Optimization Toolbox_lsqnonneg 函数编程求解线性方程组非负最小二乘规划。程序如下：

```
clc; clear all;
C = [0.0372     0.2869
     0.6861     0.7071
     0.6233     0.6245
     0.6344     0.6170];
d = [0.8587    0.1781    0.0747    0.8405]';
options = optimset('LargeScale','off','TolX',1e-7,'TolFun',1e-7,'TolCon',1e-7);
[x,resnorm,residual,exitflag] = lsqnonneg(C,d,[ ],options)
```

程序执行的结果如下：

```
x =
         0
    0.6929
```

resnorm =   0.8315

residual =

   0.6599

  −0.3119

  −0.3580

   0.4130

exitflag =   1

8.7   非线性方程求根

采用 Optimization Toolbox_fzero 函数可编程实现一元连续函数求根，问题的 MATLAB 标准型为：

$$f(x) = 0$$

其中 x 和 $f(x)$ 均为标量。

采用 Optimization Toolbox_fsolve 函数可编程实现非线性方程组求根，问题的 MATLAB 标准型为：

$$F(X) = 0$$

其中

$$F(X) = \begin{bmatrix} f_1(X) \\ f_2(X) \\ \vdots \\ f_m(X) \end{bmatrix}_{m \times 1} = \begin{bmatrix} 0 \\ 0 \\ \vdots \\ 0 \end{bmatrix}; \quad X = \begin{bmatrix} x_1 \\ x_2 \\ \vdots \\ x_n \end{bmatrix}$$

8.7.1   一元连续函数求根

【例 8.17】   求下面两个一元非线性函数分别接近 3 和 2 的零点：

$$f(x) = \sin(x)$$
$$f(x) = x^3 - 2x - 5$$

采用 Optimization Toolbox_fzero 函数编程求根。程序如下：

```
clc; clear all;
options = optimset('TolX',1e-7,'TolFun',1e-7);
x0=3; [x, fval, exitflag] = fzero(@sin, x0, options)
x0=2; [x, fval, exitflag] = fzero(@(x)x.^3-2*x-5, x0, options)
```

程序执行的结果如下：

    x =　　　3.1416

    fval = -5.4143e-008

    exitflag =　　　1

    x =　　　2.0946

    fval =　6.4152e-009

    exitflag =　　　1

8.7.2　非线性方程组求根

【例 8.18】　解下面二元非线性方程组，初始解 X_0 = [-5;-5]。

$$2x_1 - x_2 = e^{-x_1}$$
$$-x_1 + 2x_2 = e^{-x_2}$$

将解二元非线性方程组问题转化为求根问题，求根问题的 MATLAB 标准型为：

$$F(X) = \begin{bmatrix} 2x_1 - x_2 - e^{-x_1} \\ -x_1 + 2x_2 - e^{-x_2} \end{bmatrix} = \begin{bmatrix} 0 \\ 0 \end{bmatrix}$$

先将 $F(X)$ 编写成 M-file 函数 solveobjfun.m。程序如下：

```
function F = solveobjfun(x)

F = [2*x(1) - x(2) - exp(-x(1)); -x(1) + 2*x(2) - exp(-x(2))];
```

采用 Optimization Toolbox_fsolve 函数编程调用 solveobjfun 并解二元非线性方程组。程序如下：

```
clc; clear all;

x0 = [-5; -5]; %Make a starting guess at the solution

options=optimset('Display','iter', 'TolX',1e-7,'TolFun',1e-7);

[x,fval,exitflag]=fsolve(@solveobjfun,x0,options)
```

程序执行的部分结果如下：

    Optimization terminated: first-order optimality is less than options.TolFun.

    x =

        0.5671

        0.5671

    fval =

        1.0e-013 *

        −0.1799

        −0.1799

    exitflag =　　　1

上 机 报 告

(1) 用 MATLAB 实现线性规划。

(2) 用 MATLAB 实现二次规划。

(3) 用 MATLAB 实现无约束非线性规划单纯形法。

(4) 用 MATLAB 实现无约束非线性规划最速下降法。

(5) 用 MATLAB 实现无约束非线性规划 DFP 法。

(6) 用 MATLAB 实现无约束非线性规划 BFGS 法。

(7) 用 MATLAB 实现约束一元非线性规划。

(8) 用 MATLAB 实现约束多元非线性规划。

(9) 用 MATLAB 实现约束多元最大最小规划。

(10) 用 MATLAB 实现约束多元多目标规划。

(11) 用 MATLAB 实现非线性方程最小二乘规划。

(12) 用 MATLAB 实现非线性方程组最小二乘规划。

(13) 用 MATLAB 实现线性方程组约束最小二乘规划。

(14) 用 MATLAB 实现线性方程组非负最小二乘规划。

(15) 用 MATLAB 实现一元连续函数求根。

(16) 用 MATLAB 实现非线性方程组求根。

第 9 单元 MATLAB 信号处理

上机目的：了解 MATLAB/Signal Processing Toolbox 工具箱，了解信号处理的 M-file 函数及其使用格式，掌握模拟信号及数字信号的初级处理方法。

上机内容：信号与系统，傅里叶变换，拉普拉斯变换，Z-变换，信号时域分析，信号频域分析，信号频响特性分析。

操作约定：用户任务主要包括数学建模、Editor 窗口编程、Command Window 数据结果观察和 Figure 窗口图形结果观察 4 类操作。

9.1 信号与系统

信号，指含有信息且随时间或空间变化的物理量，如电流、位移、速度、声音、图像等。信号是信息的载体，如电流含有电压与电阻、电容、电感等相互作用的信息，位移含有外力与质量、阻力、惯量等相互作用的信息，一个植物图像含有生长势、营养、病害、水分、光合作用等信息。

系统，指传输信号或对信号进行处理的元器件的组合。如传输并变换电流的电路，产生位移的机械等。信号输入是对系统的作用，信号输出是系统对输入作出的响应，系统是研究对象。

通信系统传输图，如图 9-1 所示。

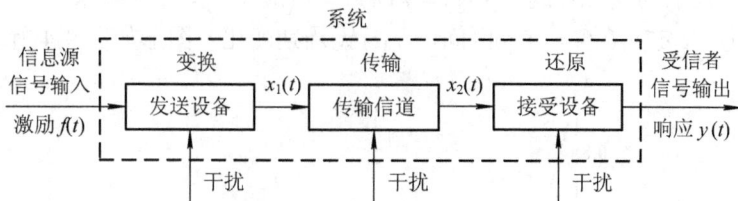

图 9-1 信号与系统：一个通信系统的例子

9.1.1 信号类型及其数学描述

连续时间信号：时间 t 是连续的，信号 $f(t)$ 或连续或不连续，如图 9-2 所示。

离散时间信号：时间 t 以 τ 为间隔取值，信号 $f(t) = f(n\tau) = f(n)$ 仅在 $t = n\tau$ 上有定义，其中 n 为整数。图形如图 9-3 所示。

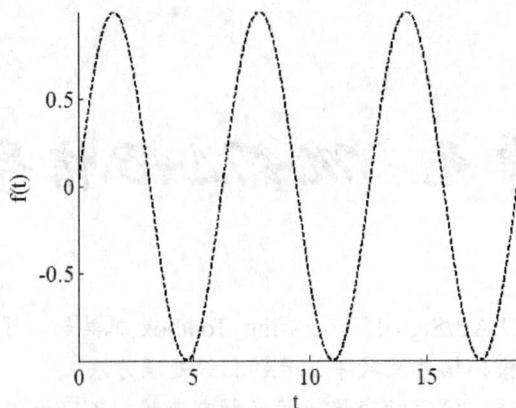

图 9-2 连续时间信号 $f(t) = \sin(t)$，周期 $T = 2\pi$

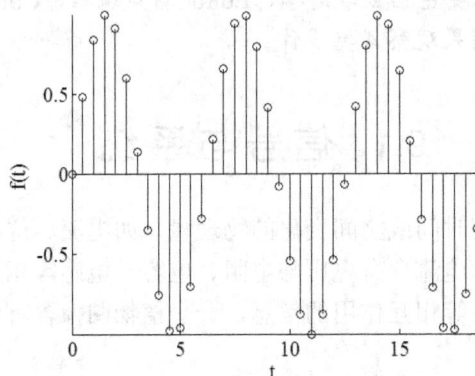

图 9-3 离散时间信号 $f(t) = \sin(t)$，$\tau = 0.5$，$t = n\tau$，$n = 1, 2, \cdots$

周期信号：t 定义在 $(-\infty, +\infty)$ 区间，$f(t)$ 每隔一定周期 T 重复变化。

　　连续周期信号满足 $f(t) = f(t + T)$，$t \in (-\infty, +\infty)$

　　离散周期信号满足 $f(t) = f(n\tau) = f(n\tau + T)$，$n$ 为整数

非周期信号：t 定义在 $(-\infty, +\infty)$ 区间，$f(t)$ 无周期变化。图形如图 9-4 所示。

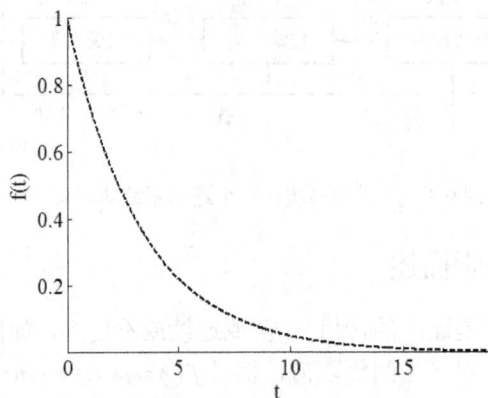

图 9-4 非周期信号 $f(t) = \mathrm{e}^{-0.3t}$

随机信号：t 定义在$(-\infty, +\infty)$区间，$f(t)$具有不确定性。图形如图 9-5 所示。

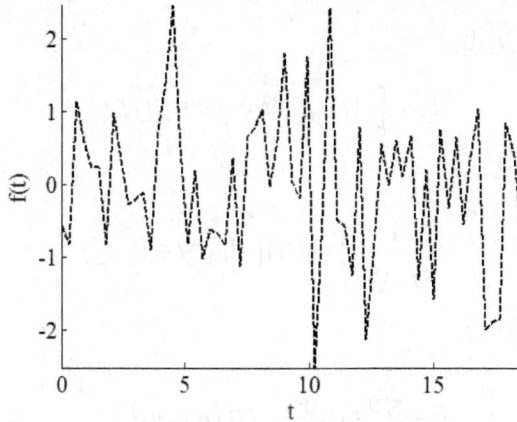

图 9-5　随机信号 $f(t) = \text{Random}(t)$

9.1.2　常见离散信号及其 MATLAB 实现

单位冲激序列，亦称单位抽样序列，函数表达式如下：

$$\delta(n) = \begin{cases} 1, n = 0 \\ 0, n \neq 0 \end{cases} \Rightarrow x = \text{zeros}(1, N); x(1) = 1$$

时间延迟 k 个单位的单位冲激序列函数表达式：

$$\delta(n-k) = \begin{cases} 1, n = k \\ 0, n \neq k \end{cases} \Rightarrow x = \text{zeros}(1, N); x(k) = 1$$

单位阶跃序列函数表达式：

$$u(n) \begin{cases} 1, n \geqslant 0 \\ 0, n < 0 \end{cases} \Rightarrow x = \text{ones}(1, N)$$

正弦序列函数表达式：

$$x(n) = A\sin(2\pi\omega n / Fs + \varphi) \Rightarrow \begin{array}{l} n = 0 : N-1 \\ x = A * \sin(2 * \text{pi} * w * n / Fs + \text{phai}) \end{array}$$

式中：N 为信号长度，即离散时间点的数目；ω 为正弦信号的频率，单位为 Hz；Fs 为采样频率，即一个周期里离散点的个数，单位为 s^{-1}。

复指数序列函数表达式：

$$x(n) = e^{j\omega n} \Rightarrow \begin{array}{l} n = 0 : N-1 \\ x = \exp(j * w * n) \end{array}$$

指数序列函数表达式：

$$x(n) = a^n \Rightarrow \begin{array}{l} n = 0 : N-1 \\ x = a.\wedge n \end{array}$$

9.1.3 信号的能量与功率

连续信号能量函数表达式：

$$E = \int_{t_1}^{t_2} |f(t)|^2 \, dt , \quad t \in (t_1, t_2)$$

连续信号功率函数表达式：

$$N = \frac{1}{t_2 - t_1} \int_{t_1}^{t_2} |f(t)|^2 \, dt , \quad t \in (t_1, t_2)$$

离散信号能量函数表达式：

$$E = \sum_{n_1}^{n_2} |f(n)|^2 , \quad t \in (n_1 T, n_2 T)$$

离散信号功率函数表达式：

$$N = \frac{1}{n_2 - n_1} \sum_{n_1}^{n_2} |f(n)|^2 , \quad t \in (n_1 \tau, n_2 \tau)$$

9.1.4 信号变换

1) 傅里叶变换

任意时间函数 $f(t)$ 与其傅里叶变换 $F(\omega)$ 的关系如下：

$$f(t) = \frac{1}{2\pi} \int_{-\infty}^{+\infty} F(\omega) e^{j\omega t} \, d\omega \Rightarrow F(\omega) = \int_{-\infty}^{+\infty} f(t) \, e^{-j\omega t} \, dt$$

$F(\omega)$ 称做函数 $f(t)$ 的傅里叶变换或频谱函数。频谱函数的模 $|F(\omega)|$ 称做 $f(t)$ 的振幅频谱，亦简称为频谱。

2) 拉普拉斯变换

任意时间函数 $f(t)$ 在 $t > 0$ 上的拉普拉斯变换 $F(s)$ 有：

$$F(s) = \int_{-\infty}^{+\infty} f(t) e^{-st} \, dt , \quad \text{其中 } s = \beta + j\omega \text{ 为复参数}$$

线性系统的响应 $Y(s)$ 的函数表达式：

$$Y(s) = H(s) \cdot F(s)$$

其中，$H(s)$ 为传递函数；$F(s)$ 为输入信号的拉氏变换；$Y(s)$ 为响应信号的拉氏变换。线性系统频率响应 $H(j\omega)$ 的函数表达式：

$$H(j\omega) = \frac{H(s)}{s} = j\omega$$

3) Z-变换

离散时间函数 $f(k)$ 的 Z-变换 $F(z)$ 为：

$$F(z) = \sum_{n=-\infty}^{+\infty} f(n)z^{-n}，其中 z = e^{s\tau} 为复变量$$

线性系统响应 $Y(z)$ 的函数表达式：

$$Y(z) = H(z) \cdot F(z)$$

其中，$H(z)$ 为转移函数；$F(z)$ 为输入信号的 Z-变换；$Y(z)$ 为响应信号的 Z-变换。

线性系统频率响应 $H(e^{j\omega})$ 的函数表达式：

$$H(e^{j\omega}) = H(z)\big|z = e^{j\omega}$$

9.2　信号时域分析

用 MATLAB 实现时域分析，首先将信号 $x(t)$ 离散化为 $x(k)$，然后求系统对单位冲激序列 $\delta(k)$ 的响应，即单位冲激响应序列 $h(k)$，最后利用离散卷积定理求解系统对输入信号 $x(k)$ 的响应 $y(k)$。输入原本是离散信号，直接分析响应 $y(k)$ 随离散时间的变化规律；输入原本是连续信号，可利用对 $y(k)$ 插值来分析响应 $y(t)$ 随任意时间的变化规律。

9.2.1　MATLAB 时域分析原理

离散输出与输入的关系可用差分方程描述：

$$d_0 y(k) + d_1 y(k-1) + \cdots + d_n y(k-n) = p_0 x(k) + p_1 x(k-1) + \cdots + p_m x(k-m)$$

$$\Rightarrow \sum_{n=0}^{N} d_n y(k-n) = \sum_{m=0}^{M} p_m x(k-m)$$

连续信号离散化如图 9-6 所示。

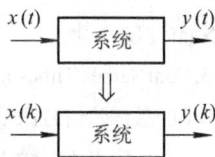

图 9-6　连续信号离散化

输入信号可分解为单位冲激序列：

$$x(k) = \sum_{m=-\infty}^{+\infty} x(m)\delta(k-m)$$

系统对单位冲激信号 $\delta(k)$ 的响应为 $h(k)$，称做单位冲激响应。则系统响应可由卷积公式求出：

$$y(k) = x(k) * h(k) = \sum_{m=-\infty}^{+\infty} x(m)h(k-m)$$

因果系统 $k < 0$ 时 $h(k) = 0$，则响应可由 Z-变换求出：

$$Y(z) = H(z) \cdot X(z)；\quad H(z) = \sum_{k=0}^{+\infty} h(k)z^{-k}；\quad y(k) = Y^{-1}(z)$$

当 $k = 0, 1, 2, \cdots, N$ 时，$h(k)$ 为有限长度，称系统为 FIR 系统；反之称系统为 IIR 系统。

9.2.2 求已知系统的响应

【例 9.1】 已知系统的差分方程为 $y(k) + 0.75y(k-1) + 0.125y(k-2) = x(k) - x(k-1)$，试求系统的单位冲激响应、单位阶跃响应和正弦激励响应，并绘出图形。

根据例题所给差分方程求转移函数，如下：

$$H(z) = \frac{P(z)}{D(z)} = \frac{1 - z^{-1}}{1 + 0.75z^{-1} + 0.125z^{-2}}$$

由上面的转移函数 $H(z)$ 求单位冲激响应、阶跃响应和正弦激励响应。程序如下：

```
%%计算单位冲激的系统响应
b=[1 -1];                          %转移函数分子上的系数向量
a=[1 0.75 0.125];                  %转移函数分母上的系数向量
figure,impz(b,a,14);box off;       %绘制规定个数单位冲激的系统响应图
[hk,t]=impz(b,a,14);               %提取规定个数的单位冲激响应序列和时间序列
%%计算单位阶跃激励的系统响应
xk_jieyue=ones(1,14)';             %给出阶跃信号序列
yk_jieyue=filter(b,a,xk_jieyue);   %计算阶跃信号的响应序列
figure,plot(t,yk_jieyue,'*b');box off;   %绘制单位阶跃激励的系统响应图
xlabel('时间 t','FontSize',13,'FontName','Times');
ylabel('系统响应 f(t)','FontSize',13,'FontName','Times');
%% 根据转移函数和卷积定理计算任意正弦信号激励的系统响应
xk=sin(0.5*t);                     %给出正弦输入信号序列
yk0=conv(xk,hk);                   %计算单位冲激响应与激励信号的卷积
yk1=yk0(1:14);                     %抽取与 xk 长度相同的响应序列
yk2=filter(b,a,xk);                %根据转移函数计算正弦信号的响应序列
figure,plot(t,yk1,'*b',t,yk2,'or');box off;   %绘制正弦信号激励的系统响应图
xlabel('时间 t','FontSize',16,'FontName','Times');
ylabel('系统响应 f(t)','FontSize',16,'FontName','Times');
```

程序执行的结果如下：

系统 $y(k) + 0.75y(k-1) + 0.125y(k-2) = x(k) - x(k-1)$ 的响应如图 9-7 所示。

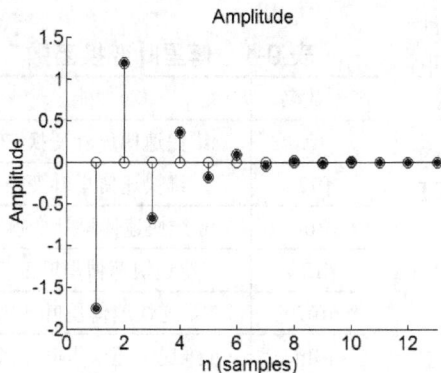

(a) 单位冲击响应　　　　(b) 单位阶跃响应

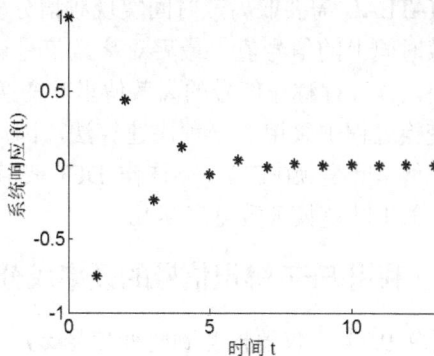

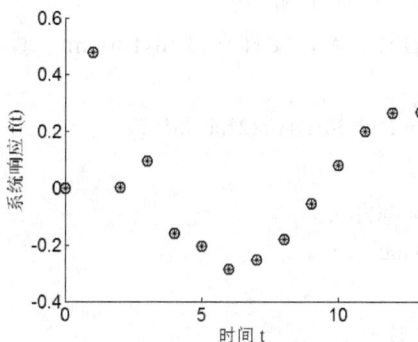

(c) 正弦激励响应

图 9-7　系统 $y(k)+0.75y(k-1)+0.125y(k-2)=x(k)-x(k-1)$ 的响应

9.2.3　时域分析自练题

【例 9.2】　某系统的差分方程为：

$$y(k)=0.25[x(k-1)+x(k-2)+x(k-3)+x(k-4)]$$

试编程求解系统的单位冲激响应、单位阶跃响应和任意正弦激励的系统响应，绘制响应图并对程序执行结果进行讨论。根据差分方程可得系统的转移函数如下：

$$H(z)=\frac{P(z)}{D(z)}=0.25\times[z^{-1}+z^{-2}+z^{-3}+z^{-4}]$$

9.3　信号频域分析

用傅里叶变换求得信号 $f(t)$ 的频谱函数 $F(\omega)$ 和模 $|F(\omega)|$，对 $|F(\omega)|$ 与 ω 关系的讨论和展示就称作信号的频域分析。周期信号的频谱是离散的，谱线只出现在基波频率的整数倍频率处；谱线间隔为基波频率，脉冲周期越大，谱线越密；各分量的大小与脉幅成正比，和脉宽成正比，与周期成反比。非周期信号的频谱是连续的，包括了从零到无限高频的所有频率分量，各频率分量不成谐波关系。

MATLAB 需要取离散时间实现频谱分析，再计算离散时间上的信号值，最后对离散信号进行傅里叶变换。该过程称作信号的离散傅里叶变换(DFT)，由于变换过程中采用了一种快速算法，因而称作离散快速傅里叶变换(FFT)，亦称作 DFT 变换的 FFT 算法。傅里叶变换函数见表 9-1。

表 9-1 傅里叶变换函数

函数名	功　能
fft	一维快速傅里叶变换 FFT
fft2	二维快速傅里叶变换
fftn	n 维快速傅里叶变换
ifft	一维逆快速傅里叶变换
ifft2	2 维逆快速傅里叶变换
ifftn	n 维逆快速傅里叶变换

9.3.1 利用 FFT 辨识信号的频率成分

【例 9.3】 仪器检测到时变信号 x，已知 x 由三种不同频率的正弦信号混合而成。试对信号进行 DFT 变换和分析，进而确定信号的频率和强度。

采用 fft 函数编程以辨识信号频率，文件存盘 myfft01.m。程序如下：

```
t=0:1/119:1;
x=5*sin(2*pi*20*t)+3*sin(2*pi*30*t)+sin(2*pi*45*t);
y=fft(x);m=abs(y);
f=(0:length(y)-1)'*119/length(y);
subplot(211),plot(t,x),grid on;
title('多频率混合信号');
ylabel('Input \itx'), xlabel('Time');
subplot(212), plot(f,m); grid on;
title('信号频谱');
ylabel('Abs. Magnitude'); xlabel('Frequency(Hertz)');
```

程序执行的结果如图 9-8 所示。

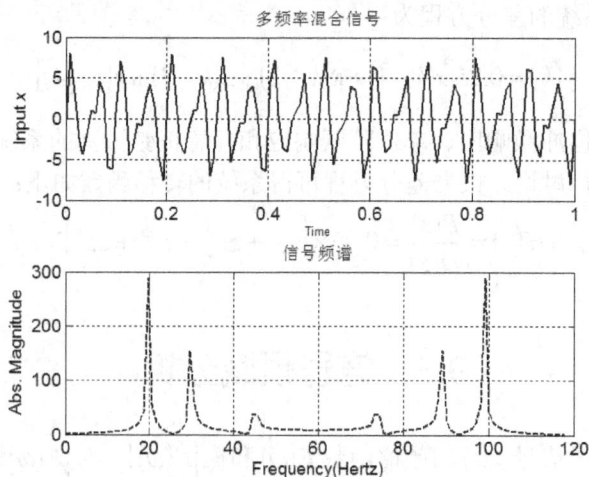

图 9-8 傅里叶辨识的结果为 $\omega_1 = 20\,\text{Hz}$、$\omega_2 = 30\,\text{Hz}$ 和 $\omega_3 = 45\,\text{Hz}$

9.3.2 用 FFT 检测被噪声污染信号的原有频率

【例 9.4】 受信道或环境影响，时变信号 x_0 到达接收端时变成含噪声干扰的合成信

号 x。试通过对信号的 DFT 变换和分析确定原信号 x_0 的频率。

采用 fft 函数编程以辨识原信号频率，文件存盘 myfft02.m。程序如下：

```
t=0:1/119:1; x=5*sin(2*pi*50*t)+1.2*randn(size(t));
y=fft(x); m=abs(y); f=(0:length(y)-1)'*119/length(y);
subplot(2,1,1), plot(t,x), grid on; title('已污染信号');
ylabel('Input \itx'), xlabel('Time');
subplot(2,1,2),plot(f,m); grid on; title('已污染信号的频谱');
ylabel('Abs. Magnitude'); xlabel('Frequency(Hertz)');
```

程序执行的结果如图 9-9 所示。

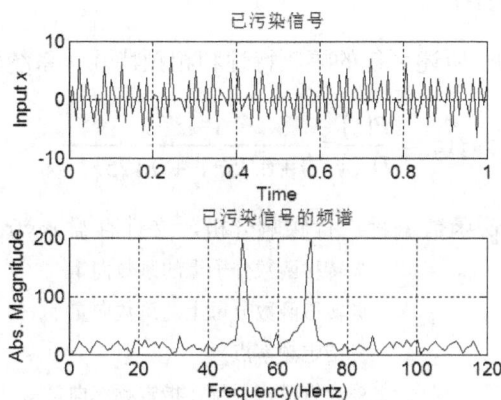

图 9-9　噪声环境下检测出原信号的频率 $\omega = 50\,\text{Hz}$

9.4　系统频响分析

复参数 $s = \text{j}\omega$ 的传递函数 $H(s) = H(\text{j}\omega) = \left|H(\text{j}\omega)\right| \cdot \text{e}^{\text{j}\varphi(\omega)}$ 称作系统的频响特性或频率特性。其中，$\left|H(\text{j}\omega)\right|$ 称做系统的幅频特性，$\text{e}^{\text{j}\varphi(\omega)}$ 系称做系统的相频特性。以 ω 为横轴对它们进行展示和讨论称做系统频响分析。

$z = \text{e}^{\text{j}\omega}$ 的转移函数 $H(z) = H\left(\text{e}^{\text{j}\omega}\right) = \left|H\left(\text{e}^{\text{j}\omega}\right)\right| \cdot \text{e}^{\text{j}\varphi(\omega)}$ 称做系统的频响特性或频率特性。其中，$\left|H\left(\text{e}^{\text{j}\omega}\right)\right|$ 称做系统的幅频特性，$\text{e}^{\text{j}\varphi(\omega)}$ 系称做系统的相频特性。以 ω 为横轴对它们进行展示和讨论称做系统频响分析。

9.4.1　系统频响分析原理

系统的传递函数可表为分式：

$$H(s) = \frac{B(s)}{A(s)} = \frac{b_0 + b_1 s + \cdots + b_{m-1} s^{m-1} + b_m s^m}{a_0 + a_1 s + \cdots + a_{n-1} s^{n-1} + a_n s^n}$$

系统的转移函数可表为分式：

$$H(z) = \frac{P(z)}{D(z)} = \frac{p_0 + p_1 z^{-1} + \cdots + p_{m-1} z^{-m+1} + p_m z^{-m}}{d_0 + d_1 z^{-1} + \cdots + d_{n-1} z^{-n+1} + d_n z^{-n}}$$

系统 s 域的频响特性为：

$$H(\mathrm{j}\omega) = \frac{B(\mathrm{j}\omega)}{A(\mathrm{j}\omega)} = \frac{b_0 + b_1\mathrm{j}\omega + \ldots + b_m(\mathrm{j}\omega)^m}{a_0 + a_1\mathrm{j}\omega + \ldots + a_n(\mathrm{j}\omega)^n}$$

系统 z 域的频响特性为：

$$H(\mathrm{e}^{\mathrm{j}\omega}) = \frac{p(\mathrm{e}^{\mathrm{j}\omega})}{D(\mathrm{e}^{\mathrm{j}\omega})} = \frac{p_0 + p_1\mathrm{e}^{-\mathrm{j}\omega} + \ldots + p_M\mathrm{e}^{-\mathrm{j}M\omega}}{d_0 + d_1\mathrm{e}^{-\mathrm{j}\omega} + \ldots + d_N\mathrm{e}^{-\mathrm{j}N\omega}}$$

9.4.2 系统频响分析案例

【例 9.5】 试求例 9.1 所述系统的幅频特性和相频特性，系统转移函数如下所示：

$$H(z) = \frac{P(z)}{D(z)} = \frac{1 - z^{-1}}{1 + 0.75z^{-1} + 0.125z^{-2}}$$

采用 freqs 函数和 freqz 函数编程进行频响分析，文件存盘 myfreq01.m。程序如下：

```
b=[1 -1];                %转移函数分子上的系数向量
a=[1 0.75 0.125];        %转移函数分母上的系数向量
w=logspace(-1,1);        %指定频率点
hs=freqs(b,a,w);         %计算模拟系统在指定频率向量 w 上的响应
hz=freqz(b,a,w);         %计算数字系统在指定频率向量 w 上的响应
figure,freqs(b,a);       %模拟系统的幅频与相频响应图，自动选取 200 个频率点
figure,freqz(b,a);       %数字系统的幅频与相频响应图，自动选取 200 个频率点
figure,freqs(b,a,w);     %模拟系统的幅频与相频响应图，指定 w 向量为计算频率点
figure,freqz(b,a,w);     %数字系统的幅频与相频响应图，指定 w 向量为计算频率点
```

程序执行的结果如图 9-10 所示。

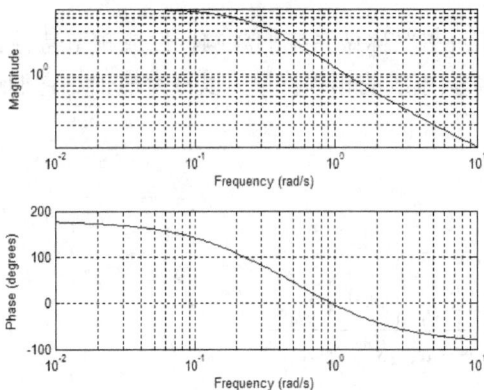

(a) 模拟系统

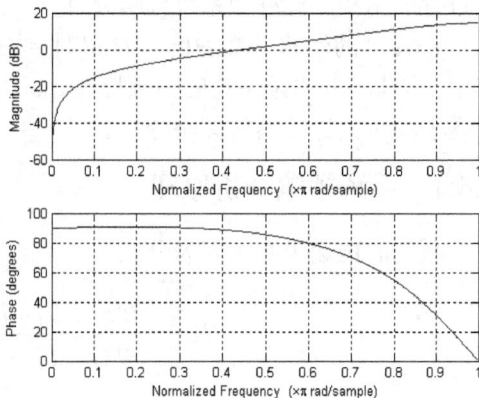

(b) 离散系统

图 9-10 自动取 200 个频率点计算的幅频特性和相频特性

幅频特性和相频特如图 9-11 所示。

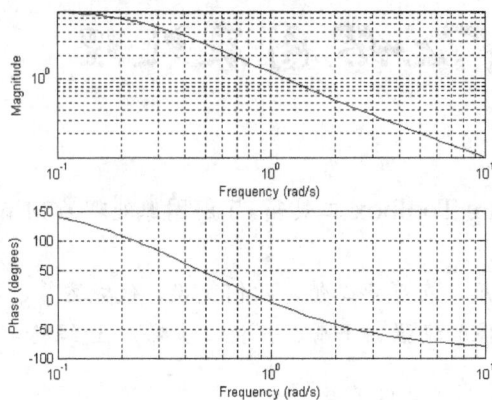

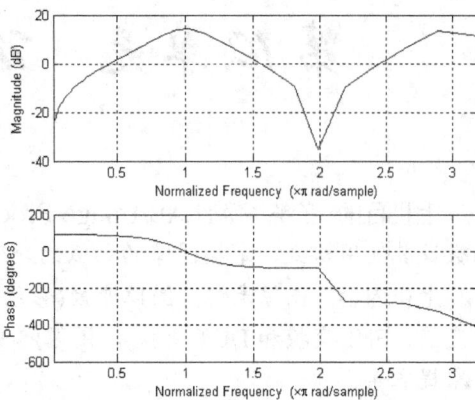

(a) 模拟系统　　　　　　　　　(b) 离散系统

图 9-11　在指定频率点 w 上计算的幅频特性和相频特性

【例 9.6】　试分析例 9.2 所述系统的幅频响应和相频响应，绘制响应特性曲线。

上 机 报 告

(1) 用 MATLAB 实现连续和离散信号。
(2) 用 MATLAB 实现 FFT 快速傅里叶变换。
(3) 用 MATLAB 实现 DFT 离散傅里叶变换。
(4) 用 MATLAB 实现拉普拉斯变换。
(5) 用 MATLAB 实现 Z-变换。
(6) 用 MATLAB 实现信号时域分析。
(7) 用 MATLAB 实现信号频域分析。
(8) 用 MATLAB 实现信号频响分析。

第 10 单元 MATLAB 图像处理

上机目的: 了解 MATLAB/Image Processing Toolbox 工具箱, 了解图像处理的 M-file 函数及其使用格式, 掌握图像的初级的处理方法。

上机内容: 图像表达, 图像变换(彩色变灰度、灰度变二值、几何变换、代数运算、灰度变换、FFT 变换和 DCT 变换), 图像滤波(图像的增强、平滑、锐化、去噪), 边缘检测, 对象提取等。

操作约定: 用户任务主要包括图像选取、Editor 窗口 M 编程、Command Window 数据结果观察和 Figure 窗口图像结果观察 4 类操作。

10.1 数字图像的数学描述

10.1.1 图像坐标系和像素坐标

图像坐标系和像素坐标如图 10-1 所示。

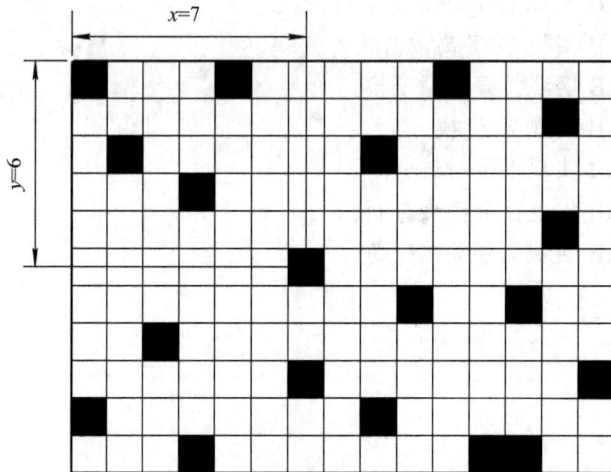

图 10-1 图像坐标系和像素坐标

图像坐标系以图像左上角为原点, 以像素到原点所包含的水平像素个数为其横坐标、垂直像素个数为其纵坐标。

10.1.2 图像的数学表达

RGB 模型中, 彩色图像采用三维阵列 $I = [i(x, y)]$ 表示, 它由下面的三个二维阵列构成:

$$R = [r(x, y)], \quad G = [g(x, y)], \quad B = [b(x, y)]$$

彩色图像中的像素用向量 $i(x, y)$ 表示：$i(x, y) = \begin{bmatrix} r(x, y) \\ g(x, y) \\ b(x, y) \end{bmatrix}$

其中：R、G、B 分别为 $n \times m$ 维红、绿、蓝三原色矩阵。$r(x, y)$、$g(x, y)$ 和 $b(x, y)$ 分别为它们的元素值，矩阵中元素所在的行与列，代表像素的位置坐标 (x, y)；

$i(x, y)$ 为图像矩阵的像素向量，向量元素 $r(x, y)$、$g(x, y)$ 和 $b(x, y)$ 分别表示 (x, y) 处像素的红、绿、蓝灰度(亮度)值。

10.1.3　图像读取、显示、存盘的 MATLAB 编程

采用 imread 读图像函数、imshow 显图像函数和 imwrite 写图像函数编程。程序如下：

```
char1='D:\My Documents\';              %指定图像文件存放的路径
char2='Autumn';                        %指定欲存取图像文件的名称
char3='Tulips';                        %指定另一个欲存取图像文件的名称
char4='.jpg';                          %指定欲存取图像文件的扩展名
xx=imread([char1 char2 char4]);        %按指定全路径读取图像并赋值给变量 xx
yy=imread([char1 char3 char4]);        %按指定全路径读取图像并赋值给变量 yy
figure,imshow(xx);                     %将矩阵 xx 显示为屏幕图像
figure,imshow(yy);                     %将矩阵 yy 显示为屏幕图像
imwrite(xx,[char1,'Autumn1',char4],'jpeg');  %将矩阵 xx 按指定全路径和格式存盘
imwrite(yy,[char1,'Tulips1',char4],'jpeg');  %将矩阵 yy 按指定全路径和格式存盘
```

10.2　图　像　变　换

10.2.1　彩色图像变换为灰度图像

图像中的色彩数据，对某些研究问题而言是冗余信息，往往需要将彩色图像变换成灰度图像。灰度图像可用灰度矩阵 GR 表征：

$$GR = \beta_1 R + \beta_2 G + \beta_3 B$$

其中：β_1、β_2、β_3 为红、绿、蓝三原色的灰度变换系数，MATLAB 里分别为 0.2989、0.5870、0.1140。

采用 rgb2gray 函数编程将彩色图像变换为灰度图像。程序如下：

```
char1='D:\My Documents\';              %指定图像文件读取的路径
char2='Autumn';                        %指定欲读图像文件的名称
char3='Tulips';                        %指定另一个欲读图像文件的名称
```

char4='.jpg';	%指定欲读图像文件的扩展名
xx=imread([char1 char2 char4]);	%按指定全路径读取图像文件并赋值给变量 xx
yy=imread([char1 char3 char4]);	%按指定全路径读取图像文件并赋值给变量 yy
gray_xx=rgb2gray(xx);	%将彩色图像 xx 变为灰度图像 gray_xx
gray_yy=rgb2gray(yy);	%将彩色图像 yy 变为灰度图像 gray_yy
figure,imshow(gray_xx);	%将矩阵 gray_xx 显示为屏幕图像
figure,imshow(gray_yy);	%将矩阵 gray_yy 显示为屏幕图像

程序执行的结果如图 10-2 所示。

(a) 图像 1　　　　　　　　　　　　　　　(b) 图像 2

图 10-2　彩色图像变换为灰度图像

10.2.2　彩色或灰度图像变换为二值图像

采用 Otsu's 方法计算阈值 T，灰度大于 T 的像素群取值 1，小于 T 的像素群取值 0，灰度图变换成二值图，它把图像化分成了仅留欲处理对象和黑色背景的两个区域，使对象从背景中凸显出来。二值化图像可用二值矩阵 BW 表征，其元素值符合下面关系：

$$bw(x, y) = \begin{cases} 0 & gr(x, y) < T \\ 1 & gr(x, y) > T \end{cases}$$

式中：$bw(x, y)$ 为二值矩阵 BW 的第 x 列第 y 行元素值；

$gr(x, y)$ 为灰度矩阵 GR 的第 x 列第 y 行元素值。

这一处理过程的关键是阈值的选择，采用 Otsu's 阈值进行二值化处理，对原本具有二值倾向的图像，能使图像中的对象特征突出，保留较多的有用信息，便于后续的特征量提取，而对于二值倾向较弱的图像，亦倾向于保留尽可能多的有用信息。

采用 im2bw 函数编程将彩色图像变换为二值图像。程序如下：

char1='D:\My Documents\';	%指定图像文件读取的路径
char2='Autumn';	%指定图像文件的名称
char3='Tulips';	%指定另一个图像文件的名称
char4='.jpg';	%指定图像文件的扩展名
xx=imread([char1 char2 char4]);	%按指定全路径读取图像文件并赋值给变量 xx
yy=imread([char1 char3 char4]);	%按指定全路径读取图像文件并赋值给变量 yy

```
binary_xx = im2bw(xx,0.35);              %将彩色图像 xx 变为二值图像 binary_xx
binary_yy = im2bw(yy,0.65);              %将彩色图像 xx 变为二值图像 binary_xx
figure,imshow(binary_xx);                %将矩阵 binary_xx 显示为屏幕图像
figure,imshow(binary_yy);                %将矩阵 binary_yy 显示为屏幕图像
```

程序执行的结果如图 10-3 所示。

(a)   (b)

图 10-3 彩色图像转换为二值图像

进一步的练习

变换函数 im2bw(xx,T)中的阈值 $T \in [0,1]$ 并显示图像，观察图像处理结果。将灰度图 gray_xx 变换成二值图并显示图像，变换阈值并观察图像处理结果。

10.2.3 灰度频数分布图

以横坐标为像素灰度级(0～255)、纵坐标为图像中相应灰度级像素的个数，绘制图像的灰度频数分布图。灰度频数分布是图像处理的重要辅助工具。

采用 imhist 函数编程绘制图像的灰度频数分布图。程序如下：

```
char1='D:\My Documents\';                %指定图像文件存放的路径
char2='Autumn';                          %指定欲存取图像文件的名称
char3='Tulips';                          %指定另一个欲存取图像文件的名称
char4='.jpg';                            %指定欲存取图像文件的扩展名
xx=imread([char1 char2 char4]);          %按指定全路径读取图像文件并赋值给变量 xx
yy=imread([char1 char3 char4]);          %按指定全路径读取图像文件并赋值给变量 yy
gray_xx=rgb2gray(xx);                    %将彩色图像 xx 变为灰度图像 gray_xx
gray_yy=rgb2gray(yy);                    %将彩色图像 yy 变为灰度图像 gray_yy
subplot(221); imshow(gray_xx);           %将矩阵 gray_xx 显示为屏幕图像
title('图像的灰度化处理');
subplot(222); imhist(gray_xx);           %绘制图像 gray_xx 的灰度频数分布图
xlabel('灰度级','FontSize',11,'FontName','Arial');
ylabel('频数','FontSize',11,'FontName','Arial');
title('图像的灰度分布');
subplot(223); imshow(gray_yy);           %将矩阵 gray_yy 显示为屏幕图像
```

```
title('图像的灰度化处理');
subplot(224); imhist(gray_yy);          %绘制图像 gray_yy 的灰度频数分布图
xlabel('灰度级','FontSize',11,'FontName','Arial');
ylabel('频数','FontSize',11,'FontName','Arial');
title('图像的灰度分布');
```

程序执行的结果如图 10-4 所示。

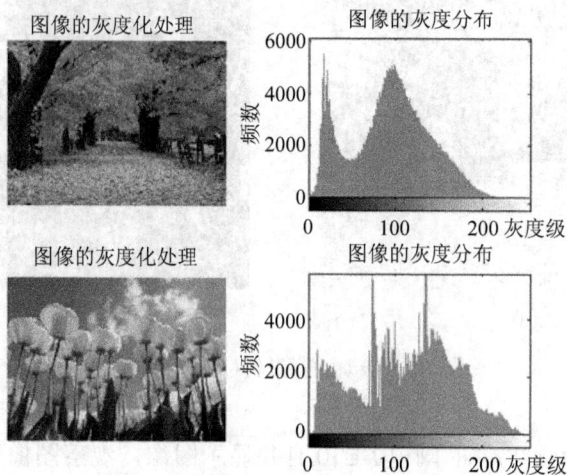

图 10-4　图像的灰度频数分布图

进一步的练习

在程序中写入 x= imhist(gray_xx)和 y=imhist(gray_yy)两语句，则 x, y 为相应图像的灰度频数向量，试利用 bar 函数绘灰度频数分布图。

10.2.4　图像代数运算

两图像的加减乘除运算称作图像代数运算。可采用 MATLAB/imadd 函数、imsubtract 函数、immultiply 函数和 imdivide 函数编程实现。

采用 imadd、imsubtract、immultiply、imdivide 等函数编程实现代数运算。程序如下：

```
char1='D:\My Documents\';               %指定图像文件读取的路径
char2='Follow';                         %指定第 1 个欲读取的图像文件名
char3='Bliss';                          %指定第 2 个欲读取的图像文件名
char4='.jpg';                           %指定第 1 个图像文件的扩展名
char5='.bmp';                           %指定第 2 个图像文件的扩展名
xx=imread([char1 char2 char4]);         %按指定全路径读取第 1 个图像文件赋值给 xx
yy=imread([char1 char3 char5]);         %按指定全路径读取第 2 个图像文件赋值给 yy
xxyy_add=imadd(xx,yy);                  %图像相加
xxyy_subt=imsubtract(xx,yy);            %图像相减
xxyy_mult= immultiply(xx,yy);           %图像相乘
xxyy_div=imdivide(xx,yy);               %图像相除
gray_xx=rgb2gray(xx);                   %第 1 个图像生成灰度图
```

```
xx_comp=imcomplement(gray_xx);          %灰度图像反片
binary_yy=im2bw(yy,0.50);               %生成二值图
yy_comp=imcomplement(binary_yy);        %二值图像反片
subplot(2,2,1); imshow(xx); title('原图像 xx');
subplot(2,2,2); imshow(yy); title('原图像 yy');
subplot(2,2,3); imshow(xxyy_add); title('图像相加');
subplot(2,2,4); imshow(xxyy_subt); title('图像相减');
figure, subplot(2,2,1); imshow(xxyy_mult); title('图像相乘');
subplot(2,2,2); imshow(xxyy_div); title('图像相除');
subplot(2,2,3); imshow(xx_comp); title('灰度图像反片');
subplot(2,2,4); imshow(yy_comp); title('二值图像反片');
```

利用图像矩阵直接进行代数运算应注意下述问题。

(1) MATLAB 读入的图像矩阵一般是 unit8 或 unit16 格式，图像代数运算不支持这种格式，直接进行图像矩阵代数运算需利用 double 函数将其变换为双精度数据；

(2) 图像显示函数 imshow 要求图像矩阵的元素值在 0 与 1 之间，故图像矩阵需归一化；

(3) 图像减法会产生负值，而图像负值是无定义的，图像矩阵需将负值变为正数；

(4) 图像除法应避开除以 0。

程序执行的结果如图 10-5 所示。

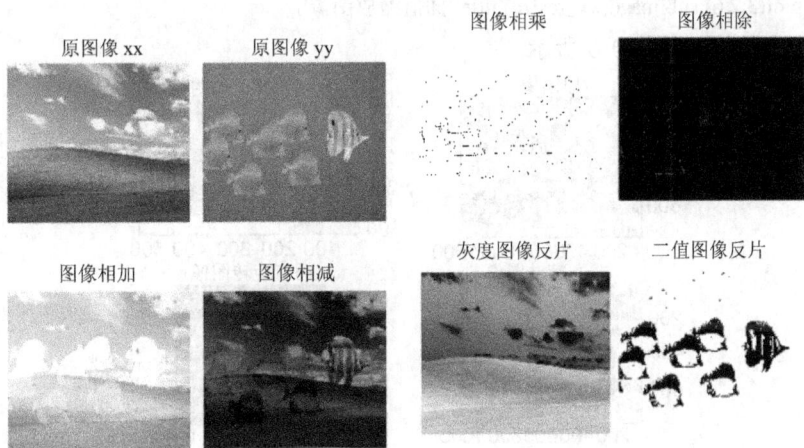

图 10-5　图像代数运算的生成图像

进一步的练习

直接利用图像矩阵进行代数运算，观察与上述程序运算结果有何不同。

10.2.5　图像几何变换

图像的缩放、剪切、平移、旋转、反转、延展、映射、内插、几何变形、几何校正、图像配准等操作称作图像的几何变换。

采用 imrotate、fliplr、imresize、imcrop 等函数编程实现图像的几何变换。程序如下：

```
char1='D:\My Documents\';               %指定读取图像文件的路径
```

```
char3='snow';                          %指定要读取的图像文件名
char5='.bmp';                          %指定要读取的图像文件扩展名
xx=imread([char1 char3 char5]);        %按指定全路径读取图像文件并赋值给变量 xx
xx_rotate= imrotate(xx,30);            %图像旋转 30 度
xx_fliplr(:,:,1)=fliplr(xx(:,:,1));    %图像矩阵第一页左右翻转
xx_fliplr(:,:,2)=fliplr(xx(:,:,2));    %图像矩阵第二页左右翻转
xx_fliplr(:,:,3)=fliplr(xx(:,:,3));    %图像矩阵第三页左右翻转
xx_flipud(:,:,1)=flipud(xx(:,:,1));    %图像矩阵第一页上下翻转
xx_flipud(:,:,2)=flipud(xx(:,:,2));    %图像矩阵第二页上下翻转
xx_flipud(:,:,3)=flipud(xx(:,:,3));    %图像矩阵第三页上下翻转
xx_resize=imresize(xx,0.75);           %按比例 0.75 进行图像插值缩放
xx_crop=imcrop(xx);                    %图像鼠标选择剪切
```

续程序：

```
subplot(3,2,1);subimage(xx);title('原图像');
subplot(3,2,2);subimage(xx_crop);title('鼠标选择剪切图像');
subplot(3,2,3);subimage(xx_fliplr);title('左右翻转图像');
subplot(3,2,4);subimage(xx_rotate);title('插值旋转图像');
subplot(3,2,5);subimage(xx_flipud);title('上下翻转图像');
subplot(3,2,6);subimage(xx_resize);title('插值缩放图像');
```

程序执行的结果如图 10-6 所示。

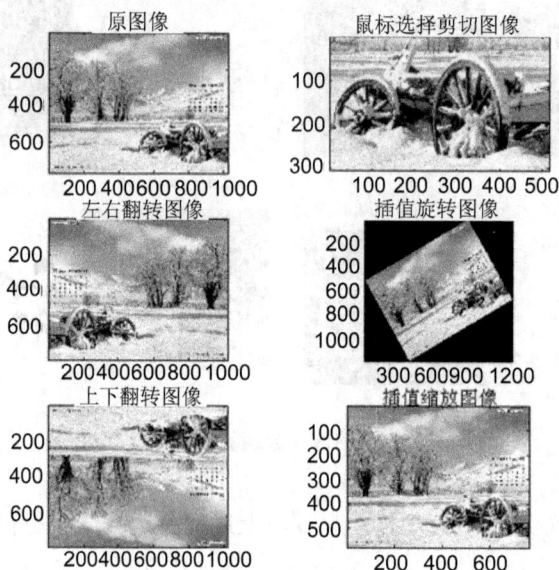

图 10-6　图像几何变换的生成图像

进一步的练习：

利用 imcrop(xx,[xmin ymin xwidth yhight])函数编程进行图像剪切，其中参数向量[xmin ymin xwidth yhight]给定了矩形剪切框的左上角坐标 (x_{min}, y_{min}) 和剪切图像宽度 xwidth 及高度 yhight。

对图像 xx 进行灰度化和二值化处理，然后进行左右翻转和上下翻转成像，观察并讨论结果。注意 fliplr 函数和 flipud 函数只对二维矩阵操作，灰度化矩阵和二值化矩阵是二维矩阵，可直接使用该翻转函数。更换缩放比例练习图像的插值缩放。

10.2.6　图像灰度变换

灰度变换是图像增强的一种重要手段，使图像对比度扩展，图像更加清晰，特征更加明显。灰度频数分布图给出了一幅图像概貌的描述，可通过修改灰度频数分布图来得到图像增强。

采用 imadjust 函数编程实现图像的灰度变换。程序如下：

```
clc;close all;clear all;
char1='E:\Users\My MATLAB Files\';
char2='tomato01';
char4='.jpg';
xx=imread([char1 char2 char4]);
gray_xx=rgb2gray(xx);
new1_xx=imadjust(xx,[0.35,0.6],[0,1],1);
gray_new1_xx=rgb2gray(new1_xx);
new2_xx=imadjust(xx,[0.55 0.8],[0,1],0.1);
gray_new2_xx=rgb2gray(new2_xx);
subplot(3,2,1),imshow(xx);title('原图像');
subplot(3,2,2), imhist(gray_xx,100); title('原图像灰度分布');
subplot(3,2,3), imshow(new1_xx); title('线性灰度变换图像');
subplot(3,2,4), imhist(gray_new1_xx,100); title('线性变换图像灰度分布');
subplot(3,2,5), imshow(new2_xx);title('非线性灰度变换图像');
subplot(3,2,6), imhist(gray_new2_xx,100); title('非线性变换图像灰度分布');
```

程序执行的结果如图 10-7 所示。

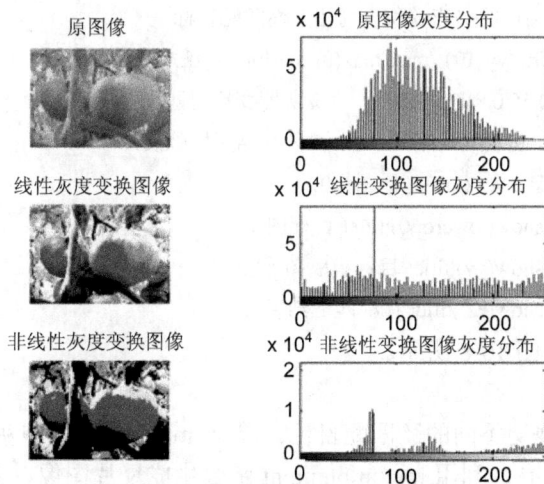

图 10-7　图像的灰度线性变换与非线性变换

进一步的练习：

表达式 newimage=imadjust(oldimage,[minin,maxin], [minout,maxout], gama)将原图像矩阵 oldimage 变换成新图像矩阵 newimage，将原图像灰度范围[minin,maxin]变换到 [minout,maxout]。非线性灰度变换，校正系数 gama<1 则图像变亮，gama>1 则图像变暗；线性灰度变换 gama=1。

10.2.7　DFT 离散傅里叶变换

离散傅里叶变换 DFT 可用于模板匹配，当然还有其它的用途。模板匹配是检测图像中某一目标的一种简单方法，基本做法是：选取原图像和目标图像，按原图像尺寸制作目标模板图像，利用 fftn 函数对原图像和模板图像进行 DFT 离散傅里叶变换，然后进行卷积运算以识别相关性目标，利用 imadjust 函数进行匹配图像增强，以便于观察匹配结果。

采用 fftn 函数编程实现图像的傅里叶变换、反变换、卷积和模板匹配。程序如下：

```
clc;close all;clear all;
char1='D:\My Documents\';
char2='Follow';
%char2='man';
char4='.jpg';
xx=imread([char1 char2 char4]);
xx=double(xx)/255;                    %格式变换并归一化
[xx_crop0,rect]=imcrop(xx);           %在原图中剪切目标图像
xx_crop=imrotate(xx_crop0,90);        %图像旋转为卷积计算做准备
nx_crop=size(xx_crop);nx=size(xx);
yy=zeros(size(xx,1),size(xx,2),size(xx,3));
yy(1:nx_crop(1),1:nx_crop(2),:)=xx_crop;
xx_fft=fftn(xx);                      %原图像傅里叶变换
yy_fft=fftn(yy);                      %模板图像傅里叶变换
%原图像与模板图像的快速卷积识别相关性匹配目标
zz=real(ifftn(xx_fft.*yy_fft))/max(max(max(ifftn(xx_fft.*yy_fft))));
zz=imadjust(zz,[0.55 0.8],[0,1],50);  %灰度变换对匹配目标增强
%zz=imcomplement(zz);                 %匹配结果图像反片
subplot(2,2,1);imshow(xx);title('原图像');
subplot(2,2,2);imshow(xx_crop0);title('目标图像');
subplot(2,2,3);imshow(yy);title('目标模板图像');
subplot(2,2,4);imshow(zz);title('模板匹配结果');
```

程序执行的结果如图 10-8 所示。

进一步的练习

利用 imcrop 函数剪切不同的欲匹配目标，调节 imadjust 函数中灰度输入输出范围和校正系数，使匹配目标显亮，利用 imcomplement 函数生成反片图像以突出匹配目标。

原图像

目标图像

目标模板图像

模板匹配结果

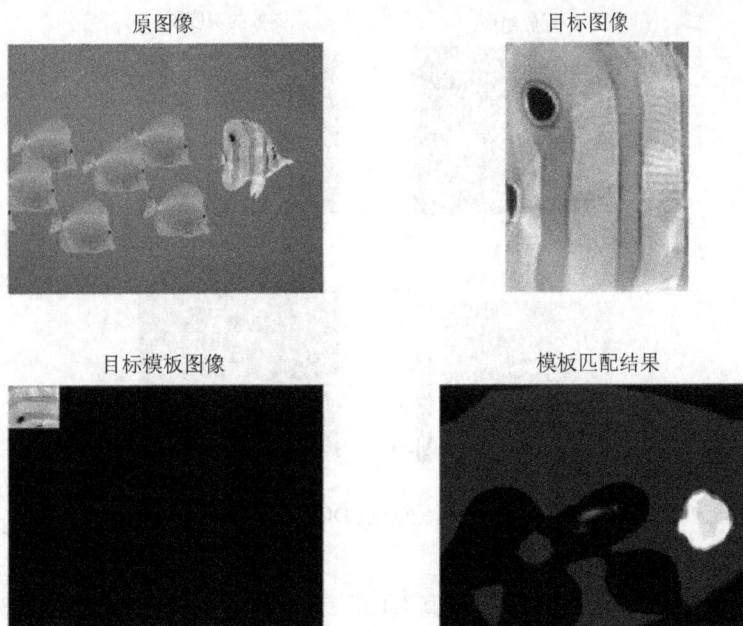

图 10-8   图像的模板匹配(较亮处为匹配好的目标位置)

10.2.8   DCT 离散余弦变换

与 DFT 不同，离散余弦变换 DCT 是一种实数域上的变换，算法速度比 DFT 快，其基函数为余弦函数，图像可表示为以 DCT 变换为权的基函数的加权组合。DCT 用法之一是，先对图像进行 DCT 变换，调整 DCT 值(权)，再利用 IDCT 反变换重建调整 DCT 值后的图像。

采用 dct2 函数和 idct2 函数编程实现图像的离散余弦变换和重建。程序如下：

```
clc;close all;clear all;
char1='D:\My Documents\';
char2='Follow';
char4='.jpg';
xx=imread([char1 char2 char4]);
subplot(2,2,1);imshow(xx);title('原图像');
gray_xx=rgb2gray(xx);
subplot(2,2,2);imshow(gray_xx);title('原图像的灰度图');
subplot(2,2,3);dct_xx=dct2(gray_xx);imshow(log(abs(dct_xx)),[]);    %DCT 变换
colormap(jet(64)), colorbar; title('DCT 变换结果');
dct_xx(abs(dct_xx)<10)=0;    %DCT 变换绝对值小于 10 的置 0
idct_xx=idct2(dct_xx)/255;    %IDCT 变换重建图像
subplot(2,2,4); imshow(idct_xx,[]); title('IDCT变换结果');
```

程序执行的结果如图 10-9 所示。

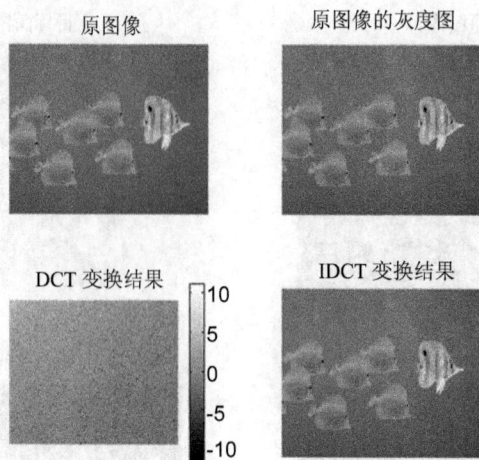

图 10-9　离散余弦变换 DCT 用于图像恢复

进一步的练习

改变 dct_xx(abs(dct_xx)<10)中的阈值"10"或不等号"<"，观察图像重建效果。

10.3　模板运算与图像滤波

图像时域模板运算等价于图像频域滤波，所谓模板运算就是一种滤波运算。模板运算可实现图像的平滑、锐化、增强和滤波。

10.3.1　低通模板运算实现图像平滑

采用 3×3 和 9×9 低通邻域平均模板对图像平滑,试检验模板尺寸对图像模糊的影响。程序如下：

```
char1='D:\My Documents\'; char2='Follow'; char4='.jpg';
xx=imread([char1 char2 char4]);
gray_xx=rgb2gray(xx);
gray_xx=imadjust(gray_xx,[0.2,0.7],[0,1],0.6);
I=double(gray_xx)/255;
J=fspecial('average'); J1=filter2(J,I);          %3*3 低通邻域平均模板
K=fspecial('average',9); K1=filter2(K,I);        %9*9 低通邻域平均模板
subplot(2,2,1); imshow(xx);title('原图像');
subplot(2,2,2); imshow(I);title('原灰度图像');
subplot(2,2,3); imshow(J1);title('3*3 average');
subplot(2,2,4); imshow(K1);title('9*9 average');
```

程序执行的结果如图 10-10 所示。

原图像　　　　　　　　　　　原灰度图像

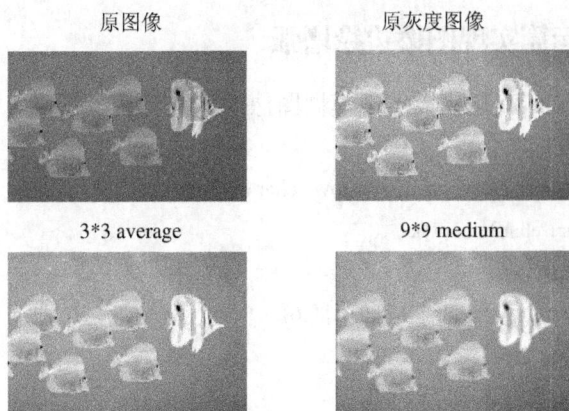

3*3 average　　　　　　　　　9*9 medium

图 10-10　利用低通邻域平均模板平滑图像

10.3.2　低通模板运算实现 Gauss 白噪声滤除

采用低通模板对含 Gauss 白噪声图像实施滤波，试检验 5×5 线性邻域平均模板和 3×5 中值滤波器非线性模板对噪声的滤除效果。程序如下：

```
char1='D:\My Documents\'; char2='Follow'; char4='.jpg';
xx=imread([char1 char2 char4]);
gray_xx=rgb2gray(xx);
gray_xx=imadjust(gray_xx,[0.2,0.7],[0,1],0.6);
I=double(gray_xx)/255;
J=imnoise(I,'gaussian',0,0.01);           %在图像中添加 gaussian 噪声
K=fspecial('average',5); K1=filter2(K,J);  %5*5 低通平均模板
L=medfilt2(J,[3 5]);                       %3*5 低通中值模板
figure, subplot(2,2,1); imshow(I); title('原灰度图像');
subplot(2,2,2); imshow(J); title('add noise');
subplot(2,2,3); imshow(K1); title('5*5 average');
subplot(2,2,4);imshow(L);title('3*5 medium');
```

程序执行的结果如图 10-11 所示。

原灰度图像　　　　　　　　　add noise

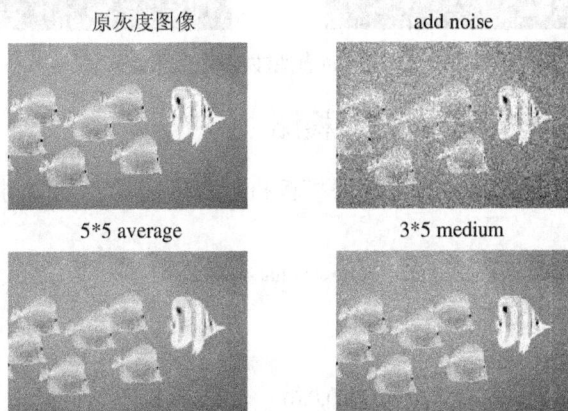

5*5 average　　　　　　　　　3*5 medium

图 10-11　利用中值滤波和平均滤波去噪

10.3.3　高通模板运算实现图像边缘增强

采用 sobel 和 prewitt 高通模板实现模糊图像的滤波和边缘增强，试检验模板的滤波效果。程序如下：

```
char1='D:\My Documents\'; char2='Follow'; char4='.jpg';
xx=imread([char1 char2 char4]);
gray_xx=rgb2gray(xx);
gray_xx=imadjust(gray_xx,[0.2,0.7],[0,1],0.6);
I=double(gray_xx)/255;
J=fspecial('average',3); J1=filter2(J,I);
K=fspecial('prewitt'); K1=filter2(K,I)*5;
L=fspecial('sobel'); L1=filter2(L,I)*5;
subplot(2,2,1); imshow(I); title('原灰度图像');
subplot(2,2,2); imshow(J1); title('3*3 lowpass');
subplot(2,2,3); imshow(K1); title('prewitt');
subplot(2,2,4); imshow(L1); title('sobel');
```

程序执行的结果如图 10-12 所示。

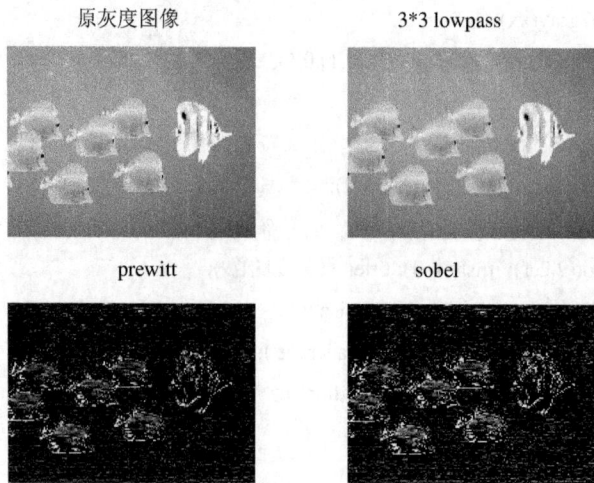

图 10-12　利用高通滤波使图像边缘增强

10.3.4　高通模板运算实现图像边缘检测

利用一阶 Sobel 和二阶 Laplacian 高通模板执行灰度图像边缘检测，试检验边缘检测的效果。程序如下：

```
char1='D:\My Documents\'; char2='Follow'; char4='.jpg';
xx=imread([char1 char2 char4]);
gray_xx=rgb2gray(xx);
gray_xx=imadjust(gray_xx,[0.2,0.7],[0,1],0.6);
I=double(gray_xx)/255;
```

```
K=fspecial('laplacian',0.7);
K1=filter2(K,I);
K1=imadjust(K1,[0.1,0.6],[0,1],0.25);
L=fspecial('sobel');
L1=filter2(L,I);
L1=imadjust(L1,[0.1,0.6],[0,1],0.25);
figure,subplot(2,2,1); imshow(xx); title('原图像');
subplot(2,2,2); imshow(I); title('原灰度图像');
subplot(2,2,3); imshow(K1); title('laplacian');
subplot(2,2,4); imshow(L1); title('sobel');
```

程序执行的结果如图 10-13 所示。

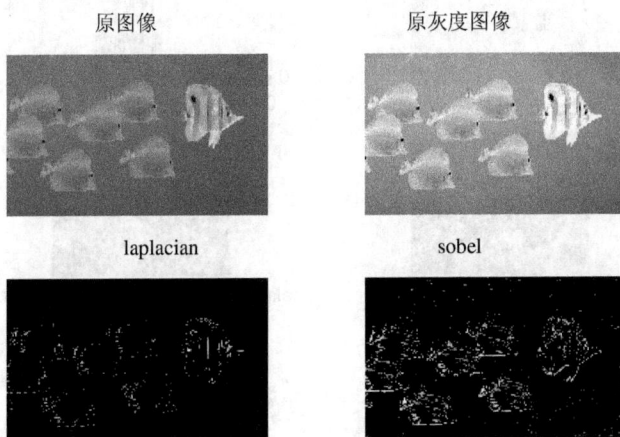

图 10-13　利用 laplacian 和 sobel 算子滤波使图像边缘凸显

10.3.5　进一步的试验

利用 fspecial 函数选择不同算子，再利用 filter2 函数对图像滤波，设置 imadjust 函数里的灰度范围和校正系数值以增强图像显示效果。选用不同图像进行练习。

10.4　边 缘 检 测

采用 Image Processing Toolbox/edge 函数编程，用 sobel、Laplacian-Gaussian、canny、灰度阈值分割等方法对一幅灰度图像执行边缘提取，试检验边缘提取效果。程序如下：

```
char1='D:\My Documents\'; char2='Follow'; char4='.jpg';
xx=imread([char1 char2 char4]); gray_xx=rgb2gray(xx);
gray_xx=imadjust(gray_xx,[0.2,0.7],[0,1],0.6); I=double(gray_xx)/255;
I1=edge(I,'sobel');    %sobel 算法边缘检测
I2=edge(I,'log');    %Laplacian-Gaussian(log)算法边缘检测
thread=0.75; I3=im2bw(I,thread);    %灰度阈值分割边缘检测
```

```
I4=edge(I,'canny');    %Canny 算法边缘检测
subplot(3,2,1); imshow(I); title('原图像灰度图');
subplot(3,2,2); imhist(I,100); title('原图像灰度直方图');
subplot(3,2,3); imshow(I1); title('Sobel 方法提取的边缘');
subplot(3,2,4); imshow(I3); title('灰度阈值分割结果');
subplot(3,2,5); imshow(I4); title('Canny 方法提取的边缘');
subplot(3,2,6); imshow(I2); title('Laplacian-Gaussian 方法提取的边缘');
```

程序执行结果如图 10-14 所示。

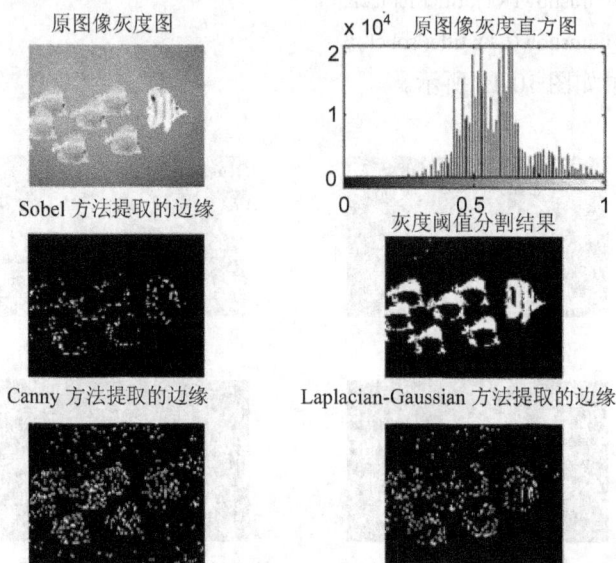

图 10-14　Sobel、Canny、LOG 和灰度阈值分割等方法的边缘检测效果

试变动 imadjust 函数里的灰度范围和校正系数数值，对原灰度图像做增强预处理，观察 Sobel、LOG、Canny 等算法边缘检测的效果。试变动 thread 值并观察灰度阈值分割边缘检测的效果。试选取不同的图像进行练习。

10.5　对　象　提　取

采用 Image Processing Toolbox/bwselect 函数实现用户选定对象的提取。程序如下：

```
char1='D:\My Documents\'; char2='join'; char4='.jpg';
xx=imread([char1 char2 char4]);
bw1=1-double(xx)/255;                    %反片图像
bw2=bwselect(bw1,8);                     %人机交互对象提取
K=fspecial('average',5); bw2=filter2(K,bw2);      %滤波
subplot(1,2,1); imshow(xx);title('原图像');
subplot(1,2,2); imshow(1-bw2); title('提取的对象');
```

程序执行结果如图 10-15 所示。

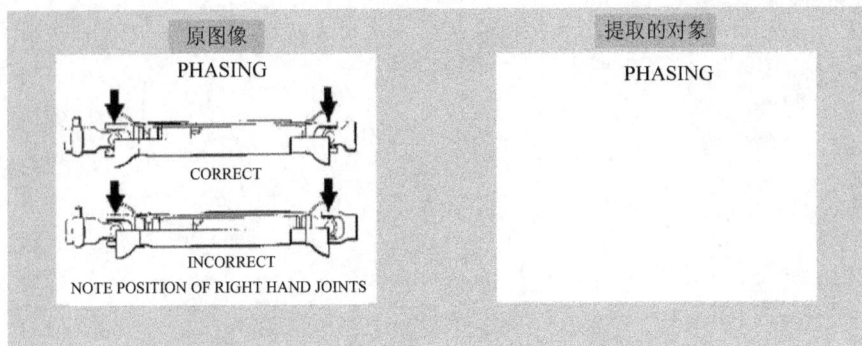

图 10-15　从原图像中提取的文本对象"PHASING"

操作：运行上面程序出现原图像，鼠标左键点击欲提取对象，然后点击鼠标右键完成选取。

试选取一幅彩色图像实现对象提取，并使用不同滤波方法改善图像。注意 bwselect 函数只处理灰度图和二值图，对象提取之前需进行彩色图像到灰度图像的转换。

上 机 报 告

(1) 用 MATLAB 实现图像灰度频数分布统计。

(2) 用 MATLAB 实现图像代数变换。

(3) 用 MATLAB 实现图像几何变换。

(4) 用 MATLAB 实现图像灰度变换。

(5) 用 MATLAB 实现图像 DFT 变换。

(6) 用 MATLAB 实现图像 DWT 变换。

(7) 用 MATLAB 实现图像模板运算。

(8) 用 MATLAB 实现图像边缘检测。

(9) 用 MATLAB 实现图像对象提取。